权威·前沿·原创

皮书系列为
"十二五""十三五""十四五"国家重点图书出版规划项目

GREEN BOOK

智 库 成 果 出 版 与 传 播 平 台

生态城市绿皮书

GREEN BOOK OF ECO-CITIES

中国生态城市建设发展报告（2020~2021）

THE REPORT ON THE DEVELOPMENT OF CHINA'S ECO-CITIES (2020-2021)

顾　问／王伟光　张广智　陆大道　李景源

主　编／刘举科　孙伟平　胡文臻

副主编／曾　刚　高天鹏　常国华　钱国权

社会科学文献出版社
SOCIAL SCIENCES ACADEMIC PRESS（CHINA）

图书在版编目（CIP）数据

中国生态城市建设发展报告 . 2020 - 2021/刘举科，
孙伟平，胡文臻主编 . -- 北京：社会科学文献出版社，
2022. 1
　（生态城市绿皮书）
　ISBN 978 - 7 - 5201 - 9046 - 6

Ⅰ . ①中… 　Ⅱ . ①刘… ②孙… ③胡… 　Ⅲ . ①生态城
市 - 城市建设 - 研究报告 - 中国 - 2020 - 2021 　Ⅳ .
①X321. 2

中国版本图书馆 CIP 数据核字（2021）第 187626 号

生态城市绿皮书
中国生态城市建设发展报告（2020 ~2021）

主　　编／刘举科　孙伟平　胡文臻
副 主 编／曾　刚　高天鹏　常国华　钱国权

出 版 人／王利民
责任编辑／崔晓璇　岳梦夏
文稿编辑／李惠惠　刘　燕　李小琪
责任印制／王京美

出　　版／社会科学文献出版社 · 政法传媒分社（010）59367156
　　　　　地址：北京市北三环中路甲 29 号院华龙大厦　邮编：100029
　　　　　网址：www. ssap. com. cn
发　　行／社会科学文献出版社（010）59367028
印　　装／三河市东方印刷有限公司

规　　格／开 本：787mm × 1092mm　1/16
　　　　　印 张：18. 75　字 数：280 千字
版　　次／2022 年 1 月第 1 版　2022 年 1 月第 1 次印刷
书　　号／ISBN 978 - 7 - 5201 - 9046 - 6
定　　价／148. 00 元

读者服务电话：4008918866

生态城市绿皮书编委会

主要编撰者简介

陆大道 男 经济地理学家，中国科学院院士，中国科学院地理研究所原所长，现任中国科学院地理科学与资源研究所研究员，中国地理学会理事长。

李景源 男 全国政协委员，中国社会科学院学部委员、文哲学部副主任，中国社会科学院文化研究中心主任，哲学研究所原所长，中国历史唯物主义学会副会长，博士，研究员，博士生导师。

刘举科 男 甘肃省人民政府参事，中国社会科学院社会发展研究中心特约研究员，教育部全国高等教育自学考试指导委员会教育类专业委员会委员，中国现代文化学会文化建设与评价专业委员会副会长，兰州城市学院原副校长、教授，享受国务院政府特殊津贴专家。

孙伟平 男 上海大学特聘教授，中国社会科学院哲学研究所原副所长，中国辩证唯物主义研究会副会长，中国现代文化学会副会长，文化建设与评价专业委员会会长，博士，研究员，博士生导师。

胡文臻 男 中国社会科学院社会发展研究中心常务副主任，中国社会科学院中国文化研究中心副主任，中国林产工业联合会杜仲产业分会副会长，安徽省庄子研究会副会长，特约研究员，博士。

曾　刚　男　华东师范大学城市发展研究院院长，教育部人文社科重点研究基地中国现代城市研究中心主任，上海高校智库上海城市发展协同创新中心主任，上海市社会科学创新基地长三角区域一体化研究中心主任，上海市人民政府决策咨询研究基地曾刚工作室首席专家，华东师范大学终身教授、二级教授、A 类特聘教授，主要研究方向为生态文明与区域发展模式、企业网络与产业集群、区域创新与技术扩散等。

高天鹏　男　甘肃省人民政府参事室特约研究员，甘肃省植物学会副理事长，甘肃省矿区污染治理与生态修复工程研究中心主任，祁连山北麓矿区生态系统与环境野外科学观测研究站负责人，西安文理学院生物与环境工程学院院长，兰州城市学院学术带头人，博士，教授，硕士生导师。

常国华　女　兰州城市学院地理与环境工程学院副院长、教授，中国科学院生态环境研究中心环境科学博士。

钱国权　男　甘肃省人民政府参事室特约研究员，甘肃省城市发展研究院副院长，兰州城市学院地理与环境工程学院党委书记，教授，人文地理学博士。

序言　加速推进中国高质量绿色发展

李景源

"十四五"时期是"两个一百年"奋斗目标的历史交汇期，该时期的道路选择、政策部署，决定着我国中长期的发展方向和发展目标的实现。就目前而言，有效地应对疫情冲击、推动经济复苏，是各国政府的首要任务。中国"十四五"期间的经济、社会、生态环境保护战略，不仅关系到中国的稳定和可持续发展，也与全球的绿色繁荣和人民福祉息息相关。习近平总书记多次强调"绿水青山就是金山银山"的发展理念。习近平对绿色发展一以贯之的高度重视和深切关注，不仅坚定了中国政府和人民的信心和决心，也让世界以绿色发展为契机，对推动绿色转型充满期待。我们认为加速推进中国高质量绿色发展，需要在以下几个方面进行探索与实践。

一　全面探索并走出一条巩固生态脱贫成果的新路子

全面建成小康社会是实现中华民族伟大复兴中国梦的关键一步，在以习近平同志为核心的党中央坚强领导下，我国全面建成小康社会取得决定性进展和历史性成就。但也要看到，中国特色社会主义进入新时代，仍然存在区域差别、城乡差别等发展不平衡不充分的问题，返贫现象时有发生，特别是脱贫帮扶机制由"输血式"向"造血式"转变的任务非常艰巨。因此，需要以"两山论"为引领，做山水文章，努力寻找一条巩固生态脱贫成果的新路子。有关生态脱贫，习近平总书记有非常全面的论述，"要立足当地资源，宜农则农、宜林则林、宜牧则牧、宜商则商、宜游则游，通过扶持发展特色产业，实现就地脱贫"，"让资源变资产、资金变股金、农民变股东，让绿水青山变金山银山，带动贫困人口增收"①。在一些人类生存条件恶劣但有重要的生态系统、亟待保护修复的地区，从生态环境保护的实际出发，例如采取措施加大保护修复生态的力度、实施国家公园体制方案等，都为我国协调统筹建设生态文明和实现乡村振兴指明了道路。

二　全面践行让城市融入大自然 和新时代乡村振兴战略构想

我国国民经济和社会发展第十四个五年规划时期，也是"两个一百年"奋斗目标的历史交汇期，具有重大而深远的时代意义和历史意义。随着我国新型城镇化建设的持续推进，城市现代化进程总格局不断发生改变。特别是我国经济社会进入了新的发展阶段——高质量发展阶段，城市发展一定会迎来迭代和创新。绿水青山不但是自然财富，而且是社会财富和经济财富，必须以这个重大战略理念为指导，城乡一体、区域协调，使美丽乡村成为鱼逐水草而居、鸟择良木而栖的绿水青山之地。

三　全面贯彻新发展理念

深入贯彻"创新、协调、绿色、开放、共享"新发展理念，走高质量发展之路，是我党在深刻总结国内外发展经验教训、深入研判国内外发展大势的基础上形成的科学判断，是关系我国发展全局的一场深刻变革。高质量发展，必须以新发展理念的引领为前提，绿色是题中应有之义；绿色发展，从其产业体系反面来看，实现经济生态化和生态经济化是其实质所在。两者结合在一起，成为生产力发展和生产方式转变的关键性要素和推动力量。目

---

① 中共中央文献研究室编《习近平关于社会主义经济建设论述摘编》，中央文献出版社，2017。

前，高科技日新月异发展，在信息产业、智能化应用、新材料、节能环保、清洁能源、生态修复、生态技术、循环利用等领域有了重大突破性进展，绿色产业和绿色经济已经成为走高质量发展之路的必然选择。

四　认真总结浙江实践

21世纪初期，浙江省的经济社会虽然取得了较大发展，但相比翻天覆地的城市面貌，其农村建设和社会发展明显滞后；部分地区村庄规划无序、布局混乱，违章建设、环境"脏乱差"等现象大量存在；"低散乱"工业企业（作坊）和畜禽养殖业的无序发展等导致农村环境污染严重；农村污水横流、生活垃圾以及粪便无害化处理等跟不上形势；农村生态环境成为广大人民群众重大的民生诉求问题。针对以上诸多问题，时任浙江省委书记习近平亲自调研、部署和推动，启动实施"千村示范、万村整治"工程，对全省约1万个行政村开展了全面整治，耗时5年，将其中约1000个中心村打造成全面小康示范村。

此后，浙江省历届省委和省政府始终践行习近平总书记"绿水青山就是金山银山"的重要理念，秉承一张蓝图绘到底、一任接着一任干的使命，以"接力棒"精神推动"千万工程"真正落地实施，不断推进绿色浙江、生态浙江、美丽浙江建设，将"绿水青山就是金山银山"付诸生动实践，力争使浙江的生态、经济、社会走在全国前列，实现浙江农村面貌焕然一新的目标。截至2018年底，浙江省建制村生活垃圾集中处理全覆盖，有98%以上的卫生厕所，有100%的生活污水得到治理，有97%以上的畜禽粪污得到综合利用、无害化处理，全部消除劣V类水质断面，基本消除劣V类小微水体①。村庄实现"四化"，即净化、绿化、亮化和美化，探索出了一条人与自然和谐共生的绿色发展路子，塑造了数以万计的生态宜居美丽乡村，

---

① 《浙江："千万工程"造就万千"美丽乡村"》，"中国青年网"搜狐号，2019年7月21日，https://www.sohu.com/a/328310253_119038。

树立了全国农村人居环境整治的旗帜。当地农民群众称誉"千万工程"为"党和政府为农民办的最受欢迎、最为受益的一件实事"。"千万工程"于2018年9月荣获联合国"地球卫士奖",习近平总书记也因此就总结、学习、推广浙江经验做出重要批示。中共中央办公厅、国务院办公厅于2019年3月转发了《中央农办、农业农村部、国家发展改革委关于深入学习浙江"千村示范、万村整治"工程经验扎实推进农村人居环境整治工作的报告》。我们认为浙江省"千万工程"最重要的经验主要有六个方面。

其一,关注人民群众最强烈的诉求。从解决广大人民群众最强烈的诉求着手,针对环境脏乱差现状,开展"污水革命""垃圾革命""厕所革命",进行环境的全面综合整治,在产业培育、公共服务设施完善以及农村生活品质提升等方面均有重大突破,解决群众之所急,回应群众对美好生活的追求,科学规划,分步实施。

其二,绿色发展理念引领环境综合治理。借助现代媒体,广泛而深入地开展学习和宣传教育,正确处理好"两山"辩证关系,使"两山"理念深入地扎根于广大人民群众心中,成为"千万工程"有序推进的自觉行动,"两山"理念在农村人居环境改善的各环节全过程中得到彻底贯彻。

其三,规划引导乡村振兴。城乡一体规划编制重在进行村庄布局规划,逐渐形成了以"中心城市—县城—中心镇—中心村"为骨架的城乡空间规划布局。分类确定村庄的人口规模、功能定位和发展方向,因村制宜编制村庄建设规划,到2017年底实现保留村规划编制全覆盖。有了规划的指导,便能够正确处理好整治、建设、速度与财力以及农民接受等几者的关系。

其四,星星之火可以燎原。坚持不忘初心,牢记使命,一张蓝图绘到底,从示范村的创建、整治村的建设,到以点带线、以线带面,发展到农村人居环境改善全覆盖,最终实现了从"千万工程"到美丽乡村的飞跃。

其五,构建多元主体发展格局。充分调动多方面的积极性,构建"政府主导、农民主体、部门配合、社会资助、企业参与、市场运作"的发展机制。落实主体责任,形成层层包抓的工作推进机制。激发广大农民的激情、热情以及聪明才智,全力推进各市场主体参与,广泛动员全社会力量,形成全社会全民参与推动的良好格局。

其六，形成多要素保障机制。构建由政府投入牵头、村集体和村民投入参与、全社会积极支持的投入主体多元机制，省财政拨一点专项资金、市财政配套一点补助、县财政安排一点年度预算，实现真金白银的投资。据统计，2003 年以来浙江省投入村庄整治和美丽乡村建设的资金累计超过 1800 亿元。

综上，绿色浙江、生态浙江、美丽浙江的发展实践，是习近平总书记"两山"理念率先在浙江取得成功的生动写照，是新时代我国生态文明建设的伟大创举。浙江实践证明了"两山"理念的生命力之强大和时代价值之深远，必将引领中国迈向中国特色社会主义生态文明建设新时代。

摘　要

本书以"健康指数"（ECHI）为统领，以很健康、健康、亚健康、不健康、很不健康五级标准来对国内284个地级及以上城市进行全面考核与评价排名；坚持普遍性要求与特色发展相结合的原则，对环境友好型城市、绿色生产型城市、绿色生活型城市、健康宜居型城市、综合创新型城市等特色发展城市进行考核评价，对地方政府生态城市建设投入产出效果进行科学评价与排名，评选出生态城市特色发展100强。

本书还以"分类评价、分类指导、分类建设、分步实施"为原则，指出了各个城市绿色发展的年度建设重点和难点，在案例研究基础上继续发布"双十事件"，对新冠肺炎疫情影响下的城市治理体系完善和治理能力提升提出了对策建议：必须严格遵循"五个流程"规范进行城市建设与管理，即信息采集—信息上报—中枢决策—指令下达—指挥行动。五个流程的主要功能有感知功能、信息传导功能、中枢决策功能、指令下达和指挥行动功能等，每一项管理职能的实现都必须严格按照五个流程的规范进行。"五个流程"的运行具有科学性、程序性、规范性、精准性、智能化等特征，任何一个环节受到破坏或缺失，城市治理水平即受影响，就此提出疫情防控下的经济社会秩序需要"超量恢复"等建议。

关键词： 生态城市　城市治理　健康指数

Abstract

This book based on the theory of "Law functions as human body," comprehensively evaluated and sorted 284 prefecture-level and above cities in China with the "health index of ecological city" (ECHI), and classified these cities into five levels: very healthy, healthy, sub-healthy, unhealthy, and very unhealthy. Then, taking general demands and featured purposes into consideration, the report evaluates the cities which develop with their own characteristics, like environment-friendly city, green production city, green living city, healthy and habitable city, and comprehensively innovated city, etc. , and ranks these cities in accordance with the scientific evaluation of local government's input in eco-city construction and its output effects. By means of the evaluation model, top 100 eco-cities of "featured development" are selected.

The book follows the principle of " categorized evaluation, categorized guidance, categorized construction and phased implementation," and points out the key targets and the challenges for the annual construction work in the green development of each city. Based on these case studies, the report continues its release of the "double-ten" typical cases of eco-cities construction (the top ten successful and top ten failed cases of ecological construction in China) . In order to improue suggest city's governance system and capacity in the COVID-19 pandemic, that the construction and governance of city should strictly follow "five procedures": information collection, information report, decision making, giving order and directing operations. The main functions of the five procedures are perception, information delivery, decision making, giving order, directing operations, etc. , and the realization of very management function should strictly meet the standard of the five procedures. The operation of the "five procedures" should be scientific, procedural, normative, precise, and intelligent. Not a single link can be broken or limited, or the standard of the city's governance would be affected. Thus the report noted that in pandemic prevention and control, to resume economy and society in an orderly manner, we should follow the suggestions like the theory of "supercompensation" and etc.

Keywords: Eco-Cities; City Governance; Health Index

目 录 ⌐▶⟩▓▓▓▓▓

Ⅰ 总报告

Ⅱ 整体评价报告

Ⅲ 分类评价报告

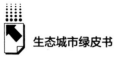

Ⅳ　专题篇

Ⅴ　附　录

皮书数据库阅读 **使用指南**

CONTENTS ⟨⟩▦

I General Report

II General Evaluation Report

III Categorized Evaluation Reports

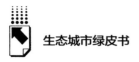

IV　Special Topics

V　Appendices

总 报 告

General Report

G.1

中国生态城市建设发展报告

刘举科　孙伟平　胡文臻　李具恒*

摘　要：　本报告承继2012～2019年《中国生态城市建设发展报告》的基
本思路和原则，整合各年的研究成果，汲取社会各界的合理
化建议，观照中国生态城市建设的新进展和新理念，延续
2017年以来生态城市绿皮书确定的环境友好型、绿色生产
型、绿色生活型、健康宜居型和综合创新型五种城市类型，
并进一步完善生态城市建设评价指标体系和动态评价模型，
对全国生态城市建设和发展状况从综合和分类两个层面进行

* 刘举科，甘肃省人民政府参事，中国社会科学院社会发展研究中心特约研究员，教育部全国高
等教育自学考试指导委员会教育类专业委员会委员，中国现代文化学会文化建设与评价专业委
员会副会长，兰州城市学院原副校长、教授，享受国务院政府特殊津贴专家；孙伟平，上海大
学特聘教授，中国社会科学院哲学研究所原副所长，中国辩证唯物主义研究会副会长，中国现
代文化学会副会长，文化建设与评价专业委员会会长，博士，研究员，博士生导师；胡文臻，
中国社会科学院社会发展研究中心常务副主任，中国社会科学院中国文化研究中心副主任，中
国林产工业联合会杜仲产业分会副会长，安徽省庄子研究会会长，特约研究员，博士；李具
恒，教授，经济学博士后，兰州城市学院商学院院长，主要研究方向为应用经济学。

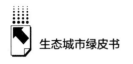

评价分析，最后提出中国生态城市建设的推进路径。

关键词： 生态城市　城市治理　城市健康指数

　　生态城市是实现城市人与自然和谐相处、经济可持续发展、社会和谐进步的重要理论与实践探索，是城市在达到高度发展阶段后的一种进化转型，也是中国生态文明建设和新型城镇化发展的重要途径。[①] 随着中国的生态城市建设进入城市群阶段和高质量发展阶段，生态城市建设内涵更丰富，道路更艰难。

　　2012～2019 年的《中国生态城市建设发展报告》界定、延续并丰富着生态城市的内涵，即生态城市是依照生态文明理念，按照生态学原则建立的经济、社会、自然协调发展，物质、能源、信息高效利用，文化、技术景观高度融合的新型城市，是实现以人为本的可持续发展的新型城市，是人类绿色生产、生活的宜居家园。随着生态城市建设实践的不断丰富和学界理论研究的不断深入，特别是绿色生态城市概念[②]的提出，学界对生态城市内涵的深入研究的必要性进一步增强。我们将继续聚焦新理念，关注新进展，丰富新内容，探求新路径。

　　本报告承继 2012～2019 年《中国生态城市建设发展报告》的基本思路和原则，整合各年的研究成果，汲取社会各界的合理化建议，观照中国生态城市建设的新进展和新理念，延续 2017 年以来生态城市绿皮书确定的环境友好型、绿色生产型、绿色生活型、健康宜居型和综合创新型五种城市类型，并进一步完善生态城市建设评价指标体系和动态评价模型，对全国生态城市建设和发展状况从综合和分类两个层面进行评价分析，最后提出中国生态城市建设的推进路径，即构建韧性城市提升城市应急管理能力，补齐短板实现城市治理现代化，突出特色建设五类生态城市。

[①] 参见刘佳坤、苔涛、张箫、邓富亮、张国钦、赵宇、叶红、李新虎《中国快速城镇化地区生态城市建设问题与经验——以厦门市为例》，《中国科学院大学学报》2020 年第 4 期。

[②] 杜海龙、李迅、李冰：《绿色生态城市理论探索与系统模型构建》，《城市发展研究》2020 年第 10 期。

一 新冠肺炎疫情下的城市治理

城市创造了经济的繁荣和文化的生机，是一个多元主体、多元要素、多种流量、多种资源的聚合体，更是各种社会风险的集中地。[①] 新冠肺炎疫情突袭而至，给城市治理带来巨大冲击，既考验中国特色社会主义道路的城市空间实践，也考验中国城市治理体系和能力究竟如何走才能实现真正意义上的现代化。疫情之下，城市治理的反思和重整，是一个全新的课题，[②] 更使得"复杂、动态和多样化的城市环境需要强大的治理能力"成为共识。[③]

（一）疫情冲击凸显城市治理短板[④]

1. 系统性、前瞻性的城市建设标准缺位

目前，城市总体规划很少关注突发公共卫生事件，已实施的安全专项规划大多针对抗震、消防、人防、排水防涝、地质灾害防治、安全生产等传统防灾领域。城市各类建设标准和运营方式缺乏对防范和应对重大突发公共卫生事件的具体要求。城市公共空间和公共设施规划建设时，未充分考虑应对突发公共卫生事件的潜在需求，难以在新冠肺炎疫情突袭而至时迅速发挥应急作用。国务院安全生产委员会办公室发布的《国家安全发展示范城市评价细则（2019版）》未涉及防控突发传染病的有关要求。

2. 信息化、智能化的现代技术运用不够

促进城市治理从信息化到智能化，再到智慧化，是建设智慧城市的必由之路，可为城市应对突发公共卫生事件等重大风险和灾害提供更有效的手段，但多数城市在新技术手段应用上较为滞后。一是数据壁垒现象仍然存在。各

---

① 郭险峰：《基于风险社会视野的城市治理创新：价值取向与路径体系》，《改革与战略》2020年第8期。
② 褚敏：《透视新冠肺炎疫情下的城市治理》，《上海城市管理》2020年第3期。
③ 董慧：《空间、风险与超大城市治理现代化》，《中国矿业大学学报》（社会科学版）2021年第1期。
④ 参见陈迪宇、张旭东《疫情防控下的城市治理现代化》，《宏观经济管理》2020年第9期。

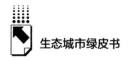

部门的信息共享度不够高，没有完全实现互联互通，阻碍了数据价值进一步发挥，比如公安的"天网工程"视频、流动人口等数据与城管相关数据并不相通，而两部门各自的零散数据对于城市治理规律性的把握不够深入。二是智慧城市建设的深度、广度不够。智慧城管、智慧社区、智慧交通、智慧医疗等公共服务功能有待深化，数据支撑决策有待加强。离构建城乡一体的感知、分析、服务、指挥、监察"五位一体"智慧城管模式还有差距。① 三是应急领域的大数据技术服务效果有待提升。我国区域人口数据分析应用还处于初级阶段，其作用并没有最大限度地发挥出来。② 四是数字化平台快速增长，但后继运维难以跟上。疫情发生后，"疫情防控服务专区""口罩预约系统""疫情防控大数据平台"等渐次上线，越来越多的数字化企业开始借助科学技术支持抗疫，但是缺乏系统的知识服务和内容提供能力，发挥的作用仍旧有限。③

3. 专业化、智慧化的社区治理水平不高

从人员配置来看，疫情发生初期社区工作人手配置严重不足，而且以编外人员为主。如 2020 年 1 月 24 日北京市要求社区做好人员往来摸排工作，一个有 4000 多名居民的社区，工作人员仅十余人，直到 2 月 5 日仍在进行信息排查工作。④ 从技术支持上来看，社区智慧化治理水平还不够，智慧社区建设和公共服务供给创新仍需深化。从管理体制来看，社区治理闭环还未形成，街道、社区、物业、业委会等职能关系需要进一步理顺，物业的专业化和精细化管理作用需要进一步发挥。从主体协同上来看，社区治理离多元共治还有很大差距，街道、社区、业委会、物业等主体良性互动关系有待深化。⑤

4. 机制化、常态化的社会力量参与不足

在疫情发生初期，政府系统超负荷运转，但其他社会力量参与不进去或参与不多，社会组织活动空间较小。一是引入社会化专业机构不足。根据报

① 吴怡：《新冠肺炎疫情引发的城市治理思考——以浙江省为例》，《城乡建设》2020 年第 13 期。
② 黄寰、张宇：《疫后城市治理离不开新技术赋能》，《国家治理》2020 年第 22 期。
③ 黄寰、张宇：《疫后城市治理离不开新技术赋能》，《国家治理》2020 年第 22 期。
④ 陈迪宇、张旭东：《疫情防控下的城市治理现代化》，《宏观经济管理》2020 年第 9 期。
⑤ 吴怡：《新冠肺炎疫情引发的城市治理思考——以浙江省为例》，《城乡建设》2020 年第 13 期。

道,武汉市有关机构调度分配医疗物资受到广泛质疑后,引入专业企业接管物资调配,仅用了几个小时就理顺了物资入库分发工作,改变了持续多日的低效局面。二是疫情群防群控体系中志愿者类型较为单一。社区防控工作中,志愿者队伍多承担一般性巡查守望工作,缺少能够承担健康指导、心理疏导、法律援助等专业任务的志愿组织。

5. 协同性、互补性的城市间协防机制不完善

这次疫情暴露出各个城市之间的合作边界并不是很清晰,本来应该有的联防联控机制作用并未得到完全发挥等问题。即使是在长三角,部分城市还是各自运作、单兵作战,成本很高,效果不太好。甚至一个城市内部的不同区之间、一个区的不同街道之间,也存在不同程度的各自作战。垂直管理比较有效,跨地区跨部门之间的平行协作就不太灵。这种横向协调机制在平时就要演练好,临阵磨枪肯定来不及。[①] 武汉与周边城市人口经济联系紧密,但联防联控机制不完善,造成整个湖北省抗疫任务艰巨,与武汉人口联系最为紧密的黄冈、孝感在疫情发生初期更是成为"风暴眼"。

(二)创新城市治理现代化价值理念

1. 城市治理要坚持"系统观念"

《中共中央关于制定国民经济和社会发展第十四个五年规划和二〇三五年远景目标的建议》首次提出和强调了"坚持系统观念",系统观念是马克思主义哲学认识问题和解决问题的一个科学的思想方法和工作方法,是对习近平新时代中国特色社会主义思想方法论的丰富和发展,做好"十四五"时期经济和社会发展各项工作,实现城市治理现代化,必须坚持系统观念。城市治理现代化需坚持系统观,即城市治理中要系统统筹前期科学规划、中期系统推进、后期精细治理等环节的全生命周期管理过程,并实现全民性、全时段、全要素、全流程的城市治理,[②] 切实提升我国城市治理体系和治理能力现代化水平。

---

① 吕红星:《重大疫情防控给城市发展敲响了警钟》,《中国经济时报》2020年2月18日。
② 李海龙:《以全周期管理推进城市治理现代化》,《学习时报》2020年9月21日。

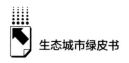
2. 城市治理要坚持"以民为本"①

城市是人的城市，人是城市发展的主体，是城市的灵魂。城市的发展进步是实现人的自由全面发展的工具。城市治理，要"民本为上，温情有度"，以满足"人"的需求为导向，以广大人民的利益和福祉为依归，以是否提升了人民的生活质量、增进了人民福祉为评价城市治理绩效的标准。城市治理不仅要重视城市的物质层和现象层，更要把握城市运行的"经脉"和"血液"，以在城市里生产、生活的人的需求和发展为出发点，回答城市里的人需要什么、如何发展、权益如何保障等问题。

3. 城市治理要坚持"法律尺度"②

城市治理创新是必然举措，但创新要"有尺度"。所谓"有尺度"，就是城市治理要在一定的框架体系下运行，行为要有边界，坚持"尺度治理"。这种框架体系和边界无疑就是中国渐趋完善的法律法规体系，特别是《民法典》的出台，为城市治理创新提供了清晰的运行边界。城市行为运行主体是多元的，包括政府各部门、企事业单位、社会组织、社会个体等，其行为都必须受宪法和法律法规体系的约束，在限定的范围内运行，实现城市治理体系和治理能力的现代化、法治化。

4. 城市治理要坚持"伦理责任"

城市治理是不断协调多元主体利益，实现安全、正义的伦理化过程。伦理是城市治理应对风险挑战、实现安全保障、促进可持续文明、满足人们对美好生活需要的内在着力点。③ 城市治理伦理聚焦城市治理的"信度"构建，④ 一是城市治理主体要"有诚信"，勇担伦理责任；二是城市治理要坚

---

① 参见郭险峰《基于风险社会视野的城市治理创新：价值取向与路径体系》，《改革与战略》2020年第8期。

② 参见郭险峰《基于风险社会视野的城市治理创新：价值取向与路径体系》，《改革与战略》2020年第8期。

③ 董慧：《空间、风险与超大城市治理现代化》，《中国矿业大学学报》（社会科学版）2021年第1期。

④ 郭险峰：《基于风险社会视野的城市治理创新：价值取向与路径体系》，《改革与战略》2020年第8期。

持公平、正义的伦理目标。城市治理现代化的伦理责任是建构发展与安全、秩序与活力的城市伦理关系；伦理目标则要以解决超大城市发展中所产生的重大问题为宗旨，建构安全、健康、和谐的伦理框架，使政府、社会组织以及每一个人都能去实践各自的责任。

二　中国生态城市建设年度综述

本报告承继 2012 ~ 2019 年《中国生态城市建设发展报告》的主要思路、基本原则、评价方法和评价模型，继续遵循"分类评价、分类指导、分类建设、分步实施"的原则，依据"生态城市健康指数（ECHI）评价指标体系（2020）"和"生态城市健康指数（ECHI）评价标准"收集最新数据，对中国 284 个生态城市 2018 年的健康指数进行了综合排名评价和分析，将生态城市归于很健康、健康、亚健康、不健康、很不健康五种类型，并对环境友好型、绿色生产型、绿色生活型、健康宜居型和综合创新型五类生态城市从总体分布情况、评价结果中城市指标得分特点以及生态城市空间格局等层面进行了分析评价，总结了生态城市分布差异的原因、部分城市在生态城市建设方面的一些有效措施和值得借鉴的经验和做法，同时引入建设侧重度、建设难度、建设综合度等概念，对中国生态城市建设进行动态指导。

（一）生态城市健康状况综合评价分析

本报告依据"生态城市健康指数（ECHI）评价指标体系（2020）"得出中国 284 个城市 2018 年生态健康状况的综合排名（见表 1），并依据"生态城市健康指数（ECHI）评价标准"将其具体划分为很健康、健康、亚健康、不健康、很不健康五种生态城市类型。

1. 2018 年生态城市健康状况综合排名

2018 年中国 284 个生态城市中排名前 100 名的城市成分比较复杂，4 个直辖市（北京市、上海市、天津市、重庆市）全部进入，保持在前 33 名以内，比上年略有提升。5 个计划单列市中，厦门市跃居第 1；宁波市排名第

15 位，比上年倒退了 10 位；深圳市排名第 5 位，比上年前进了 1 位；青岛市排名第 9 位，比上年前进了 3 位；大连市排名第 20 位，比上年前进了 23 位。西部的资源型城市克拉玛依市依托其在生态社会方面的优势继续排在生态城市健康排名的前 100 名，但排名从第 46 位跌至第 60 位。

表1　2018 年中国 284 个生态城市健康状况综合排名

城市	排名	等级	城市	排名	等级	城市	排名	等级	城市	排名	等级
厦门	1	很健康	成都	27	健康	肇庆	53	健康	湖州	79	健康
三亚	2	很健康	绍兴	28	健康	扬州	54	健康	泸州	80	健康
海口	3	很健康	贵阳	29	健康	乌鲁木齐	55	健康	鸡西	81	健康
珠海	4	很健康	苏州	30	健康	东莞	56	健康	盐城	82	健康
深圳	5	很健康	沈阳	31	健康	广元	57	健康	赣州	83	健康
杭州	6	很健康	北海	32	健康	鹰潭	58	健康	辽源	84	健康
广州	7	很健康	重庆	33	健康	蚌埠	59	健康	遂宁	85	健康
上海	8	很健康	十堰	34	健康	克拉玛依	60	健康	淮安	86	健康
青岛	9	很健康	秦皇岛	35	健康	中山	61	健康	宝鸡	87	健康
南昌	10	很健康	佛山	36	健康	盘锦	62	健康	南充	88	健康
舟山	11	很健康	常州	37	健康	无锡	63	健康	佳木斯	89	健康
武汉	12	很健康	莆田	38	健康	防城港	64	健康	宜昌	90	健康
南宁	13	很健康	江门	39	健康	鹤岗	65	健康	泉州	91	健康
北京	14	很健康	济南	40	健康	兰州	66	健康	太原	92	健康
宁波	15	很健康	柳州	41	健康	拉萨	67	健康	双鸭山	93	健康
福州	16	很健康	长沙	42	健康	张家界	68	健康	东营	94	健康
南京	17	健康	西安	43	健康	龙岩	69	健康	泰州	95	健康
黄山	18	健康	绵阳	44	健康	郑州	70	健康	呼和浩特	96	健康
长春	19	健康	温州	45	健康	芜湖	71	健康	日照	97	健康
大连	20	健康	烟台	46	健康	西宁	72	健康	马鞍山	98	健康
合肥	21	健康	连云港	47	健康	金华	73	健康	钦州	99	健康
南通	22	健康	景德镇	48	健康	自贡	74	健康	桂林	100	健康
镇江	23	健康	株洲	49	健康	抚州	75	健康	大庆	101	健康
威海	24	健康	惠州	50	健康	嘉兴	76	健康	包头	102	健康
天津	25	健康	汕头	51	健康	鄂州	77	健康	丽水	103	健康
哈尔滨	26	健康	台州	52	健康	九江	78	健康	漯河	104	健康

续表

城市	排名	等级	城市	排名	等级	城市	排名	等级	城市	排名	等级
鹤壁	105	健康	湘潭	135	健康	资阳	165	健康	固原	195	健康
昆明	106	健康	徐州	136	健康	阜新	166	健康	四平	196	健康
嘉峪关	107	健康	韶关	137	健康	三明	167	健康	内江	197	健康
淄博	108	健康	辽阳	138	健康	乐山	168	健康	梅州	198	健康
随州	109	健康	铜川	139	健康	汉中	169	健康	宁德	199	亚健康
襄阳	110	健康	梧州	140	健康	玉林	170	健康	锦州	200	亚健康
牡丹江	111	健康	金昌	141	健康	齐齐哈尔	171	健康	通化	201	亚健康
潮州	112	健康	汕尾	142	健康	益阳	172	健康	湛江	202	亚健康
常德	113	健康	安庆	143	健康	永州	173	健康	松原	203	亚健康
石家庄	114	健康	枣庄	144	健康	泰安	174	健康	安顺	204	亚健康
新余	115	健康	鄂尔多斯	145	健康	咸宁	175	健康	白山	205	亚健康
延安	116	健康	鞍山	146	健康	石嘴山	176	健康	乌兰察布	206	亚健康
开封	117	健康	淮北	147	健康	洛阳	177	健康	贵港	207	亚健康
黄石	118	健康	滁州	148	健康	阳泉	178	健康	荆门	208	亚健康
吉林	119	健康	营口	149	健康	宿迁	179	健康	丽江	209	亚健康
攀枝花	120	健康	六安	150	健康	伊春	180	健康	临沂	210	亚健康
七台河	121	健康	大同	151	健康	白银	181	健康	崇左	211	亚健康
乌海	122	健康	吉安	152	健康	潍坊	182	健康	娄底	212	亚健康
酒泉	123	健康	宜宾	153	健康	天水	183	健康	荆州	213	亚健康
铜陵	124	健康	漳州	154	健康	廊坊	184	健康	六盘水	214	亚健康
衢州	125	健康	南平	155	健康	贺州	185	健康	许昌	215	亚健康
阳江	126	健康	萍乡	156	健康	济宁	186	健康	黑河	216	亚健康
安康	127	健康	本溪	157	健康	南阳	187	健康	平凉	217	亚健康
池州	128	健康	白城	158	健康	揭阳	188	健康	通辽	218	亚健康
宣城	129	健康	银川	159	健康	朔州	189	健康	来宾	219	亚健康
宜春	130	健康	吴忠	160	健康	张掖	190	健康	张家口	220	亚健康
雅安	131	健康	巴彦淖尔	161	健康	河源	191	健康	衡阳	221	亚健康
淮南	132	健康	丹东	162	健康	茂名	192	健康	焦作	222	亚健康
巴中	133	健康	德阳	163	健康	岳阳	193	健康	孝感	223	亚健康
眉山	134	健康	抚顺	164	健康	武威	194	健康	唐山	224	亚健康

城市	排名	等级	城市	排名	等级	城市	排名	等级	城市	排名	等级
郴州	225	亚健康	衡水	240	亚健康	宿州	255	亚健康	邢台	270	亚健康
赤峰	226	亚健康	黄冈	241	亚健康	滨州	256	亚健康	忻州	271	亚健康
晋中	227	亚健康	咸阳	242	亚健康	铁岭	257	亚健康	定西	272	亚健康
濮阳	228	亚健康	驻马店	243	亚健康	保定	258	亚健康	沧州	273	亚健康
怀化	229	亚健康	承德	244	亚健康	三门峡	259	亚健康	晋城	274	亚健康
达州	230	亚健康	榆林	245	亚健康	长治	260	亚健康	平顶山	275	亚健康
葫芦岛	231	亚健康	商洛	246	亚健康	亳州	261	亚健康	安阳	276	亚健康
绥化	232	亚健康	莱芜	247	亚健康	周口	262	亚健康	吕梁	277	不健康
新乡	233	亚健康	中卫	248	亚健康	商丘	263	亚健康	聊城	278	不健康
河池	234	亚健康	阜阳	249	亚健康	菏泽	264	亚健康	邯郸	279	不健康
德州	235	亚健康	保山	250	亚健康	玉溪	265	亚健康	渭南	280	不健康
广安	236	亚健康	呼伦贝尔	251	亚健康	信阳	266	亚健康	陇南	281	不健康
清远	237	亚健康	上饶	252	亚健康	云浮	267	亚健康	百色	282	不健康
遵义	238	亚健康	庆阳	253	亚健康	临沧	268	亚健康	昭通	283	不健康
邵阳	239	亚健康	曲靖	254	亚健康	朝阳	269	亚健康	运城	284	很不健康

与2017年相比，西部省会城市变化较大，昆明市跌出前100名，银川市从第168位提升到第159位，其他全部进入前100名，但升降明显，说明西部生态城市建设的成效还不稳定。成都市从第29位提升到第27位，贵阳市从第47位提升到第29位，乌鲁木齐市从第88位提升到第55位，呼和浩特市从第100位提升到第96位，西宁从第69位跌至第72位，兰州市从第53位跌到第66位，拉萨市从第17位跌至第67位，西安市从第27位跌至第43位，昆明市从第72位跌至第106位。

就城市健康等级而言，略有波动。全国284个城市中很健康的城市由15个增加为16个，排名依次为厦门市、三亚市、海口市、珠海市、深圳市、杭州市、广州市、上海市、青岛市、南昌市、舟山市、武汉市、南宁市、北京市、宁波市、福州市，占评价城市总数的5.6%，比上年增加了0.3个百分点，除了福州市进入很健康序列外，其他城市比较稳定；排名第

17～198 位的 182 个城市的健康等级为健康，占 64.1%，稳定保持上一年比例；排名第 199～276 位的 78 个城市的健康等级为亚健康，占 27.5%，稳定保持上一年比例；排名第 277～283 位的 7 个城市的健康等级为不健康，只占 2.5%，比上年减少了 0.7 个百分点；很不健康的城市数量从 0 增加为 1。这些数据表明，2018 年，很健康、很不健康的城市略有增加，健康、亚健康的城市数量稳定，不健康的城市数目持续减少，表明生态城市建设总体成效显著，走势看好，但个别城市反弹现象不容忽视，进一步说明中国生态文明、生态城市建设成果巩固的艰巨性和长期性。

从比较分析 2010～2018 年 9 年间生态城市健康指数排名前 10 位的城市及其发展水平的动态变化（见表 2）可以看出，9 年间进入前 10 名的城市变化较大，一些原来在前 10 名之内的城市逐渐被后来者代替，表明各个城市对生态城市建设的重视程度不断加强，各个城市之间的竞争也越来越激烈。例如，2010～2012 年深圳市均排名第 1，2013～2016 年跌出前 10 名之外，2017 年再进前 10，排名第 6 位，2018 年排名第 5 位；同样，2010～2012 年排名都在前 10 名以内的上海市、北京市、南京市和杭州市，在 2013～2016 年的排名均跌出前 10 位，2017～2018 年，上海市、广州市连续两年再进前 10，杭州市、青岛市 2018 年再进前 10，充分展示了其竞争实力；珠海市、厦门市的排名一直保持在前 10 名之内，表明这两个城市生态城市建设成效的显著性、稳定性。从健康指数看，总体来说，指数的值呈提高态势，说明生态环境、生态经济和生态社会建设越来越得到各个城市的重视，生态城市建设步入了高质量发展轨道。

2. 2018 年生态城市健康状况指标特点分析

2018 年全国 284 个城市中健康指数排名前 10 的城市分别为厦门市、三亚市、海口市、珠海市、深圳市、杭州市、广州市、上海市、青岛市、南昌市。比照上一年，生态城市健康指数排名有变化，生态环境、生态经济、生态社会指数排名也有不同程度起伏。其中，厦门市综合排名超过三亚市，排在第 1 位，比上一年上升 1 位，其中，生态环境排名第 4、生态经济排名第 5、生态社会排名第 188，生态社会排名比上年下降 180 位；三亚市综合排名

表2 2010～2018年排名前10位的城市及其健康指数动态变化

排名	2010年 城市	健康指数	2011年 城市	健康指数	2012年 城市	健康指数	2013年 城市	健康指数	2014年 城市	健康指数	2015年 城市	健康指数	2016年 城市	健康指数	2017年 城市	健康指数	2018年 城市	健康指数
1	深圳	0.8849	深圳	0.8958	深圳	0.9054	珠海	0.8923	珠海	0.9015	珠海	0.9073	三亚	0.9236	三亚	0.905	厦门	0.9187
2	广州	0.8779	广州	0.8773	广州	0.9037	三亚	0.8755	厦门	0.8889	厦门	0.9041	珠海	0.9032	厦门	0.9023	三亚	0.9177
3	上海	0.8671	上海	0.8697	上海	0.8705	厦门	0.8708	三亚	0.8883	舟山	0.9030	厦门	0.8868	珠海	0.891	海口	0.8984
4	北京	0.8638	北京	0.8650	南京	0.8481	新余	0.8657	威海	0.8816	三亚	0.8923	南昌	0.8767	上海	0.8795	珠海	0.8927
5	南京	0.8589	南京	0.8614	大连	0.8462	舟山	0.8615	惠州	0.8783	天津	0.8805	南宁	0.8755	宁波	0.8782	深圳	0.8873
6	珠海	0.8513	珠海	0.8569	无锡	0.8460	沈阳	0.8600	舟山	0.8734	惠州	0.8734	舟山	0.8745	深圳	0.8773	杭州	0.8858
7	杭州	0.8484	厦门	0.8538	珠海	0.8457	福州	0.8521	青岛	0.8684	广州	0.8704	惠州	0.872	舟山	0.8772	广州	0.8819
8	厦门	0.8468	杭州	0.8528	厦门	0.8409	大连	0.8503	广州	0.8655	福州	0.8669	海口	0.8675	南昌	0.8758	上海	0.8795
9	大连	0.8393	东莞	0.8399	杭州	0.8405	海口	0.8502	长春	0.8609	南宁	0.8653	天津	0.8672	广州	0.87	青岛	0.8766
10	济南	0.8369	沈阳	0.8395	北京	0.8404	广州	0.8447	铜陵	0.8606	威海	0.8621	威海	0.8658	海口	0.8698	南昌	0.8705

第2，比上一年下降1位，其中，生态环境排名第8，比上一年上升4位，生态经济排名第1，比上一年上升4位，生态社会排名第273，比上一年下降272位；海口市综合排名第3，比上一年上升7位，其中，生态环境稳定排名第1，生态经济排名第33，比上一年上升41位，生态社会排名第36，比上一年下降26位；珠海市综合排名第4，比上一年下降1位，其中，生态环境稳定排名第24，比上一年下降6位，生态经济排名第2，比上一年下降1位，生态社会排名第43，比上一年下降10位；深圳市综合排名第4，比上一年上升1位，其中，生态环境排名第9，比上一年下降1位，生态经济排名第15，比上一年下降12位，生态社会排名第186，比上一年下降124位；杭州市综合排名第6，比上一年上升5位，其中，生态环境稳定排名第16，生态经济排名第8，比上一年上升9位，生态社会排名第126，比上一年下降99位；广州市综合排名第7，比上一年上升2位，其中生态环境排名第17，比上一年上升4位，生态经济排名第32，比上一年下降11位，生态社会排名第194，比上一年下降191位；上海市综合排名第8，比上一年下降4位，其中，生态环境排名第15，比上一年上升5位，生态经济排名第3，比上一年下降1位，生态社会排名第164，比上一年下降134位；青岛市综合排名第9，比上一年上升3位，其中，生态环境排名第5，比上一年上升4位，生态经济排名第40，比上一年下降6位，生态社会排名第25，比上一年上升9位；南昌市综合排名第10，比上一年下降2位，其中，生态环境排名第6，比上一年下降1位，生态经济排名第24，比上一年上升6位，生态社会排名第209，比上一年下降196位。

以上城市能够站在前10的高位，与这些城市奉行生态文明建设新理念、着力解决城市病、探索内涵式城市发展新模式的生动实践不无关系。虽然以上生态城市健康状况指标良好，且整体排名靠前，但是指标得分不均衡，存在明显的"短板"指标，分项带动整体的倾向明显，各城市生态环境、经济、社会建设不平衡，需要统筹兼顾，在巩固突出优势时，需要进一步提升综合水平。

3. 2018年生态城市健康状况不同指数评析

分析2018年全国284个生态城市的健康状况可以看出，生态健康状况

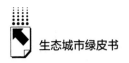

良好的城市，总会采取加强环境绿化、保护水资源、保持生物多样性、对垃圾进行无害化处理、做好城市污水处理以及加强生态意识教育、普及法律法规、增加城市维护建设资金等方式，通过生态环境、生态经济以及生态社会建设，加强生态城市的建设，在284个城市中争得前10席位。

从不同指数排名看，海口市、拉萨市、舟山市、厦门市、青岛市、南昌市、宁波市、三亚市、深圳市、大连市生态环境指数排名前10；三亚市、珠海市、上海市、丽水市、厦门市、北京市、温州市、杭州市、金华市、合肥市生态经济指数排名前10。东莞市、嘉峪关市、克拉玛依市、乌鲁木齐市、深圳市、厦门市、北京市、拉萨市、乌海市、广州市10个城市，采取扩大城市建成区绿化覆盖率的有效措施，使其在全国284个城市中位居前10；盘锦市、丽江市、玉溪市、三明市、厦门市、黑河市、昭通市、龙岩市、呼伦贝尔市、南平市10个城市，大力实施"蓝天工程"，加强大气污染治理，确保空气质量优良天数位居前10；青岛市、呼和浩特市、福州市、金昌市、淄博市、江门市、镇江市、马鞍山市、辽阳市、防城港市10个城市的节水措施成效明显，力保其位居前10；深圳市、北京市、厦门市、随州市、海口市、广州市、长沙市、上海市、青岛市、西安市10个城市控制二氧化硫排放量绩效显著，位居前10；三亚市、抚州市、常州市、眉山市、枣庄市、咸宁市、渭南市、张家界市、南平市、湖州市10个城市的一般工业固体废物综合利用率位居前10；深圳市、中山市、肇庆市、厦门市、呼和浩特市、珠海市、苏州市、东莞市、延安市、乌鲁木齐市10个城市的信息化基础设施建设走在前面；城市维护建设资金支出占城市GDP比重排名前10的城市是厦门市、赣州市、呼和浩特市、西宁市、武汉市、南宁市、张家界市、贵阳市、抚州市、成都市；科教支出占GDP比重排名前10的城市是定西市、陇南市、固原市、平凉市、天水市、拉萨市、河池市、梅州市、巴中市、河源市。

中国生态城市建设取得的一系列成绩，源于中国特色社会主义制度优势，源于党中央、国务院对生态文明建设的高度重视和国家战略定位，离不开举国上下不懈推进的生态文明建设实践。近几年来，中国以生态文明建设为导向，把绿色发展理念融入城市规划布局、自然环境改善、基础设施提升以及生活方式转变等方面，把发展观、执政观、自然观内在统一，融入执政理念、发展理念，生态文明建设的认识高度、实践深度、推进力度前所未有，极大地推动了生态城市建设的进程。

（二）生态城市建设分类评价分析

延续历年绿皮书编写的基本理念和指导思想，遵循共性与特性相结合的原则，本报告在生态城市建设评价中，除了进行整体评价外，还结合不同类型生态城市的建设特点，考虑建设侧重度、建设难度和建设综合度等因素，对五种不同类型的生态城市采用核心指标与扩展指标相结合的方式，进行了分类评价和分析。

1. 环境友好型城市建设评价结果

本报告依据环境友好型城市建设评价指标体系，分别对14项核心指标和5项特色指标进行计算，得出了284个城市2018年环境友好型城市综合指数排名前100名（见表3），并对前100名城市进行了评价与分析。

（1）2018年环境友好型城市指标得分分析

在环境友好型城市综合指数得分上，排在前10名的城市分别是厦门市、上海市、三亚市、珠海市、杭州市、南昌市、广州市、海口市、北京市和南宁市。厦门市通过大力推进机车污染源减排、持续推进绿色海港空港建设、加快推进工业企业大气污染治理、强力推进扬尘污染管控等举措，健全环境治理体系，位居第1；上海市通过"三年行动计划""清洁空气行动计划""水污染防治行动计划""长三角环境保护协作""排污许可及总量控制"等一系列政策制度的安排和实施，实现"城市自然—生态—经济—社会和谐"，位居第2；三亚市注重城市与自然景观环境、生态环境的协调发展，注重"海绵城市"建设，排名第3；珠海市凭借第一批国家生态文明建设示范城市和最宜居城市，排名第4；被誉为"人间天堂"的杭州市锲而不舍地推进生态文明建设，排名第5；南昌市秉持"生态立市"和"绿色发展"的理念，排名第6；广州市、海口市、北京市和南宁市依托各自优势在前 10 位分获各自的席位。排名前 10 的城市虽然整体排名靠前，但是"短板"指标依然存在，部分城市需要大力发展公共交通，加快绿色交通体系建设，发展生态农业。

表3　2018 年环境友好型城市综合指数排名前 100 名

城市	排名	城市	排名	城市	排名	城市	排名
厦门	1	福州	26	台州	51	郑州	76
上海	2	莆田	27	赣州	52	龙岩	77
三亚	3	武汉	28	济南	53	南充	78
珠海	4	长春	29	烟台	54	东莞	79
杭州	5	绍兴	30	乌鲁木齐	55	湖州	80
南昌	6	连云港	31	自贡	56	柳州	81
广州	7	哈尔滨	32	盐城	57	金华	82
海口	8	北海	33	九江	58	开封	83
北京	9	扬州	34	中山	59	辽源	84
南宁	10	温州	35	兰州	60	双鸭山	85
镇江	11	广元	36	蚌埠	61	鸡西	86
南通	12	苏州	37	泸州	62	桂林	87
宁波	13	常州	38	鹤岗	63	佳木斯	88
深圳	14	江门	39	泰州	64	丽水	89
重庆	15	十堰	40	防城港	65	钦州	90
黄山	16	汕头	41	株洲	66	阳江	91
青岛	17	鹰潭	42	无锡	67	盘锦	92
合肥	18	抚州	43	长沙	68	嘉兴	93
天津	19	佛山	44	淮安	69	太原	94
成都	20	秦皇岛	45	西宁	70	池州	95
南京	21	沈阳	46	遂宁	71	潮州	96
舟山	22	西安	47	芜湖	72	宜春	97
绵阳	23	肇庆	48	张家界	73	新余	98
大连	24	威海	49	惠州	74	玉林	99
景德镇	25	贵阳	50	拉萨	75	汕尾	100

就进入评价的 284 个城市而言，特色指标表征的突出环境问题各有差异：①控制二氧化硫排放。金昌市、石嘴山市、阳泉市、嘉峪关市、六盘水市、渭南市、曲靖市、乌海市、阜新市、吕梁市、西宁市、攀枝花市、吴忠

市、运城市、安顺市、通辽市、乌兰察布市、七台河市、平凉市、新余市、营口市、中卫市、定西市、内江市、百色市、淮南市、滨州市、玉溪市、梅州市和白银市。②控制城市民用汽车数量。东莞市、深圳市、中山市、佛山市、苏州市、厦门市、乌鲁木齐市、珠海市、克拉玛依市、拉萨市、海口市、呼和浩特市、银川市、宁波市、乌海市、北京市、太原市、昆明市、郑州市、无锡市、长沙市、金华市、鄂尔多斯市、南京市、嘉兴市、武汉市、东营市、常州市、绍兴市和三亚市。③控制单位耕地面积化肥施用量。三亚市、深圳市、福州市、漳州市、石嘴山市、海口市、鄂州市、贵阳市、渭南市、银川市、商丘市、新乡市、平顶山市、濮阳市、安阳市、泉州市、延安市、乌海市、周口市、宜昌市、焦作市、桂林市、安顺市、潮州市、肇庆市、漯河市、西安市、咸阳市、吉林市和湛江市。④提高清洁能源使用率。铁岭市、白山市、赤峰市、徐州市、朔州市、舟山市、柳州市、襄阳市、茂名市、贵港市、酒泉市、六盘水市、松原市、崇左市、宜昌市、莱芜市、七台河市、临沧市、长治市、内江市、通化市、牡丹江市、威海市、吕梁市、岳阳市、克拉玛依市、日照市、资阳市、鄂州市和娄底市。⑤提高第三产业占GDP比重。克拉玛依市、宝鸡市、鹤壁市、吴忠市、咸阳市、漯河市、榆林市、延安市、安康市、东营市、攀枝花市、石嘴山市、吕梁市、宁德市、商洛市、北海市、黄石市、百色市、三明市、巴中市、滁州市、孝感市、泸州市、荆门市、防城港市、资阳市、荆州市、许昌市、昭通市和乌海市。

（2）2018年环境友好型城市的空间格局分析

2018年各地区进入环境友好型城市100强的城市中，华东地区43个，较上一年增加2个；中南地区30个，较上一年增加5个；东北地区9个，较上一年减少3个；西南地区10个，较上一年减少1个；华北地区4个，较上一年减少3个；西北地区4个，保持不变。

整体而言，环境友好型城市建设呈现东密西疏态势，主要集中在华东、中南地区，两地区参与评价城市数目占284个评价城市总数的比重为38.1%，两地区进入百强的城市合计占其参与评价城市数量的92.1%。各

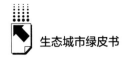

地区进入百强城市数量占本区参与评价城市总数的比重中，只有华东地区占比过半，达到55.1%，其余依次为中南地区占37.0%、西南地区占33.3%、东北地区占26.5%、西北地区占13.30%、华北地区占12.9%。

2. 绿色生产型城市建设评价结果

依据绿色生产型城市建设评价指标体系，分别对14项核心指标和5项特色指标进行计算，得出了284个城市2018年绿色生产型城市综合指数排名前100名（见表4），并进行了评价与分析。

（1）2018年绿色生产型城市指标得分分析

由表4可知，2018年中国绿色生产型城市综合指数得分排名前10的城市分别是三亚市、厦门市、海口市、北京市、杭州市、上海市、珠海市、南昌市、深圳市和广州市。这些城市通过绿化建设、节能减排、增加投入等措施，提高清洁能源使用率、工业固体废物综合利用率，降低单位GDP用水量变化量、单位GDP能耗和二氧化硫排放量，大大促进了生态城市建设，站在了绿色生产型城市的前10位。

综合指数排名第1位的三亚市，生态城市健康指数（第2位）和特色指数（第3位）均名列前茅，生态城市建设方法卓有成效，但绿色生产实施效果并不理想，节水措施和二氧化硫治理措施有待继续加强；排名第2位的厦门市，特色指数（第76位）落后于健康指数（第1位），需要加强绿色生产实践，提高水资源利用效率，严格控制二氧化硫的排放量；排名第3位的海口市，特色指数（第53位）落后于健康指数（第3位），但生态城市建设实践要优于绿色生产实践，今后应严格控制二氧化硫排放量，提高水资源利用效率；排名第4位的北京市，特色指数（第1位）高于健康指数（第14位），绿色生产实践成绩较好，今后应重点控制二氧化硫排放量，提高一般工业固体废物和水资源综合利用率；排名第5位的杭州市，健康指数（第6位）优于特色指数（第39位），生态城市建设成效明显，绿色生态实践则有待加强，今后应重点关注水资源综合利用率的提高和二氧化硫排放量的控制；排名第6位的上海市，特色指数（第35位）落后于健康指数（第8位），说明上海市生态城市建设和绿色生产实践方面取得较好的成绩，但仍

表4　2018年中国绿色生产型城市综合指数得分排名前100名

城市	排名	城市	排名	城市	排名	城市	排名
三亚	1	大连	26	东莞	51	盐城	76
厦门	2	成都	27	扬州	52	防城港	77
海口	3	苏州	28	抚州	53	遂宁	78
北京	4	温州	29	烟台	54	兰州	79
杭州	5	威海	30	十堰	55	辽源	80
上海	6	佛山	31	长沙	56	桂林	81
珠海	7	景德镇	32	沈阳	57	鸡西	82
南昌	8	哈尔滨	33	株洲	58	九江	83
深圳	9	常州	34	嘉兴	59	泉州	84
广州	10	北海	35	中山	60	淮安	85
宁波	11	汕头	36	无锡	61	宜春	86
黄山	12	台州	37	湖州	62	泰州	87
青岛	13	绵阳	38	赣州	63	东营	88
镇江	14	莆田	39	惠州	64	牡丹江	89
福州	15	秦皇岛	40	芜湖	65	吉安	90
南通	16	鹰潭	41	郑州	66	钦州	91
合肥	17	肇庆	42	张家界	67	盘锦	92
南宁	18	蚌埠	43	乌鲁木齐	68	滁州	93
武汉	19	广元	44	柳州	69	潮州	94
舟山	20	重庆	45	龙岩	70	开封	95
天津	21	西安	46	西宁	71	宣城	96
江门	22	金华	47	丽水	72	漯河	97
绍兴	23	连云港	48	泸州	73	拉萨	98
南京	24	贵阳	49	鹤岗	74	克拉玛依	99
长春	25	济南	50	自贡	75	南充	100

需提高水资源利用效率和严格控制二氧化硫的排放量；排名第7位的珠海市，特色指数（第84位）落后于健康指数（第4位），需加强绿色生产实践，重点控制单位GDP二氧化硫排放量并加强水资源利用效率；排名第8

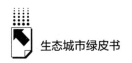
位的南昌市，特色指数（第38位）稍落后于健康指数（第10位），但生态城市建设和绿色生产实践良好，今后需严格控制二氧化硫排放量；排名第9位的深圳市，健康指数（第5位）与特色指数（第122位）错位显著，亟待加强绿色生产实践，应注重控制二氧化硫排放量及提高水资源和一般工业固体废物的综合利用率；排在第10位的广州市，特色指数（第113位）明显落后于健康指数（第7位），今后的主要任务是降低二氧化硫排放量并提高主要清洁能源、水资源和一般工业固体废物的综合使用率。

就参与评价的284个城市而言，特色指标表征的突出环境问题各有差异：①主要清洁能源使用率较低。贵港市、茂名市、襄樊市、柳州市、舟山市、朔州市、徐州市、赤峰市、白山市和铁岭市排在后10位。②单位GDP用水效率较低。东莞市、中山市、嘉峪关市、重庆市、遵义市、辽源市、盘锦市、铜川市、北京市和珠海市排在后10位。③单位GDP二氧化硫排放降低量较低。绵阳市、巴中市、汕头市、湛江市、东营市、商洛市、雅安市、白银市、中卫市和攀枝花市排在后10位。④单位GDP综合能耗较高。吕梁市、百色市、银川市、莱芜市、运城市、石嘴山市、乌海市、赤峰市、中卫市和嘉峪关市排在后10位。⑤一般工业固体废物综合利用率较低。百色市、双鸭山市、呼伦贝尔市、抚顺市、金昌市、上饶市、伊春市、陇南市、拉萨市和商洛市排在后10位。

（2）2018年绿色生产型城市空间格局分析

2018年参与绿色生产型城市评价的284个城市中，中南地区（79个）、华东地区（78个），分别占参评城市总数的27.82%和27.46%，合计占55.28%，超过了一半。但是进入前100名的城市中，华东地区有46个，占其参评总数的58.97%，中南地区只有27个，占其参评总数的34.18%。东北地区、华北地区、西南地区和西北地区参评城市数量总体较少且比较平均，分别为34个、32个、31个和30个。但是进入前100名的城市中，西南地区、东北地区、华北地区和西北地区分别有10个、9个、3个和5个，分别占到所属区域参评城市数量的32.26%、26.47%、9.38%和16.67%。说明华东地区地处东南沿海，地理位置优越明显；中南地区绿色生产实践更进一步；东北、华北、西南、西北深居内陆，城市发展水平相对落后。华北地区和西北地区弱势明显，今后应在农业、工业和服务业等多个领域全面推行绿色生产和节能减排。

就动态而言，2015～2018 年，珠海市、厦门市和三亚市 2015～2017 年虽排名有所变化，但基本保持在前 3 位，2018 年珠海市排名第 7 位，这三个城市生态城市建设和绿色生产实施卓有成效；排名比较稳定的城市包括海口市、广州市、福州市、黄山市、镇江市；排名整体有所上升的城市包括海口市、黄山市、南昌市、上海市和青岛市；排名整体出现下降的城市包括舟山市、天津市、惠州市、汕头市、西安市、苏州市和重庆市。

2015～2018 年，进入前 100 名的绿色生产型城市数量变化不大。华北地区前三年没有变化，均为 5 个，2018 年为 3 个；华东地区由 44 个增加为 46 个；西南地区四年间增加了 1 个；中南地区保持 27 个；西北地区增加了 2 个；东北地区城市数量有所减少，四年间净减 4 个。

3. 绿色生活型城市建设评价结果

依据绿色生活型城市建设评价指标体系和评价模型，分别对 14 项核心指标和 5 项特色指标进行计算，得出了 284 个城市 2018 年绿色生活型城市综合指数排名前 100 名（见表 5），并对其进行了评价与分析。

（1）2018 年绿色生活型城市指标得分分析

由表 5 可知，2018 年中国绿色生活型城市综合指数得分排名在前 10 的城市分别是三亚市、珠海市、深圳市、杭州市、上海市、海口市、武汉市、南昌市、南宁市、厦门市。这些城市依托 14 项核心指标所得的生态城市健康指数和 5 项特色指标所得的绿色生活型特色指数结果综合排名位居前 10，凸显了其在绿色生活型城市建设方面的综合实力，可供其他城市学习和借鉴。就重点反映绿色生活水平的特色指标而言，各城市的侧重点不同，特色各异，也就奠定了不同特色指标意义上的前 10 位城市。依托教育投资力度，茂名市、曲靖市、莆田市、汕头市、昭通市、潍坊市、临沂市、钦州市、玉林市、贵港市等城市优势突出；依托人均公共设施建设投资优势，厦门市、珠海市、武汉市、呼和浩特市、北京市、南京市、深圳市、广州市、乌鲁木齐市、成都市力保绿色生活环境；依托人行道面积占道路面积比例优势，巴彦淖尔市、庆阳市、河源市、拉萨市、宝鸡市、乌鲁木齐市、金昌市、天水市、巴中市、锦州市位居前10；依托单位城市道路面积公共汽（电）车营运车辆数，葫芦岛市、深圳市、中山市、昭通市、佛山市、梅州市、商丘市、昆明市、长沙市、丽江市位居前10；依托道路清扫保洁面积覆盖率，铜陵市、郴州市、云浮市、三亚市、商丘市、朝阳市、遵义市、上海市、贵阳市、嘉峪关市位居前10。

表5　2018年绿色生活型城市综合指数排名前100名

城市	排名	城市	排名	城市	排名	城市	排名	城市	排名
三亚	1	福州	21	乌鲁木齐	41	张家界	61	南充	81
珠海	2	沈阳	22	惠州	42	嘉兴	62	丽水	82
深圳	3	广州	23	西宁	43	芜湖	63	自贡	83
杭州	4	大连	24	蚌埠	44	防城港	64	攀枝花	84
上海	5	镇江	25	株洲	45	东莞	65	鹰潭	85
海口	6	佛山	26	扬州	46	金华	66	常德	86
武汉	7	威海	27	兰州	47	赣州	67	烟台	87
南昌	8	长沙	28	黄山	48	盘锦	68	雅安	88
南宁	9	济南	29	舟山	49	盐城	69	无锡	89
厦门	10	温州	30	北海	50	呼和浩特	70	江门	90
宁波	11	秦皇岛	31	郑州	51	景德镇	71	台州	91
贵阳	12	绵阳	32	广元	52	嘉峪关	72	东营	92
青岛	13	南通	33	泸州	53	日照	73	铜陵	93
北京	14	西安	34	湖州	54	马鞍山	74	宝鸡	94
天津	15	苏州	35	常州	55	石家庄	75	淄博	95
成都	16	重庆	36	连云港	56	九江	76	巴中	96
长春	17	肇庆	37	汕头	57	太原	77	开封	97
合肥	18	柳州	38	克拉玛依	58	十堰	78	新余	98
哈尔滨	19	南京	39	鄂州	59	抚州	79	包头	99
绍兴	20	莆田	40	拉萨	60	龙岩	80	淮安	100

（2）2018年绿色生活型城市空间格局分析

借鉴邓忠泉的中国九大经济区划分标准，将前100名的绿色生活型城市分为东北经济区、环渤海经济区、泛长三角经济区、南部沿海经济区、湘鄂赣经济区、环四川盆地经济区（或"西南经济区"）、北部高原经济区、新疆经济区、青藏高原经济区九大区域，可以看出2018年前100名城市的区域分布特点：在284个评价城市中，东北经济区选取了37个，占比13.03%，其中前百城市5个，占该地区参与评价城市数量的13.51%；环渤海经济区选取了47个，占比16.55%，其中前百城市12个，占该地区参与评价城市数量的25.53%；泛长三角经济区选取了51个，占比17.96%，其中前百城市29个，占该地区参与评价城市数量的56.86%；南部沿海经济区选取了46个，占比16.20%，其中前百城市19个，占该地区参与评价城市数量的41.30%；湘鄂赣经济区选取了36个，占比12.68%，其中前百城市14个，占该地区参与评价城市数量的38.89%；环四川盆地经济区选取了30个，占比10.56%，其中前百城市11个，占该地区参与评价城市数量的36.67%；北部高原经济区选取了33个，占比11.62%，其中前百城市6个，占该地区参与评价城市数量的18.18%；新疆经济区选取了2个，占比0.70%，其中前百城市2个，占该地区参与评价城市数量的100%；青藏高原经济区选取了2个，占比0.70%，其中前百城市2个，占该地区参与评价城市数量的100%。无论是选取的评价城市还是前百城市，泛长三角经济区都是数量最多的地区，新疆经济区和青藏高原经济区选取的评价城市都是只有2个，这2个地区虽然代表城市少，但都进入前100名城市的行列。

4. 健康宜居型城市建设评价结果

依据健康宜居型城市建设评价指标体系，分别对14项核心指标和5项特色指标进行计算，得出了150个城市2018年健康宜居型城市综合指数排名前100名（见表6），并对其进行了评价与分析。

（1）2018年健康宜居型城市指标得分分析

由表6可知，2018年中国健康宜居型城市综合指数得分排名在前10的城市分别是三亚市、厦门市、海口市、珠海市、杭州市、广州市、武汉市、深圳市、舟山市和上海市。排名第1位的三亚市，健康指数（第2位）和特色指数（第9位）都在前10，生态城市和健康宜居城市的建设卓有成效，其建设重点是增加居住用地面积和医院、卫生院的数量；排名第2位的厦门市，特色指数（第13位）落后于健康指数（第1位），生态城市建设波动中显成效，健康宜居型城市建设滞后，今后应增加居住用地面积和公园绿地面积，改善医疗条件；排名第3位的海口市，健康指数（第3位）和特色指数（第7位）都在前10，生态城市和健康宜居型城市建设良好且比较均衡，今

表6 2018年健康宜居型城市综合指数排名前100名

城市	排名	城市	排名	城市	排名	城市	排名
三亚	1	镇江	26	拉萨	51	包头	76
厦门	2	长沙	27	克拉玛依	52	衢州	77
海口	3	绍兴	28	嘉兴	53	泉州	78
珠海	4	南通	29	烟台	54	大庆	79
杭州	5	长春	30	湖州	55	桂林	80
广州	6	济南	31	台州	56	牡丹江	81
武汉	7	佛山	32	郑州	57	石家庄	82
深圳	8	沈阳	33	兰州	58	盐城	83
舟山	9	乌鲁木齐	34	太原	59	鄂尔多斯	84
上海	10	西安	35	绵阳	60	延安	85
南京	11	秦皇岛	36	宜昌	61	日照	86
北京	12	中山	37	西宁	62	宝鸡	87
南昌	13	无锡	38	芜湖	63	丽江	88
青岛	14	常州	39	蚌埠	64	湘潭	89
成都	15	惠州	40	肇庆	65	漳州	90
福州	16	柳州	41	淄博	66	赣州	91
宁波	17	北海	42	连云港	67	大同	92
南宁	18	金华	43	九江	68	营口	93
贵阳	19	温州	44	扬州	69	吉林	94
大连	20	哈尔滨	45	呼和浩特	70	新余	95
合肥	21	重庆	46	汕头	71	德阳	96
苏州	22	昆明	47	丽水	72	本溪	97
东莞	23	景德镇	48	银川	73	泰州	98
威海	24	株洲	49	马鞍山	74	辽阳	99
天津	25	江门	50	东营	75	鞍山	100

后的重点是增加居住用地面积和医院、卫生院数的数量；排名第 4 位的珠海市，健康指数和特色指数均处于第 4 位，生态城市和健康宜居型城市建设水平高且非常均衡，今后的重点是增加居住用地面积；排名第 5 位的杭州市，健康指数（第 6 位）优于特色指数（第 11 位），说明杭州市生态城市建设情况较好，健康宜居型城市的建设需进一步加强，今后的重点是增加居住用地面积；排名第 6 位的广州市，健康指数（第 7 位）优于特色指数（第 16 位），表明健康宜居型城市建设落后于生态城市建设，今后的重点是增加居住用地面积、医院和卫生院的数量；排名第 7 位的武汉市，健康指数（第 12 位）落后于特色指数（第 6 位），说明其健康宜居型城市建设较好，生态城市的建设需要进一步加强，今后应不断优化用地结构，增加居住用地面积；排名第 8 位的深圳市，健康指数（第 5 位）明显优于特色指数（第 24 位），表明其生态城市的建设明显优于健康宜居型城市的建设，今后的首要任务是增加居住用地面积；排名第 9 位的舟山市，健康指数（第 11 位）和特色指数（第 10 位）非常接近，而且表征健康宜居型城市建设的 5 项特色指标的排名也较为接近，其生态城市的建设和健康宜居型城市建设协调均衡；排名第 10 位的上海市，特色指数（第 25 位）明显落后于健康指数（第 8 位），今后上海市应加强健康宜居型城市的建设。

五项特色指标中，"万人拥有文化、体育、娱乐业从业人员数"排在前 10 名的城市是北京市、拉萨市、深圳市、成都市、乌鲁木齐市、海口市、厦门市、呼和浩特市、上海市和南京市；"万人拥有医院、卫生院数"排在前 10 位的是成都市、营口市、鄂尔多斯市、乌鲁木齐市、昆明市、北京市、拉萨市、青岛市、包头市和贵阳市；"公园绿地 500 米半径服务率"排在前 10 位的是湖州市、昆明市、三亚市、杭州市、南京市、衢州市、福州市、宜宾市、丽江市和东莞市；"人均居住用地面积"排在前 10 位的是东莞市、鄂尔多斯市、克拉玛依市、乌鲁木齐市、大庆市、银川市、惠州市、呼和浩特市、合肥市和沧州市；"人体舒适度指数"排在前 10 位的是海口市、深圳市、北海市、中山市、湛江市、汕头市、珠海市、江门市、东莞市和惠州市。

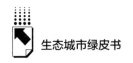
（2）2018年健康宜居型城市空间格局分析

2018年，参与健康宜居型城市评价的150个城市中，参评城市数量最多的是华东地区（54个），占参评城市总数的36%，其中42个（占比77.78%）城市进入前100名；其次是中南地区（43个），占参评城市总数的28.67%，其中22个（占比51.16%）城市进入前100名；2个区域参评城市数量占到总参评城市数量的64.67%，进入前100名的城市共64个。华北地区和东北地区分别有16个和15个城市参与健康宜居型城市建设评价，其中，前100名城市中，华北地区有9个，东北地区有11个。参评城市数量最少的是西南地区和西北地区，西南地区参评城市12个，其中，进入前100名的有8个，西北地区参评城市10个，进入前100名的有8个，2个区域深居内陆，健康宜居型城市建设相对滞后。

较之于2017年，进入2018年中国健康宜居型城市前100名的城市分布有所变化。2018年，华北地区进入前100名的城市由11个减少到9个，减少了2个；华东地区由2017年的40个增加到42个，增加了2个；中南地区由2017年的24个减少到22个，减少了2个；西南地区城市数量相同，但是2018年宜宾市退出了前100名，而德阳市进入了前100名；西北地区由2017年的7个增加到8个，增加了1个；东北地区由2017年的10个增加到11个，增加了1个。

5. 综合创新型城市建设评价结果

根据构建的包括14个核心指标和5个扩展指标的综合创新型生态城市指标体系，从生态环境、生态经济、生态社会以及创新能力、创新绩效5个主题出发，对中国284个城市的相关指标进行测算，得出了2018年综合创新型城市综合指数排名前100名（见表7），并对其进行了评价与分析。

由表7可知，在2018年综合创新型生态城市综合指数前100名中，北京市、深圳市、上海市、广州市、厦门市、珠海市、武汉市、杭州市、东莞市、成都市排名前10位，主要涉及北京、上海等直辖市，广州、武汉、杭州等省会城市，深圳、珠海、厦门等沿海开放型城市。其中，排位靠前的北京（56.08分）、深圳（54.34分）等城市得分较高，是前100名中排位靠后的梅州（27.70 分）、烟台（27.69 分）等城市的 2 倍左右。排位较为靠前的城市主要分布在东部沿海地区，西部地区城市的数量较少，地域差异明显。

表7　2018 年综合创新型城市综合指数排名前 100 名

城市	排名	城市	排名	城市	排名	城市	排名
北京	1	福州	26	漳州	51	固原	76
深圳	2	克拉玛依	27	绍兴	52	台州	77
上海	3	无锡	28	丽水	53	六安	78
广州	4	定西	29	泉州	54	榆林	79
厦门	5	周口	30	天水	55	陇南	80
珠海	6	绥化	31	汕头	56	亳州	81
武汉	7	兰州	32	镇江	57	惠州	82
杭州	8	金华	33	吕梁	58	威海	83
东莞	9	青岛	34	重庆	59	廊坊	84
成都	10	南宁	35	商丘	60	茂名	85
三亚	11	哈尔滨	36	延安	61	娄底	86
郑州	12	赣州	37	平凉	62	黑河	87
苏州	13	温州	38	沧州	63	鹰潭	88
南昌	14	南通	39	嘉峪关	64	湛江	89
南京	15	乌鲁木齐	40	扬州	65	西宁	90
长沙	16	常州	41	湖州	66	鸡西	91
中山	17	怀化	42	大连	67	常德	92
宁波	18	鄂尔多斯	43	吉安	68	太原	93
呼和浩特	19	长春	44	舟山	69	柳州	94
天津	20	贵阳	45	张家界	70	宣城	95
佛山	21	宜春	46	辽源	71	益阳	96
海口	22	嘉兴	47	河源	72	黄山	97
庆阳	23	抚州	48	石家庄	73	邵阳	98
合肥	24	肇庆	49	昆明	74	梅州	99
西安	25	济南	50	沈阳	75	烟台	100

较之于 2017 年，2018 年综合创新型生态城市综合指数排名总体较为稳定，但也有个别城市的波动较为明显。例如，呼和浩特市凭借其在信息化基

础设施、人均 GDP、基础设施完好率等指标上的优势，从第 32 位跃升为第
19 位；福州凭借其在空气质量优良天数、信息化基础设施、人均 GDP 等指
标上的优势，从第 55 位跃升为第 26 位；青岛受制于河湖水质、R&D 经费
占 GDP 比重等指标上的靠后排位，从第 17 位掉至第 34 位；常州受制于空
气质量优良天数、河湖水质、R&D 经费占 GDP 比重等指标上的靠后排位，
从第 18 位掉至第 41 位；宜春从第 67 位跃升为第 46 位，沧州从第 107 位跃
升为第 63 位，进步非常显著。

按生态环境、生态经济、生态社会、创新能力和创新绩效五个主题进行
聚类分析，本报告将 284 个综合创新型生态城市划分为综合创新型、生态经
济型和生态社会型共三类。其中，综合创新型城市由 2017 年的 14 个增加为
18 个，这类城市综合实力特别突出，尤其在创新能力和创新绩效两大主题
上在全国处于领先地位；生态经济型城市由 2017 年的 103 个增加为 104 个，
这类城市在生态经济领域比较突出，但在创新能力和创新绩效上的总体水平
亟待加强；生态社会型城市由 2017 年的 167 个减少为 162 个，这类城市在
生态社会领域相对较好，领先于第二类城市，但在创新能力上位于三个类别
城市的最后。

三 中国生态城市建设推进路径

中国特色的生态城市建设，必须以习近平新时代中国特色社会主义思想
和生态文明思想为指导，聚焦五大发展理念，特别是绿色发展理念，秉承
2012～2019 年《中国生态城市建设发展报告》之生态城市建设理念和发展
思路，持续建设环境友好型、绿色生产型、绿色生活型、健康宜居型和综合
创新型五类生态城市，明确建设方向，找准推进路径。

（一）构建城市韧性提升城市应急管理能力

面对非预期性的新冠肺炎疫情这类重大突发公共卫生事件挑战，城市的结构韧性、过程韧性以及系统韧性构成了对城市治理质量的直接检验。构建更高质量的城市韧性是一项系统工程。第一，要创新城市治理观念，实现从平面的城市到立体的城市、从简单的城市到复杂的城市、从物质的城市到安全的城市的转变，以均衡实现权利的社会化与社会的空间化，牢固确立物化城市的人本化和法治化转型。第二，要创新城市治理构架，对现有城市治理构架进行扁平化与服务性优化升级，实现整合性治理制度安排和以信息技术为支撑的城市公共管理和服务的有机结合。第三，要创新城市治理战略，实施"群组韧性"战略，开展韧性"仓库"建设，实施韧性工程规划建设，建设韧性文化，构建有韧性的城市想象力。第四，要创新城市治理尺度，基于城市权利体系、各种自然风险与"人造风险"叠加的态势，设计城市韧性建设的新维度，将治理的"社区—城市—区域"全空间尺度与海绵城市、综合管廊、城市绿地、河流水系、轨道交通等韧性城市细分的全领域维度融合起来，将地区经济韧性、区域设施韧性、社区社会资本韧性以及社会组织韧性等有机结合起来，从而让城市在动态的系统运行中获得富有内涵和韧性的成长力量。① 第五，城市风险评估常态化。结合城市自然条件、地理区位、人口产业特点等，定期开展城市综合风险评估，识别城市在应对公共卫生事件、自然灾害、事故灾害、社会经济危机等方面的软硬件短板，定期检测城市水、电、气、通信、交通及其他城市运转基础设施承压抗压能力。第六，优化应急预案和防控机制。根据重大公共安全事件等级，明确分层级、分区域、分行业、不同交通方式的应对管控要求，精细化提出各类资源、人员、空间和设施调度以及转换利用的意见，并定期演练，力争预防及时到位。② 第七，健全城市公共卫生应急管理体系。完善平战结合、风险预警、危机管理、联防联控、群防群治和网格化管理机制，把公共卫生应急管理融入城市运行"一网统管"体系，建立跨部

---

① 唐皇凤、刘建军、陈进华、黄建洪、陈辉：《后疫情时代城市治理笔谈》，《江苏大学学报》（社会科学版）2020 年第 9 期。

② 陈迪宇、张旭东：《疫情防控下的城市治理现代化》，《宏观经济管理》2020 年第 9 期。

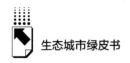
门、跨层级、跨区域的信息整合和协同治理机制，依托大数据、人工智能等技术优化疫情监测、排查、预警和防控工作，是城市公共卫生应急管理体系现代化的必由之路。①

（二）补齐短板实现城市治理现代化

为有效防范城市发展风险，补齐城市治理短板，城市治理现代化需要筑牢主体合力，夯实制度保障，构建技术支撑，健全协同共治、社区自治和危机联动机制。

1. 筑牢城市治理的多主体合力

城市是多主体的集合体，包括政府、社会组织、市民个体等。城市治理应该呈现多主体协同治理的格局，以城市自身为依托、以国家政府为主导、以国际组织为带动、以跨国公司为结点，并且依此形成市域—省域、国内—国际的多层次主体联动发展形态，以共商、共治、共享为基本原则致力于城市治理共同体的建构。② 城市治理现代化要建构包括政府、社会组织、企事业单位、市民个体等在内的多元主体协同治理架构，从而形成多中心、网格化的治理秩序。通过多元主体共商规则、互相调试、互相博弈、互相监督，在城市事务中互动合作，完成城市公共事务管理、公共产品供给、公共矛盾化解等任务，规避城市治理风险，提升城市治理绩效，推动城市现代化发展。③ 适合中国国情和时代特征的合理架构是"一核多支点"，即由政府主导，其他社会群体特别是公众参与配合的组织架构。在这个架构中，政府处于核心位置，社会组织、企事业单位、市民个体等是围绕核心的多个有力支点。

2. 夯实城市治理的制度保障体系

制度是城市治理的外在重要因素，城市治理实质上可以看作制度的外

---

① 唐皇凤等：《后疫情时代城市治理笔谈》，《江苏大学学报》（社会科学版）2020 年第 9 期。
② 董慧：《空间、风险与超大城市治理现代化》，《中国矿业大学学报》（社会科学版）2021 年第 1 期。
③ 陈迪宇、张旭东：《疫情防控下的城市治理现代化》，《宏观经济管理》2020 年第 9 期。

化、实践化。制度根基的牢固程度决定着城市治理的现代化程度。① 在城市治理中，需要科技创新与制度创新两个轮子一起转，如果没有制度创新和组织创新的配合，科技创新的作用就难以发挥出来。抗击新冠肺炎疫情过程中，中国特色社会主义制度优势充分彰显，从宏观看，"集中力量办大事""一方有难、八方支援"充分体现在武汉抗击疫情的过程之中；从微观看，街坊制和小区制的城市规划为"动员抗疫"提供了微观层面的制度保障。② 中国的城市治理是在中国制度指引下的治理，须构建完善的城市治理制度规范、实施、监督与保障体系，总结城市治理规律，破解城市治理难题，化解城市治理矛盾，进一步完善党委领导、政府负责、社会协同、公众参与、法治保障、科技支撑的社会治理体系，这样才能提高城市治理的法治化、智能化、专业化水平。③ 同时，须改进城市规划，优化应急预案，制定社区治理规范、可操作性较强的城市居民参与治理的制度法规，以制度形式保障城市居民参与治理实践内容的多元性，使人们平等参与城市共建共享的治理实践，提高城市治理参与水平与质量，提升城市应急规划管理能力。④

3. 构建城市治理的技术支撑体系

面对科学技术迅猛变革以及经济格局的复杂多变，引入大数据、人工智能、物联网、云计算等信息技术，对于提高城市治理的科学性、实现高度智能化治理具有突破性意义。创新是时代变革的要求，城市发展与城市治理不仅要做到技术的创新，还要做到理念的创新、方法的创新、制度的创新，实现这些创新的有机结合。将人工智能技术、大数据资源和城市发展融合为一体，达到技术的智能化、治理的智慧化，实现超大城市的智慧治理。⑤ 首

---

① 董慧：《空间、风险与超大城市治理现代化》，《中国矿业大学学报》（社会科学版）2021年第1期。
② 唐皇凤等：《后疫情时代城市治理笔谈》，《江苏大学学报》（社会科学版）2020年第9期。
③ 成德宁：《"科技创新＋制度创新"提高城市治理水平》，《国家治理》2020年第20期。
④ 陈迪宇、张旭东：《疫情防控下的城市治理现代化》，《宏观经济管理》2020年第9期。
⑤ 董慧：《空间、风险与超大城市治理现代化》，《中国矿业大学学报》（社会科学版）2021年第1期。

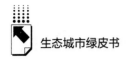

先，推进城市生态化建设需要生态技术支撑。生态城市建设逻辑是在"人与自然和谐共生"理念引导下，运用生态技术手段，谋划城市规划，实施城市建设，推进城市运行，实现人居环境与生态环境的高度融合，以及生产生活生态空间的高度契合。[1] 当前中国生态城市建设推进中要注重经济发展、城市建设和生态环境保护的统筹协调。其次，推进城市智慧化建设需要信息技术手段支持。此次新冠肺炎疫情防控中，大数据和技术手段的运用起到了强大的作用。城市要充分发挥信息技术在城市治理中的作用，就必须打通公安、交通、安监、消防、环保、卫生、文化等条状业务系统，突破部门间的信息壁垒，实现数据互联共享，促进物与物、物与人、人与人的互联互通，建设可感知、会思考、善指挥、能记忆的"智慧城市"系统，[2] 打造融政府管理、城市治理、社区治理、公共服务为一体的城市治理智慧平台，实现城市信息全过程、全方位数据化，打造城市全要素时空信息视图，提升在线监测、分析预测和智能决策能力，全面优化城市运营管理综合大数据平台，打造全域感知、全局洞察、系统决策、精准调控的"城市大脑"。[3] 最后，细化标准规范，促进城市全周期管理的精细化。应将精细化治理的要求贯穿城市工作全链条，各城市应对标一流城市，结合本地具体情况，推动建立精细化治理标准规范体系，使城市精细化治理有章可循。同时，抓好精细化标准规范的落地实施。[4]

4. 健全城市治理的协同共治机制

以"共治"思维提升社会协同治理能力，积极拓宽市民有序参与公共事务的渠道和方式，大力发展社会组织，不断完善党委、政府、企事业单位、社会组织、市民等多元主体彼此合作的良性互动机制，形成相互依存的公共环境中共担社会责任、共享治理成果、社会协调运转的网络型城市治理

① 陈迪宇、张旭东：《疫情防控下的城市治理现代化》，《宏观经济管理》2020年第9期。
② 成德宁：《"科技创新＋制度创新"提高城市治理水平》，《国家治理》2020年第20期。
③ 黄寰、张宇：《疫后城市治理离不开新技术赋能》，《国家治理》2020年第22期。
④ 李海龙：《以全周期管理推进城市治理现代化》，《学习时报》2020年9月21日。

格局。① 一是重视公众参与。公众参与是城市治理主体架构的基点，是公民权利表达的有效路径。但中国目前的城市治理体系中，公众参与的内生动能、外生环境双双缺乏，城市治理参与度低成为短板。这就需要加强专业培训，激发公众参与内生意识，积极参与新冠肺炎疫情防控等城市治理活动；加强公众参与实践锻炼，积累相关领域的知识和经验，提升公众参与能力；拓宽公众参与治理渠道，吸纳公众参与决策创建，丰富民众表达意愿的形式；建立健全公民参与权立法，为公众参与城市治理提供法律保障。② 二是重视加强社会组织能力建设。以社会组织为载体提升参与有序性，引导社区内各类机构、市场主体参与社区治理，③ 加强社会组织专业能力建设，全面提升管理能力、专业水平和服务技能等，打造专业化、特色化的社会组织品牌④。三是重视完善政府与社会协同共治机制。⑤ 理顺行政管理与社会自治之间的关系，建立政府与企业、社会组织之间的决策互动机制、长期合作机制、资源共享机制，努力实现政府管理与社会自治之间的有效衔接和良性互动，打造党委领导、政府负责、社会协同、科技支撑、法治保障的社会共治格局。

5. 优化城市治理的社区自治机制

撬动基层社会治理支点，优化基层社会治理效能。关注水安全、消防安全、电梯安全等基层民生议题，找到撬动城市社区"治理生态"支点，优化基层社会治理，达成更优的治理效能。⑥ 优化城市治理自治体系，创新基层治理工作模式。鼓励多主体共同参与社区治理，构建社区统筹管理监督、业委会自我管理、物业委托管理、群众积极参与的网格化社区治理结构，⑦

---

① 李朝晖：《法治 智治 共治：城市治理现代化的深圳探索与实践》，《深圳特区报》2020年9月22日。
② 陈迪宇、张旭东：《疫情防控下的城市治理现代化》，《宏观经济管理》2020年第9期。
③ 陈迪宇、张旭东：《疫情防控下的城市治理现代化》，《宏观经济管理》2020年第9期。
④ 李波：《疫情防控对城市治理现代化的四个启示》，《中国社会报》2020年8月15日。
⑤ 李朝晖：《法治 智治 共治：城市治理现代化的深圳探索与实践》，《深圳特区报》2020年9月22日。
⑥ 唐皇凤等：《后疫情时代城市治理笔谈》，《江苏大学学报》（社会科学版）2020年第9期。
⑦ 唐皇凤等：《后疫情时代城市治理笔谈》，《江苏大学学报》（社会科学版）2020年第9期。

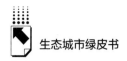
提升应急管理和处置能力。完善基层群众、企事业单位和社会组织自治机制，不断提升社区自治服务水平。[①] 城乡社区是联防联控的前沿阵地，街道、社区、防疫部门、物业公司、志愿者、项目公司等形成联动机制，对疫情防控起到了巨大作用。[②] 以服务各类居民日常需求为导向，通过线上线下等方式，实现社区与居民的常态化沟通，提升精细化服务质量。

6. 建立都市圈应急联动联控机制

一是将应急联动作为都市圈规划的重要内容。都市圈规划应明确重大公共安全事件防控和应急处置要求，都市圈工作机制应纳入应急管理及其他相关部门机构。二是建立应急预案体系。明确事件首发城市的权利义务，提出都市圈内各城市分类分级应急响应和管理要求，适时开展联合应急演练。三是实现信息数据共享。明确重大公共安全事件有关信息数据共享要求，增强都市圈内各城市基于信息数据变化情况调整应急管理举措的能力。四是加强医疗卫生机构合作。支持都市圈内中心城市与中小城市共建医联体、共享医疗检测诊断结果，鼓励疾控中心、社区卫生服务中心等公共卫生机构开展定期交流。[③]

（三）突出特色建设五类生态城市

中国城市的区域差异性与不平衡性决定了生态城市发展模式的多样性。持续建设环境友好型、绿色生产型、绿色生活型、健康宜居型和综合创新型五类城市，打造特色鲜明的绿色生态城市，是建设生态城市的客观要求和现实选择。

1. 借鉴奥斯陆经验建设环境友好型城市

挪威首都奥斯陆，凭借其在环保措施、绿色交通、绿色经济等方面的成功实践，获 2019 年度"欧洲绿色之都"美誉。奥斯陆非常注重生态环境保护工作，致力于打造"零排放建筑"，建立了完善的碳排放管理机制；强力

① 唐皇凤等：《后疫情时代城市治理笔谈》，《江苏大学学报》（社会科学版）2020 年第 9 期。
② 李波：《疫情防控对城市治理现代化的四个启示》，《中国社会报》2020 年 8 月 14 日。
③ 陈迪宇、张旭东：《疫情防控下的城市治理现代化》，《宏观经济管理》2020 年第 9 期。

推行"无车化"城市改革，城里配套高效的公共交通系统，全力推行绿色出行、"绿色旅行"（Green Travel）；为了推动绿色发展，挪威政府制定了多个绿色发展的目标，制定了一套兼顾经济效益和环境友好的绿色解决方案。本报告主张以绿色生态城市建设为目标，从完善国土空间规划、加快发展绿色交通、加强城市环境综合整治、引导公众形成绿色生活方式等方面，提出构建环境友好型城市。

2. 绿色创新助推绿色生产型城市建设

实现绿色技术创新、绿色制度创新以及绿色文化创新，实现中国经济向绿色低碳转型，是解决当前环境保护与经济发展矛盾的关键。绿色创新具有绿色发展和创新驱动的双重属性，成为推动我国区域经济绿色发展的重要引擎，是助推绿色生产型城市建设的内生动力。中国政府通过规划、政策、重点研发计划等绿色制度创新，为绿色技术创新指明了方向，推动了节能低碳技术在重点领域的应用，倒逼企业不断采用绿色技术节能减排、转型升级，绿色技术产业化发展取得了巨大成效。绿色技术创新属于技术创新的一种，主要包括绿色产品设计、绿色材料、绿色工艺、绿色设备、绿色回收处理以及绿色包装技术等的创新，成为当前城市发展的一种新的经济发展方式。绿色发展离不开绿色文化支撑，绿色文化理念、功能、制度、产业等都是促进绿色发展的关键。新时代应鼓励和引导公民形成绿色环保的全新思维方式，充分发挥绿色文化助推绿色发展的功能，完善绿色文化制度机制，大力发展绿色文化产业。

3. 全社会协同共建绿色生活型城市

绿色生活型城市建设，需要全社会共同参与，多措并举协同推进。社会公众践行绿色生活方式，树立全新的生存观、幸福观和消费观，追求人的全面发展，让绿色生活成为公众的自觉选择；政府加强环境制度建设，加大环境管制力度，因地制宜地采取差异化管制措施，保障城市绿色发展水平的提高；创新可持续性的消费模式，倡导绿色消费，以绿色消费倒逼绿色生产；加大绿色低碳工业技术、低碳能源技术、绿色建筑技术、绿色交通技术、低碳农业技术等绿色发展技术的投入力度，创新驱动经济绿色可持续发展。

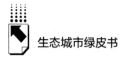
4. 目标导向合力打造健康宜居型城市

瞄准经济发展、社会和谐、文化丰富、生活舒适、景观怡人、公共安全六大目标系统，借鉴"智慧城市维也纳"和"上海2035规划"的城市建设成功经验，汲取空间规划与基础设施结合、旧城改造与新城开发并举、推进多个领域的智慧改造、提升节能标准、支持环境友好型生产、构建现代交通网络、建设宜人化居住环境、塑造特色城市文化等成功做法的合理要素，聚焦人性化的城市设计、系统化的城市营建、特色鲜明的城市景观、立体化的空间发展、多元化的公共空间五大内容，合力打造健康宜居型城市。

5. 打造创新高地助推综合创新型城市升级

根据综合创新型、生态经济型和生态社会型城市的发展水平、优势特色和改进空间，确立每类城市的建设路径。综合创新型城市要以绿色技术创新为突破口，广泛吸纳社会力量参与绿色创新，形成政府、企业、社会多元化、多渠道、层次清晰的绿色创新投入格局，致力于打造人才高地、知识生产高地、创新的策源地，推动城市绿色发展和高质量发展；生态经济型城市重在搭建城市创新平台，促进技术创新成果交易，促进成果转化和产业化应用，通过产业创新实现新兴产业的集聚；生态社会型城市重点发挥城市地方特色优势，应注意突出本土的特色优势特别是特色产业优势，通过吸引创新型人才提升自身创新能力。

整体评价报告

General Evaluation Report

G.2

中国生态城市健康指数
评价报告

赵廷刚　温大伟　谢建民　刘　涛　张志斌*

摘　要：　2020年生态城市建设经受了新冠肺炎疫情的严峻考验。"生命至上""健康第一"成为生态城市建设的重中之重。生态城市即健康发展的城市。我们所要建设的健康城市是以人的健康为中心的城市。本报告以"生态城市健康指数"（ECHI）为统领，以很健康、健康、亚健康、不健康、很不健康五级标准来对国内2018年284个地级及以上城市进行全面考核与评价排名；坚持普遍性要求与特色发展相结合的原则，对环境友好型城市、绿色生产型城市、绿色生活型城

* 赵廷刚，兰州城市学院教授，主要研究方向为计算数学与应用数学；温大伟，兰州城市学院讲师，主要研究方向为微分方程；谢建民，兰州城市学院副教授，主要研究方向为图论；刘涛，兰州城市学院副教授，主要研究方向为信息与通信工程；张志斌，兰州城市学院讲师，主要研究方向为计算机应用。

市、健康宜居型城市、综合创新型城市等特色发展城市进行考核评价，对地方政府生态城市建设投入产出效果进行科学评价与排名，评选出生态城市特色发展100强并提出各城市年度建设侧重度、建设难度和建设综合度等参数，指导生态城市建设朝正确方向发展。

关键词：　生态城市　健康指数　环境友好型城市

一　中国生态城市健康指数评价模型与指标体系

本报告沿用《中国生态城市建设发展报告（2012）》建立的动态评价模型，下面回顾该模型的理论结果。

（一）生态城市健康指数评价模型

1. 生态城市的主要特征

通常理解的生态城市具有五个主要特征：和谐性、高效性、持续性、均衡性和区域性。和谐性是生态城市概念的核心内容，主要是体现人与自然、人与人、人工环境与自然环境、经济社会发展与自然保护之间的和谐，目的是寻求建立一种良性循环的发展新秩序。

生态城市将改变现代城市"高能耗""非循环"的运行机制，转而提高资源利用效率，物尽其用，地尽其利，人尽其才，使物质、能量都能得到多层分级利用，形成循环经济。

生态城市以可持续发展思想为指导，公平地满足当代人与后代人在发展和环境方面的需要，保证其发展的健康、持续和稳定。

生态城市是一个复合系统，是由相互依赖的经济、社会、自然、生态等子系统组成，各子系统在生态城市这个大系统的整体协调下均衡发展。

生态城市是在一定区域空间内人类活动和自然生态利用完美结合的产物，具有很强的区域性。生态城市同时强调与周边城市保持较强的关联度和融合关系，形成共存体，并积极参与国际经贸技术合作。

2. 生态城市建设的量化标准

人类活动的结果在许多方面都是可以量化的，而这些量化的指标也能够真实地反映人类的某些活动是否利于人类社会的健康良性发展。也就是说，要规范人类行为使其始终有利于人类社会的健康良性发展，首先要建立人类社会的健康良性发展标准，而这些标准的许多方面可以量化成一系列的指标体系。

生态城市建设的评价指标包含多方面的硬性指标，具体如下：

能量的流动，包括能量的输入、能量的传递与散失等；

营养关系，包括食物链、食物网与营养级等；

生态金字塔，包括能量金字塔、生物量金字塔、生物数量金字塔等；

物质循环，包括气体型循环、水循环、沉积型循环、碳循环、硫循环、磷循环等；

有害物质与信息循环，包括生物富集、有害物理信息、有害化学信息、有害行为信息等；

生态价值，包括生物多样性、直接价值、间接价值等；

稳定性，包括生态平衡、生态自我调节等；

人类理念与行为，包括生态产业、生态文化、生态消费、生态管理等。

生态城市建设的效果最终是通过人类理念与行为来实现的，所以生态建设的量化标准是一个动态概念，它是随时间不断提高的，而不是不变的，但在一定时期内不能定得过高，也不能定得太低。例如城市环境系统建设量化标准包括环境约束、环境质量、环境保护。

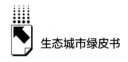

环境约束指标主要包括：大气污染物排放量（SO_2/颗粒物/CO_2）、机动车污染物排放总量、水污染物排放量（以 COD 计）、固体废物排放量（生活垃圾、工业固体废物、危险废物）、农用化肥施用程度、土地开发强度、有机/绿色农产品比重等。

环境质量指标主要包括：空气质量指数优良率/空气质量指数达到一级天数的比例、地表水功能区达标率/集中式饮用水水源地水质达标率、陆地水域面积占有率、噪声达标区覆盖率、土壤污染物含量/表层土中的重金属含量、绿化率/森林覆盖率、物种多样性指数、居民环境满意度等。

环境保护指标主要包括：清洁能源使用比重、污水集中处理率、工业污水排放稳定达标率/规模化畜禽养殖场污水排放达标率、生活垃圾无害化处理率、规模化畜禽养殖场粪便综合利用率、秸秆综合利用率、工业用水重复率、环保投入占 GDP 比重、ISO14001 认证企业比例等。

当然，城市环境系统建设量化标准有国际标准，也有国家标准，但这些标准只是一个城市环境系统建设的最终奋斗标准，有些可以作为某时期内的建设量化标准，有些则不能。比如就每天城市机动车污染物排放总量而言，这一量化标准如何确定就是一个值得商榷的问题。2018 年底中国每个城市每天机动车污染物排放总量的达标标准应是多少呢？唯一科学的办法是按如下步骤来确定：

第一步：统计出中国每个城市 2017 年底每天机动车污染物排放总量；

第二步：计算出上述统计量的最大值 max 和最小值 min；

第三步：按如下算式确立 2018 年底中国每个城市每天机动车污染物排放总量的达标标准：

$$bzl = \lambda \max + (1 - \lambda) \min$$

其中 $0 \leq \lambda \leq 1$。

显然 2018 年底中国每个城市每天机动车污染物排放总量的达标标准

是介于 min 和 max 之间的。这是因为 min 应是 2018 年底中国每个城市每天机动车污染物排放总量最理想的达标标准，但在现阶段若把 min 作为达标标准，2018 年底很可能多数城市每天机动车污染物排放总量都会超出。故如何确立 λ 是关键。所选择的 λ 能使 2017 年底每天机动车污染物排放总量小于 *bzl* 的城市数不低于总城市数的 1/3，也就是说所确立的建设标准能够保证有 1/3 以上的城市能够达标。

第四步：2018 年底中国每个城市每天机动车污染物排放总量的达标标准指标为：

$$bz = \frac{\frac{1}{bzl} - \frac{1}{\max} + 1}{\frac{1}{\min} - \frac{1}{\max} + 1}$$

所以生态城市建设量化标准是一个动态变化的量，是依据上一年的建设效果和建设标准来确定下一年的建设标准，并依据本年度的建设标准来评价本年度每个城市的建设效果。

一般地，设 X 是由中国区域内全体城市组成的集合。对于任意给定的时刻 t，对于任意的城市 $C \in X$，C 在时刻 t 的生态城市建设指标是一个 $m \times n$ 阶矩阵，即

$$C(t) = (c_{ij}(t))_{m \times n} = \begin{pmatrix} c_{11}(t) & c_{12}(t) & \cdots & c_{1n}(t) \\ c_{21}(t) & c_{22}(t) & \cdots & c_{2n}(t) \\ \vdots & \vdots & \vdots & \vdots \\ c_{m1}(t) & c_{m2}(t) & \cdots & c_{mn}(t) \end{pmatrix}$$

并且满足：

$$0 \leqslant c_{ij}(t) \leqslant 1$$

设 $X \subseteq X$ 是由 X 中某类城市组成的集合，令

$$x_{ij}(t)_1 = \min\{c_{ij}(t) \,|\, C \in X\} \quad i = 1, 2, \cdots, m; j = 1, 2 \cdots, n$$
$$x_{ij}(t)_2 = \max\{c_{ij}(t) \,|\, C \in X\} \quad i = 1, 2, \cdots, m; j = 1, 2 \cdots, n$$

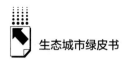

称

$$X(t)_1 = (x_{ij}(t)_1)_{m \times n} = \begin{pmatrix} x_{11}(t)_1 & x_{12}(t)_1 & \cdots & x_{1n}(t)_1 \\ x_{21}(t)_1 & x_{22}(t)_1 & \cdots & x_{2n}(t)_1 \\ \vdots & \vdots & \vdots & \vdots \\ x_{m1}(t)_1 & x_{m2}(t)_1 & \cdots & x_{mn}(t)_1 \end{pmatrix}$$

是 X 在时刻 t 的最低发展现状；称

$$X(t)_2 = (x_{ij}(t)_2)_{m \times n} = \begin{pmatrix} x_{11}(t)_2 & x_{12}(t)_2 & \cdots & x_{1n}(t)_2 \\ x_{21}(t)_2 & x_{22}(t)_2 & \cdots & x_{2n}(t)_2 \\ \vdots & \vdots & \vdots & \vdots \\ x_{m1}(t)_2 & x_{m2}(t)_2 & \cdots & x_{mn}(t)_2 \end{pmatrix}$$

是 X 在时刻 t 的最高发展现状；特别当 $X = X$ 时，称 $X_1(t)$、$X_2(t)$ 分别为中国生态城市建设在时刻 t 的最低发展现状和最高发展现状。

设 $X \subseteq X$ 是由 X 中某类城市组成的集合，$X_1(t)$、$X_2(t)$ 分别为 X 在时刻 t 的最低发展现状和最高发展现状，X 在时刻 $t+1$ 的建设标准 $B(t+1)$，满足

$$B(t+1) = \lambda_1(t)X_1(t) + \lambda_2(t)X_2(t)$$

其中

$$\lambda_1(t) + \lambda_2(t) = 1$$
$$0 \leqslant \lambda_1(t) \leqslant 1$$
$$0 \leqslant \lambda_2(t) \leqslant 1$$

制定中国生态城市建设评价标准必须要分析中国生态城市建设现状，依据中国生态城市建设在时刻 t 的最低发展现状和最高发展现状来制定在时刻 $t+1$ 的发展标准。

即在制定标准时首先通过统计调查，确定城市在时刻 t 的最低发展现状和最高发展现状 $X_1(t)$、$X_2(t)$，然后依据 $X_1(t)$、$X_2(t)$，选择适宜的 $\lambda_1(t)$、$\lambda_2(t)$，确立 X 在时刻 $t+1$ 的建设标准 $B(t+1)$，一般地，$B(t+1)$ 满足条件：

$P_1: b_{ij}(t) \leqslant b_{ij}(t+1) \quad i = 1,2,\cdots,m; j = 1,2,\cdots,n$ ；且 $b_{ij}(t)$ 必须均达到国家最低规范标准。

P_2：集 $\{C \in X \mid c_{ij}(t) \geqslant b_{ij}(t+1), i = 1,2,\cdots,m; j = 1,2,\cdots,n\}$ 的个数不低于集 X 的个数的 1/3；

P_3：在条件 P_1、P_2 成立的条件下，$\lambda_1(t)$、$\lambda_2(t)$ 是优化问题

$$\begin{cases} \min \| \lambda_1(t) \sum\limits_{C \in X} (C(t) - X(t)_1) + \lambda_2(t) \sum\limits_{C \in X} (X(t)_2 - C(t)) \| \\ s.t \quad \lambda_1(t) + \lambda_2(t) = 1 \\ \quad\quad 0 \leqslant \lambda_1(t) \leqslant 1 \\ \quad\quad 0 \leqslant \lambda_2(t) \leqslant 1 \end{cases} \tag{1}$$

的解。

也就是说，生态城市建设标准的制定，一定要符合客观实际，量力而为，不能急于求成。所制定的标准一定要有示范达标城市，这些示范达标城市的数目不能低于城市总数的 1/3，不能高出城市总数的 1/2。

由于模型（1）提供的标准并没有考虑每个城市的具体特点，当这个标准出来以后，每个城市必须根据具体的实际情况，参照这个标准来制定符合城市发展特点的建设标准。建设标准的制定要充分兼顾每个城市的具体发展特点，绝不能用统一的指标去衡量每个城市，否则就失去了生态城市建设的意义。

3. 生态城市建设的基本概念

设 $R^{m \times n}$ 是全体 $m \times n$ 阶矩阵组成的集合，$\forall A \in R^{m \times n}$ 定义范数：

$$\| A \| = \sup\{ \| Ax \| \mid \| x \| = 1, x \in R^n \}$$

则在上述范数下 $R^{m \times n}$ 是一个 *Banach* 空间。

记

$$P = \{A \in R^{m \times n} \mid 0 \leqslant a_{ij} \leqslant 1, i = 1,2,\cdots,m; j = 1,2,\cdots,n\}$$

则 P 是 $R^{m \times n}$ 中含有内点的凸闭集，并且满足下面两个条件：

$P_4: A \in P, \lambda \geqslant 0 \Rightarrow \lambda A \in P$；

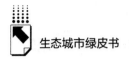
$P_5: A \in P, -A \in P \Rightarrow A = \theta$，这里 θ 表 $R^{m \times n}$ 中的零元素。

在 P 中引入半序：如果 $B - A \in P$，则 $A \leqslant B(A, B \in P)$；若 $A \leqslant B$，$A \neq B$，则记 $A < B$。

（1）生态城市建设的可持续发展

设 X 是由中国区域内全体城市组成的集合。$C \in X$ 是某个城市，则 C 在时刻 t 的生态城市建设指标是一个 $m \times n$ 阶矩阵：

$$C(t) = (c_{ij}(t))_{m \times n} = \begin{pmatrix} c_{11}(t) & c_{12}(t) & \cdots & c_{1n}(t) \\ c_{21}(t) & c_{22}(t) & \cdots & c_{2n}(t) \\ \vdots & \vdots & \vdots & \vdots \\ c_{m1}(t) & c_{m2}(t) & \cdots & c_{mn}(t) \end{pmatrix}$$

对于任意给定的时刻 t，如果

$$C(t) < C(t + 1)$$

则称生态城市建设是可持续发展的。

可持续发展是指：生态城市建设随着时间的推移，一年比一年好，各项指标也许不能完全达到建设标准要求，但不能时好时坏。

（2）生态城市建设的良性健康发展

设 $T_i (i = 0, 1, 2, \cdots, s)$ 表示第 T_i 年，$B(T_i)(i = 0, 12, \cdots, s)$ 表示生态城市建设规划中第 T_i 年达到的建设标准。如果

$$B(T_i) \leqslant C(T_i) < B(T_{i+1}) \leqslant C(T_{i+1}) \quad i = 0, 2, \cdots, s - 1$$

则称城市 C 的生态建设从 T_0 年到 T_s 年是良性健康发展的。

（3）生态城市建设分类

设 X 是由中国区域内全体城市组成的集合。设 T_i 表示第 T_i 年 $(i = 0, 1, 2, \cdots, s)$，记

$$X[T_0, T_s]_1 = \{C \in X | 城市 C 的生态城市建设从 T_0 年到 T_s 年是良性健康发展的\}$$

$$X[T_0, T_s]_2 = \{C \in X - X[T_0, T_1]_1 | 城市 C 的生态城市建设是可持续发展的\}$$

$$X[T_0, T_s]_3 = X - X[T_0, T_s]_1 - X[T_0, T_s]_2$$

即中国生态城市建设分为三类,第一类是良性健康发展的;第二类不是良性健康发展的但是可持续发展的;第三类既不是良性健康发展的,也不是可持续发展的。

(4) 中国生态城市建设经历的初级、中级、高级三个阶段

中国生态城市建设经历初级、中级和高级三个发展阶段。从现在起到未来的某个年份 T_{s_1},中国生态城市建设处于初级阶段,这个阶段的基本特征是:对任意的 $s < s_1$ 满足

$$X[T_0, T_s]_i \neq \varphi \qquad i = 1, 2, 3$$

即在初级发展阶段三类生态城市均存在。

从年份 T_{s_1} 起到 T_{s_2},中国生态城市建设处于中级阶段,这个阶段的基本特征是:对任意的 $s_1 \leqslant s < s_2$ 满足

$$X[T_0, T_s]_1 \neq \varphi, X[T_0, T_s]_2 \neq \varphi, X[T_0, T_s]_3 = \varphi$$

即生态城市建设的中级发展阶段,上述第一类和第二类城市都存在,第三类城市不存在。

从年份 T_{s_3} 起中国生态城市建设处于高级阶段,这个阶段的基本特征是:对任意的 $s \geqslant s_3$ 满足

$$X[T_0, T_s]_1 \neq \varphi, X[T_0, T_s]_2 = \varphi, X[T_0, T_s]_3 = \varphi$$

即生态城市建设的高级阶段,所有的城市是第一类城市。

使每个城市的生态建设都良性健康发展是生态城市建设的根本宗旨。所以当每个城市的建设标准确立后,就要科学合理地制定建设规划和实施方案,建立一套完备的信息反馈机制和建设效果评价机制,使生态建设的资金和人力投入与建设效果一致。

4. 社会对生态城市建设的评价体系

当城市生态建设处于初级或中级阶段时,政府要加强对城市生态建设的引领、指导和监督,使其又好又快地走上良性健康发展的轨道。而当城市生态建设走上良性健康发展的轨道时,即使这个城市的生态建设已经非常完备

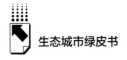

了，也还需另外一个指标来检验，即城市全体市民满意度。

（1）社会满意度指标

设 X 是由中国区域内全体城市组成的集合。$C \in X$ 是某个城市，用 Y 表示由生活在这个城市年满 18 岁的全体公民组成的集合，Y 中的公民称为市民。对于市民来说，由于知识面、社会阅历、认知结构等因素，其对城市生态建设的认知程度不尽相同，但他们的确对其居住环境、出行环境、饮食环境、文化娱乐环境等有一个客观的整体认识。

假设每一个公民评价某一个城市的生态建设时，都用下列三种答案之一：

$$(A) \text{ 满意} \quad (B) \text{ 不尽满意} \quad (C) \text{ 不满意}$$

亦即在任何时刻 t，全体 Y 中的市民分为如下三类：

$$Y_1(t) = \{y \in Y | y \text{ 在 } t \text{ 时刻对其居住城市的生态建设满意}\}$$
$$Y_2(t) = \{y \in Y | y \text{ 在 } t \text{ 时刻对其居住城市的生态建设不尽满意}\}$$
$$Y_3(t) = \{y \in Y | y \text{ 在 } t \text{ 时刻对其居住城市的生态建设不满意}\}$$

则

$$Y_1(t) \cap Y_2(t) = \varphi; Y_2(t) \cap Y_3(t) = \varphi; Y_3(t) \cap Y_1(t) = \varphi$$

且

$$Y = Y_1(t) \cup Y_2(t) \cup Y_3(t)$$

用 $\alpha_i(t)$ 表示 $Y_i(t)$ 中的元素个数，令

$$\gamma_i(t) = \frac{\alpha_i(t)}{\sum_{j=1}^{3} \alpha_j(t)} \quad (i = 1,2,3)$$

分别称 $\gamma_1(t)$、$\gamma_2(t)$、$\gamma_3(t)$ 为城市 C 在 t 时刻生态城市建设的社会满意度指标、社会不尽满意度指标和社会不满意度指标。

（2）完备的生态城市建设

称城市 C 的生态建设是完备的是指存在时刻 t_0，使对于任意的 $t > t_0$ 下

列条件同时成立：

P_6：C 在 t_0 时刻到 t 时刻其生态城市建设是良性健康发展的；

P_7：γ_1 在闭区间 $[t_0, t]$ 上单调递增；

P_8：γ_2 在闭区间 $[t_0, t]$ 上单调递减；

P_9：γ_3 在闭区间 $[t_0, t]$ 上单调递减。

否则，称为不完备的。

当一个城市的生态建设从某个时刻起，不仅已步入良性健康发展的轨道，而且对其满意的人越来越多，对其不尽满意和不满意的人越来越少时，这个城市的生态建设就是完备的。

如果中国所有城市的生态建设都是完备的，就称中国生态城市建设是完备的。

（3）生态建设发展均衡度

除了考虑中国城市生态建设是完备的之外，还要看城市之间生态建设发展是否均衡。

设 $X_1(t)$，$X_2(t)$ 分别为中国生态城市建设在时刻 t 的最低发展现状和最高发展现状，令

$$\beta(t) = \| X_1(t) - X_2(t) \|$$

如果存在时刻 t_0，从 t_0 时刻起，中国生态城市建设是完备的，而且 $\beta(t)$ 是单调递减的，则称中国城市生态建设是协调有序发展的，其基本特征为：中国每个城市的生态建设的各项指标值随时间变化是递增的，并且都达到了建设标准；人们对中国每个城市的生态建设的满意度越来越高；中国城市间的生态建设差异越来越小。

（二）生态城市健康指数考核指标体系

生态城市是依照生态文明理念，按照生态学原则建立的经济、社会、自然协调发展的新型城市，是高效利用环境资源、实现以人为本的可持续发展的新型城市，是中国城市化发展的必由之路。对于辐射、带动、提升

和推动生态文明建设，促进文明范式转型，加快国家经济、政治、社会、文化和生态文明协调发展，提高人民生活质量和水平，全面建成小康社会具有重大战略意义。中国生态城市建设经历了十多年的发展，虽然取得了举世瞩目的成绩，但仍然处于初级阶段，每个城市生态建设的诸方面不平衡，相差很大。因此让每个城市在生活垃圾无害化处理、工业废水排放处理、工业固态废物综合应用、空气质量指数、河湖水质、城市绿化、节能降耗等方面都能完全达标，依然是生态城市建设的基本任务和要求。推行绿色发展、循环发展、低碳发展，全面实现可持续发展的任务还十分艰巨。

经过深入分析与讨论，本报告以《中国生态城市建设发展报告（2016）》中的主要思路、评价方法和评价模型为基础，生态城市健康指数（ECHI）评价指标体系（2020）和权重与2019年一样（见表1），并按照生态城市建设要"分类评价，分类指导，分类建设，分步实施"的原则，依据生态城市健康指数（ECHI）评价指标体系（2020）和收集的最新数据，对中国284个地级及以上城市2018年生态建设效果进行了评价，并通过引入建设侧重度、建设难度、建设综合度等概念，试图对中国生态城市建设进行动态指导。

表1　生态城市健康指数（ECHI）评价指标体系（2020）

一级指标	二级指标	指标权重	序号	三级指标	三级指标相对二级指标的权重
生态城市健康指数	生态环境	0.40	1	森林覆盖率(%)〔建成区人均绿地面积(m^2)〕	0.29
			2	空气质量优良天数(天)	0.26
			3	河湖水质〔人均用水量(吨)〕	0.10
			4	单位GDP工业二氧化硫排放量(千克/万元)	0.20
			5	生活垃圾无害化处理率(%)	0.15

续表

一级指标	二级指标	指标权重	序号	三级指标	三级指标相对二级指标的权重
生态城市健康指数	生态经济	0.35	6	单位 GDP 综合能耗(吨标准煤/万元)	0.3
			7	一般工业固体废物综合利用率(%)	0.2
			8	R&D 经费占 GDP 比重(%)[科学技术支出和教育支出占 GDP 比重(%)]	0.2
			9	信息化基础设施[互联网宽带接入用户数(万户)/全市年末总人口(万人)]	0.2
			10	人均 GDP(元)	0.1
	生态社会	0.25	11	人口密度(人/km²)	0.1
			12	生态环保知识、法规普及率,基础设施完好率[水利、环境和公共设施管理业全市从业人员数(万人)/城市年底总人口(万人)]	0.3
			13	公众对城市生态环境满意率(民用车辆数辆/城市道路长度 km)	0.3
			14	政府投入与建设效果[城市维护建设资金支出(万元)/城市 GDP(万元)]	0.3

注:当年发生重大污染事故的城市在总指数中扣除 5% ~7%。

本报告依照"法于人体"理论对生态城市进行了健康评价。按照综合评价结果分为很健康、健康、亚健康、不健康、很不健康五个等级,评价标准见表 2。

表 2　生态城市健康指数(ECHI)评价标准

等级	很健康	健康	亚健康	不健康	很不健康
指标范围	≥85	<85,≥65	<65,≥55	<55,≥45	<45

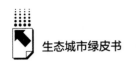

二 中国生态城市健康指数考核排名

生态城市建设已经进入城市群高质量发展阶段，怎样才能实现城市群高质量发展？本报告依照"法于人体"理论构建的健康指数评价方法，提供了可资借鉴的科学评价依据。进入"很健康""健康"序列范围的城市便可被认定为已经进入高质量发展阶段。

建设生态城市，实质上就是要建设以资源环境承载力为基础、以自然规律为准则、以可持续发展为目标的环境友好型、绿色生产型、绿色生活型、健康宜居型和综合创新型城市。

依据"生态城市健康指数（ECHI）评价指标体系（2020）"和"生态城市健康指数（ECHI）评价标准"，我们对中国284个城市2018年的健康指数进行了综合排名。

（一）2018年生态城市健康指数综合排名

2018年生态城市健康指数评价指标体系与2017年是一致的。表3为2017年与2018年全国284个城市健康状况的分布状况。

表3 2017年与2018年284个城市健康状况的分布状况

单位：个，%

等级	城市数目		所占比例	
	2017年	2018年	2017年	2018年
很健康	15	16	5.3	5.6
健康	182	182	64.1	64.1
亚健康	78	78	27.5	27.5
不健康	9	7	3.2	2.5
很不健康	0	1	0.0	0.4

从表3中可以看出，2018年的健康城市数目与2017年差不多。为了做更进一步的比较，本报告列出了不同指数的前10名城市，并将

2017 年的情况与 2018 年的情况进行对照（见表 4）。本报告还列出了 2017 年全国 284 个城市 14 个指标的最大值、最小值和平均值（见表 5）以及 2018 年全国 284 个城市 14 个指标的最大值、最小值和平均值（见表 6），以供参考。

表 4　2017 年与 2018 年 284 个城市不同指数前 10 名

	2017 年	2018 年
生态城市健康指数	三亚市、厦门市、珠海市、上海市、宁波市、深圳市、舟山市、南昌市、广州市、海口市	厦门市、三亚市、海口市、珠海市、深圳市、杭州市、广州市、上海市、青岛市、南昌市
生态环境指数	海口市、拉萨市、舟山市、厦门市、南宁市、威海市、南昌市、深圳市、青岛市、宁波市	海口市、拉萨市、舟山市、厦门市、青岛市、南昌市、宁波市、三亚市、深圳市、大连市
生态经济指数	珠海市、上海市、深圳市、北京市、三亚市、厦门市、丽水市、温州市、中山市、廊坊市	三亚市、珠海市、上海市、丽水市、厦门市、北京市、温州市、杭州市、金华市、合肥市
生态社会指数	三亚市、乌海市、广州市、兰州市、鹤岗市、克拉玛依市、武汉市、厦门市、太原市、海口市	泸州市、来宾市、怀化市、黑河市、白银市、陇南市、南通市、无锡市、三明市、长春市
森林覆盖率（建成区绿化覆盖率）（建成区人均绿地面积）	东莞市、嘉峪关市、克拉玛依市、深圳市、乌鲁木齐市、厦门市、北京市、乌海市、拉萨市、珠海市	东莞市、嘉峪关市、克拉玛依市、乌鲁木齐市、深圳市、厦门市、北京市、拉萨市、乌海市、广州市
空气质量优良天数	丽江市、厦门市、龙岩市、玉溪市、梅州市、三明市、南平市、拉萨市、三亚市、昆明市	盘锦市、丽江市、玉溪市、三明市、厦门市、黑河市、昭通市、龙岩市、呼伦贝尔市、南平市
河湖水质（人均用水量）	牡丹江市、镇江市、金昌市、福州市、青岛市、呼和浩特市、淄博市、马鞍山市、江门市、长沙市	青岛市、呼和浩特市、福州市、金昌市、淄博市、江门市、镇江市、马鞍山市、辽阳市、防城港市
单位 GDP 工业二氧化硫排放量	深圳市、北京市、随州市、长沙市、海口市、上海市、三亚市、青岛市、西安市、厦门市	深圳市、北京市、厦门市、随州市、海口市、广州市、长沙市、上海市、青岛市、西安市

续表

	2017 年	2018 年
生活垃圾无害化处理率	东莞市、嘉峪关市、深圳市、厦门市、珠海市、南京市、百色市、莱芜市、呼和浩特市、银川市、大庆市、中山市、太原市、本溪市、三亚市、七台河市、威海市、新余市、金昌市、东营市、昆明市、海口市、惠州市、青岛市、杭州市、盘锦市、鄂尔多斯市、常州市、无锡市、攀枝花市、沈阳市、淄博、景德镇市、济南市、南昌市、营口市、苏州市、武汉市、抚顺市、合肥市、舟山市、辽阳市、上海市、成都市、柳州市、宁波市、镇江市、郑州市、葫芦岛市、烟台市、湖州市、江门市、鞍山市、黄山市、绍兴市、马鞍山市、长沙市、秦皇岛市、淮北市、阳泉市、芜湖市、张掖市、鄂州市、宜昌市、酒泉市、日照市、连云港市、佛山市、北海市、南宁市、吴忠市、阜新市、大同市、扬州市、嘉兴市、株洲市、滨州市、枣庄市、防城港市、鹤壁市、辽源市、淮安市、丹东市、唐山市、南通市、石家庄市、湘潭市、淮南市、肇庆市、泸州市、朔州市、十堰市、泰安市、襄阳市、洛阳市、白银市、巴彦淖尔市、焦作市、黄石市、徐州市、萍乡市、九江市、衢州市、绵阳市、温州市、锦州市、济宁市、德州市、泰州市、蚌埠市、台州市、抚州市、阳江市、通化市、漯河市、晋城市、赤峰市、牡丹江市、金华市、池州市、咸宁市、荆门市、德阳市、潍坊市、呼伦贝尔市、宣城市、赣州市、晋中市、通辽市、鹰潭市、随州市、钦州市、安庆市、滁州市、盐城市、开封市、岳阳市、遂宁市、松原市、临沂市、铁岭市、清远市、乐山市、许昌市、桂林市、新乡市、南充市、邯郸市、张家界市、梧州市、四平市、常德市、保定市、益阳市、平凉市、廊坊市、宜宾市、宿迁市、衡水市、郴州市、聊城市、衡阳市、内江市、贺州市、玉溪市、来宾市、巴中市、丽水市、菏泽市、邢台市、资阳市、濮阳市、广安市、天水市、宜春市、湛江市、六安市、安阳市、平顶山市、荆州市、茂名市、上饶市、保山市、吉安市、黑河市、怀化市、崇左市、朝阳市、梅州市、贵港市、河源市、信阳市、阜阳市、忻州市、娄底市、云浮市、玉林市、孝感市、沧州市、曲靖市、驻马店市、吕梁市、亳州市、河池市、商丘市、定西市、绥化市、陇南市(共208个城市并列第一,均为100%)	九江市、石家庄市、唐山市、邯郸市、邢台市、承德市、廊坊市、衡水市、太原市、大同市、阳泉市、长治市、晋城市、晋中市、运城市、忻州市、吕梁市、呼和浩特市、乌海市、赤峰市、通辽市、呼伦贝尔市、巴彦淖尔市、大连市、鞍山市、抚顺市、本溪市、丹东市、锦州市、阜新市、辽阳市、盘锦市、铁岭市、朝阳市、葫芦岛市、四平市、松原市、白城市、双鸭山市、大庆市、佳木斯市、七台河市、牡丹江市、黑河市、南京市、无锡市、徐州市、常州市、连云港市、淮安市、盐城市、扬州市、镇江市、泰州市、宿迁市、宁波市、嘉兴市、湖州市、金华市、衢州市、舟山市、丽水市、合肥市、芜湖市、蚌埠市、马鞍山市、淮北市、铜陵市、滁州市、阜阳市、宿州市、亳州市、池州市、宣城市、福州市、厦门市、三明市、泉州市、漳州市、龙岩市、宁德市、南昌市、景德镇市、萍乡市、新余市、赣州市、吉安市、宜春市、抚州市、上饶市、济南市、青岛市、淄博市、枣庄市、东营市、烟台市、潍坊市、济宁市、泰安市、威海市、日照市、临沂市、德州市、聊城市、菏泽市、郑州市、开封市、洛阳市、平顶山市、安阳市、鹤壁市、新乡市、濮阳市、许昌市、漯河市、信阳市、周口市、驻马店市、黄石市、十堰市、宜昌市、襄阳市、鄂州市、荆门市、孝感市、荆州市、黄冈市、咸宁市、株洲市、湘潭市、衡阳市、岳阳市、常德市、张家界市、益阳市、郴州市、永州市、怀化市、娄底市、广州市、佛山市、湛江市、梅州市、河源市、阳江市、清远市、东莞市、中山市、潮州市、云浮市、南宁市、柳州市、梧州市、北海市、防城港市、钦州市、玉林市、百色市、贺州市、河池市、来宾市、崇左市、海口市、三亚市、成都市、自贡市、攀枝花市、德阳市、绵阳市、广元市、内江市、乐山市、南充市、宜宾市、广安市、达州市、资阳市、玉溪市、保山市、临沧市、嘉峪关市、金昌市、白银市、天水市、武威市、张掖市、平凉市、酒泉市、庆阳市、定西市、陇南市、银川市、吴忠市、克拉玛依市(共193个城市并列第2)

续表

	2017 年	2018 年
单位 GDP 综合能耗	北京市、黄山市、合肥市、吉安市、宿迁市、南昌市、南通市、三亚市、扬州市、鹰潭市	北京市、南昌市、吉安市、黄山市、合肥市、南通市、鹰潭市、宿迁市、扬州市、三亚市
一般工业固体废物综合利用率	三亚市、汕尾市、张家界市、安顺市、潮州市、枣庄市(共 6 个城市并列第一,均为 100%)、渭南市、珠海市、辽源市、徐州市	三亚市、抚州市、常州市、眉山市、枣庄市、咸宁市、渭南市、张家界市、南平市、湖州市(前 5 个城市并列第一,均为 100%)
R&D 经费占 GDP 比重(科学技术支出和教育支出占 GDP 比重)	固原市、定西市、昭通市、陇南市、平凉市、天水市、拉萨市、河池市、巴中市、丽江市	定西市、陇南市、固原市、平凉市、天水市、拉萨市、河池市、梅州市、巴中市、河源市
信息化基础设施(互联网宽带接入用户数/全市年末总人口)	珠海市、深圳市、中山市、厦门市、苏州市、肇庆市、东莞市、延安市、莆田市、内江市	深圳市、中山市、肇庆市、厦门市、呼和浩特市、珠海市、苏州市、东莞市、延安市、乌鲁木齐市
人均 GDP	南充市、东莞市、拉萨市、中山市、东营市、深圳市、大庆市、珠海市、包头市、烟台市	东营市、深圳市、鄂尔多斯市、无锡市、苏州市、珠海市、广州市、克拉玛依市、南京市、常州市
人口密度	吕梁市、石家庄市、漯河市、克拉玛依市、漳州市、永州市、宝鸡市、新乡市、临沧市、广州市	岳阳市、临沧市、吕梁市、石家庄市、赣州市、新乡市、固原市、漯河市、宝鸡市、焦作市
生态环保知识、法规普及率,基础设施完好率(水利、环境和公共设施管理业全市从业人员数/城市年底总人口)	三亚市、嘉峪关市、海口市、北京市、呼和浩特市、珠海市、鄂尔多斯市、兰州市、厦门市、乌海市	三亚市、嘉峪关市、海口市、北京市、双鸭山市、呼和浩特市、拉萨市、广州市、厦门市、盘锦市

续表

	2017 年	2018 年
公众对城市生态环境满意率(民用车辆数/城市道路长度)	伊春市、七台河市、自贡市、乌海市、石嘴山市、嘉峪关市、本溪市、鄂州市、辽阳市、莱芜市	伊春市、七台河市、自贡市、乌海市、广州市、石嘴山市、本溪市、嘉峪关市、鄂州市、辽阳市
政府投入与建设效果(城市维护建设资金支出/城市 GDP)	湛江市、淄博市、陇南市、临沂市、西宁市、乌鲁木齐市、厦门市、武汉市、张家界市、兰州市	厦门市、赣州市、呼和浩特市、西宁市、武汉市、南宁市、张家界市、贵阳市、抚州市、成都市

(二)生态环境指数考核排名

水资源、土地资源、生物资源以及空气资源数量与质量总称为生态环境。生态环境影响人类的生存与发展,关系到社会和经济的可持续发展。对城市生态环境状况的分析也应侧重于对上述几方面的全面分析。生态环境质量是指生态环境的优劣程度,它以生态学理论为基础,在特定的时间和空间范围内,从生态系统层次上,反映生态环境对人类生存及社会经济持续发展的适宜程度,根据人类具体要求对生态环境性质及变化状态的结果进行评定。

生态环境质量评价就是根据特定目的,选择具有代表性、可比性、可操作性的评价指标和方法,对生态环境的优劣程度进行定性或定量的分析和判别。

生态环境质量评价类型主要包括:生态安全评价、生态风险评价、生态系统健康评价、生态系统稳定性评价、生态系统服务功能评价、生态环境承载力评价。

表5 2017年284个城市生态城市健康指数14个三级指标最大值、最小值和平均值

指标	森林覆盖率(%)[建成区人均绿地面积(m²)]	空气质量优良天数(天)	河湖水质[人均用水量(吨)]	单位GDP工业二氧化硫排放量(千克/万元)	生活垃圾无害化处理率(%)	单位GDP综合能耗(吨标准煤/万元)	一般工业固体废物综合利用率(%)	R&D经费占GDP比重(%)[科学技术支出和教育支出占GDP比重(%)]	信息化基础设施[互联网宽带接入用户数(万户)/全市年末总人口(万人)]	人均GDP(元)	人口密度(人/km²)	生态环保知识、法规普及率,基础设施完善率[水利、环境和公共设施管理业全市从业人员数(万人)/城市年底总人口(万人)]	公众对城市生态环境满意率[民用车辆数(辆)/城市道路长度(km)]	政府投入与建设效果[城市维护建设资金支出(万元)/城市GDP(万元)]
最大值	198.9763	365	703.9063	16.42293	100	6.024	100	14.75182	1.184874	6421762	11602	0.012731	7194.4	0.46807760
最小值	0.512195	146	2.236934	0.005923	41.75	0.264	1.81	1.333954	0.04878	17890	450	0.000269	78.42498	0.0000
平均值	15.70515	279.0915	42.44541	1.256224	98.29489	0.819254	77.38141	3.843209	0.275149	94383.4	3662.563	0.002207	1006.877	0.0204962

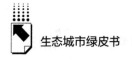
表6 2018年284个城市健康指数14个三级指标最大值、最小值和平均值

指标	森林覆盖率(%)[建成区人均绿地面积(m²)]	空气质量优良天数(天)	河湖水质[人均用水量(吨)]	单位GDP工业二氧化硫排放量(千克/万元)	生活垃圾无害化处理率(%)	单位GDP综合能耗(吨标准煤/万元)	一般工业固体废物综合利用率(%)	R&D经费占GDP比重(%)[科学技术支出和教育支出占GDP比重(%)]	信息化基础设施[互联网宽带接入用户数(万户)/全市年末总人口(万人)]	人均GDP(元)	人口密度(人/km²)[民用车辆数(辆)/城市道路长度(km)]	生态环保知识、法规普及率,基础设施完善率[水利环境和公共设施管理业全市从业人员数(万人)/城市年末总人口(万人)]	公众对城市生态环境满意度[城市维护建设资金支出(万元)/城市道路长度(km)]	政府投入与建设效果[城市维护建设资金支出(万元)/城市GDP(万元)]
最大值	182.6323	365	652.3597	15.31711	100.00	5.748101	100	14.14567	1.112088	191942	11610	0.015918	3468.113	0.1623
最小值	0.520833	164	2.256944	0.004038	46.58247	0.254	0.34	0.146561	0.003472	12656	450.3301	0.000209	84.05813	0.0001
平均值	15.77788	290.0493	43.27133	0.954586	98.8421	0.786741	75.63494	3.674579	0.316254	61483.44	3680.144	0.002107	909.1283	0.015862

本报告按照生态环境评价指标（见表7）所采集的数据对城市生态环境健康进行了评价，虽然略显单薄，但也在不同程度上反映了城市生态环境的健康指数。

表7 生态环境评价指标

生 态 环 境	1	森林覆盖率(%)〔建成区人均绿地面积(m²)〕
	2	空气质量优良天数(天)
	3	河湖水质〔人均用水量(吨)〕
	4	单位GDP工业二氧化硫排放量(千克/万元)
	5	生活垃圾无害化处理率(%)

良好的生态环境是人和社会持续发展的根本基础。2018年中国284个城市生态环境指数排前10名的城市分别为：海口市、拉萨市、舟山市、厦门市、青岛市、南昌市、宁波市、三亚市、深圳市、大连市。前100名具体排名情况见表8。

表8 2018年284个城市生态环境指数前100名

城市	生态环境指数	排名	等级	森林覆盖率排名	空气质量优良天数排名	河湖水质排名	单位GDP工业二氧化硫排放量排名	生活垃圾无害化处理率排名
海口市	0.9235	1	很健康	19	17	88	5	2
拉萨市	0.9205	2	很健康	8	17	61	52	263
舟山市	0.9200	3	很健康	54	35	14	23	2
厦门市	0.9176	4	很健康	6	5	135	3	2
青岛市	0.9145	5	很健康	30	118	1	9	2
南昌市	0.9141	6	很健康	45	75	22	29	2
宁波市	0.9062	7	很健康	61	97	58	42	2
三亚市	0.9055	8	很健康	25	21	137	11	2
深圳市	0.9034	9	很健康	5	30	231	1	229
大连市	0.8944	10	很健康	32	102	56	54	2
佛山市	0.8924	11	很健康	92	135	55	31	2
长沙市	0.8898	12	很健康	75	176	45	7	230
南宁市	0.8896	13	很健康	98	43	18	57	2
长春市	0.8828	14	很健康	48	97	21	67	262
上海市	0.8815	15	很健康	36	142	152	8	204

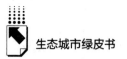

城市	生态环境指数	排名	等级	森林覆盖率排名	空气质量优良天数排名	河湖水质排名	单位GDP工业二氧化硫排放量排名	生活垃圾无害化处理率排名
杭州市	0.8759	16	很健康	35	191	78	30	195
广州市	0.8757	17	很健康	10	135	187	6	2
中山市	0.8750	18	很健康	107	103	13	18	2
烟台市	0.8746	19	很健康	68	118	99	63	2
威海市	0.8729	20	很健康	26	101	82	68	2
合肥市	0.8708	21	很健康	55	199	17	24	2
绍兴市	0.8695	22	很健康	67	171	52	60	208
十堰市	0.8623	23	很健康	110	130	73	43	2
珠海市	0.8588	24	很健康	11	91	248	39	209
成都市	0.8518	25	很健康	57	211	15	12	2
南通市	0.8510	26	很健康	115	151	67	22	195
惠州市	0.8475	27	健康	37	43	19	108	218
盘锦市	0.8467	28	健康	29	1	20	140	2
武汉市	0.8454	29	健康	39	206	120	20	205
北京市	0.8448	30	健康	7	224	95	2	224
温州市	0.8417	31	健康	136	34	83	26	195
泉州市	0.8396	32	健康	117	41	154	49	2
南京市	0.8393	33	健康	13	207	133	21	2
哈尔滨市	0.8360	34	健康	96	111	38	73	277
福州市	0.8357	35	健康	76	61	3	127	2
沈阳市	0.8352	36	健康	42	168	60	89	212
北海市	0.8342	37	健康	87	43	51	116	2
贵阳市	0.8325	38	健康	27	21	40	133	261
佳木斯市	0.8323	39	健康	86	61	119	105	2
黄山市	0.8312	40	健康	71	19	90	129	226
汕头市	0.8310	41	健康	65	53	25	121	257
莆田市	0.8295	42	健康	127	72	131	37	233
柳州市	0.8293	43	健康	59	86	24	122	2
镇江市	0.8262	44	健康	62	222	7	51	2
大庆市	0.8245	45	健康	20	53	75	143	2
台州市	0.8224	46	健康	150	48	97	46	228
江门市	0.8222	47	健康	79	140	6	126	217

续表

城市	生态环境指数	排名	等级	森林覆盖率排名	空气质量优良天数排名	河湖水质排名	单位GDP工业二氧化硫排放量排名	生活垃圾无害化处理率排名
东莞市	0.8188	48	健康	1	122	270	88	2
景德镇市	0.8158	49	健康	49	24	77	161	2
昆明市	0.8065	50	健康	34	12	29	205	241
苏州市	0.8039	51	健康	51	195	74	102	207
防城港市	0.7966	52	健康	89	27	10	214	2
宜昌市	0.7962	53	健康	81	186	63	119	2
铜陵市	0.7939	54	健康	63	135	42	176	2
重庆市	0.7933	55	健康	82	146	50	170	235
嘉峪关市	0.7898	56	健康	2	122	23	281	2
连云港市	0.7897	57	健康	90	186	124	103	2
无锡市	0.7880	58	健康	43	203	41	107	2
辽阳市	0.7859	59	健康	56	149	9	210	2
本溪市	0.7852	60	健康	21	68	33	253	2
新余市	0.7832	61	健康	31	53	35	265	2
鄂州市	0.7817	62	健康	80	181	43	162	2
株洲市	0.7814	63	健康	99	162	37	158	2
攀枝花市	0.7810	64	健康	41	21	71	273	2
自贡市	0.7806	65	健康	102	220	145	34	2
呼和浩特市	0.7788	66	健康	17	185	2	190	2
酒泉市	0.7781	67	健康	85	151	110	191	2
鸡西市	0.7777	68	健康	84	86	101	231	242
蚌埠市	0.7774	69	健康	100	222	36	65	2
遂宁市	0.7744	70	健康	175	86	156	25	195
银川市	0.7741	71	健康	16	201	12	152	2
七台河市	0.7733	72	健康	23	108	48	267	2
鹰潭市	0.7727	73	健康	106	82	117	151	202
抚顺市	0.7726	74	健康	53	186	84	173	2
吉林市	0.7723	75	健康	83	133	44	212	276
秦皇岛市	0.7712	76	健康	74	164	80	224	210
天津市	0.7705	77	健康	24	250	31	50	275
金昌市	0.7703	78	健康	28	116	4	284	2

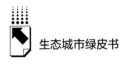

续表

城市	生态环境指数	排名	等级	森林覆盖率排名	空气质量优良天数排名	河湖水质排名	单位GDP工业二氧化硫排放量排名	生活垃圾无害化处理率排名
双鸭山市	0.7696	79	健康	95	57	98	246	2
鞍山市	0.7682	80	健康	69	142	46	251	2
嘉兴市	0.7678	81	健康	111	173	115	115	2
鄂尔多斯市	0.7678	82	健康	40	156	121	222	232
日照市	0.7668	83	健康	97	173	114	168	2
韶关市	0.7657	84	健康	103	72	92	188	211
扬州市	0.7656	85	健康	88	221	47	81	2
西安市	0.7632	86	健康	52	262	39	10	240
大同市	0.7616	87	健康	94	149	72	242	2
西宁市	0.7601	88	健康	70	135	11	274	267
克拉玛依市	0.7598	89	健康	3	118	244	172	2
随州市	0.7591	90	健康	181	156	162	4	247
辽源市	0.7586	91	健康	109	104	59	182	227
包头市	0.7559	92	健康	18	191	27	241	206
丹东市	0.7559	93	健康	112	35	93	189	2
常州市	0.7542	94	健康	44	225	49	100	2
芜湖市	0.7534	95	健康	77	219	28	117	2
阜新市	0.7529	96	健康	91	146	69	276	2
襄阳市	0.7497	97	健康	126	228	107	36	2
揭阳市	0.7483	98	健康	173	91	227	35	256
湖州市	0.7474	99	健康	66	204	64	178	2
乌鲁木齐市	0.7473	100	健康	4	216	103	157	234

2018年中国284个城市生态环境指数排名中有26个城市健康等级是很健康，占全部排名城市的9.15%；有148个城市健康等级是健康，占

全部排名城市的 52.11%；有 84 个城市健康等级是亚健康，占全部排名城市的 29.58%；有 20 个城市健康等级是不健康，占全部排名城市的 7.04%，有 6 个城市健康等级是很不健康，占全部排名城市的 2.11%。其中很不健康的 6 个城市为：安阳市、渭南市、邯郸市、昭通市、邢台市、运城市。

1. 森林覆盖率（%）[建成区人均绿地面积（m²）]

2017 年全国 284 个城市建成区人均绿地面积的平均值为 15.71，最大值为 198.98，最小值为 0.51。2018 年全国 284 个城市建成区人均绿地面积的平均值为 15.78，最大值为 182.63，最小值为 0.52，比 2017 年生态城市建设评价时的森林覆盖率有所提高。

2. 空气质量优良天数（天）

2016 年全年空气质量优良的城市数达到 2 个，2017 年全年空气质量优良的城市数达到 1 个，2018 年全年空气质量优良的城市数达到 1 个。而这 3 年空气质量优良天数的平均值分别是 283.10 天、279.09 天、290.05 天，说明中国空气污染状况有明显的改善。

3. 河湖水质[人均用水量（吨）]

河湖水质与人类的生活密切相关。但官方统计数据并无此项指标，本报告采用人均用水量来替代该指标。该指标为半负向指标，本报告以该指标的平均值的 1.5 倍为基准，超过平均值的为负向，不足平均值的为正向。

2015～2018 年全国 284 个城市的人均用水量的平均值分别是 42.45、43.14、42.45、43.27，总体呈上升趋势。同样，2015～2018 年该指标的最小值分别为 1.68、1.81、2.24、2.26，也是呈上升趋势，说明人均用水量有明显的提升。

4. 单位 GDP 工业二氧化硫排放量（千克/万元）

2015～2018 年全国 284 个城市的单位 GDP 工业二氧化硫排放量的平均值分别是 3.43、1.76、1.26、0.95，呈下降趋势。2016～2018 年该指标的最小值分别为 0.02、0.006、0.004，同样有所减少。

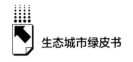

5. 生活垃圾无害化处理率（％）

城市生活垃圾是影响城市环境的重要因素之一，生活垃圾的无害化处理已经成为全球关注的环境治理措施。

2018 年全国 284 个城市的生活垃圾无害化处理率的平均值是 98.84，而 2016 年的平均值是 96.96，2017 年的平均值为 98.3，有明显提高。

（三）生态经济指数考核排名

生态经济是指在生态系统承载能力范围内，运用生态经济学原理和系统工程方法改变生产和消费方式，挖掘一切可以利用的资源潜力，发展一些经济发达、生态高效的产业，营造体制合理、社会和谐的文化以及生态健康、景观适宜的环境。生态经济是实现经济腾飞与环境保护、物质文明与精神文明、自然生态与人类生态高度统一和可持续发展的经济。

2018 年在全国 284 个城市中生态经济指数排前 10 名的城市分别为：三亚市、珠海市、上海市、丽水市、厦门市、北京市、温州市、杭州市、金华市、合肥市。有 7 个城市连续两年排前 10 名：三亚市、珠海市、上海市、丽水市、厦门市、北京市、温州市。前 100 名具体排名情况见表 9。

2018 年中国 284 个城市生态经济指数排名中有 50 个城市健康等级是很健康，占全部排名城市的 17.61%；有 187 个城市健康等级是健康，占全部排名城市的 65.85%；有 39 个城市健康等级是亚健康，占全部排名城市的 13.73%；有 8 个城市健康等级是不健康，占全部排名城市的 2.82%；没有很不健康的城市。8 个健康等级是不健康的城市分别为：中卫市、陇南市、赤峰市、抚顺市、伊春市、运城市、百色市、昭通市。

1. 单位 GDP 综合能耗（吨标准煤/万元）

单位 GDP 综合能耗是负向指标。2018 年全国 284 个城市的单位 GDP 综合能耗的平均值是 0.79，2015 年的平均值是 0.91，2016 年的平均值是 0.85，2017 年的平均值是 0.82，整体呈下降趋势。西部发展中城市的单位 GDP 综合能耗要远高于东部沿海发达城市。

表9 2018年284个城市生态经济指数前100名

城市	生态经济指数	排名	等级	单位GDP综合能耗排名	一般工业固体废物综合利用率排名	R&D经费占GDP比重排名	信息化基础设施排名	人均GDP排名
三亚市	0.9320	1	很健康	10	1	93	18	67
珠海市	0.9307	2	很健康	31	101	83	6	6
上海市	0.9219	3	很健康	30	92	89	25	15
丽水市	0.9185	4	很健康	21	30	27	81	106
厦门市	0.9131	5	很健康	37	128	133	4	24
北京市	0.9123	6	很健康	1	195	57	47	11
温州市	0.9107	7	很健康	16	33	132	42	100
杭州市	0.9034	8	很健康	12	130	151	20	12
金华市	0.9008	9	很健康	40	43	145	27	81
合肥市	0.8992	10	很健康	5	126	147	59	43
中山市	0.8956	11	很健康	41	133	166	2	28
黄山市	0.8954	12	很健康	4	40	104	102	152
湖州市	0.8923	13	很健康	104	10	155	12	52
台州市	0.8920	14	很健康	15	74	161	60	64
深圳市	0.8914	15	很健康	13	231	61	1	2
江门市	0.8903	16	很健康	46	19	152	57	107
肇庆市	0.8902	17	很健康	69	60	153	3	130
廊坊市	0.8899	18	很健康	94	110	115	61	101
天津市	0.8880	19	很健康	38	29	182	52	22
鹰潭市	0.8876	20	很健康	7	140	114	121	86
芜湖市	0.8855	21	很健康	29	182	90	88	54
宁波市	0.8854	22	很健康	48	74	192	14	16
舟山市	0.8818	23	很健康	67	119	159	29	27
南昌市	0.8801	24	很健康	2	102	208	54	44
绵阳市	0.8799	25	很健康	60	42	106	93	160
嘉兴市	0.8792	26	很健康	103	18	180	32	35
南宁市	0.8763	27	很健康	128	19	137	77	122
苏州市	0.8722	28	很健康	105	84	222	7	5
龙岩市	0.8701	29	很健康	121	45	173	85	51
镇江市	0.8699	30	很健康	14	62	237	43	20
武汉市	0.8678	31	很健康	122	41	205	30	14

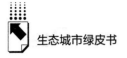
续表

城市	生态经济指数	排名	等级	单位GDP综合能耗排名	一般工业固体废物综合利用率排名	R&D经费占GDP比重排名	信息化基础设施排名	人均GDP排名
广州市	0.8675	32	很健康	32	153	207	28	7
海口市	0.8657	33	很健康	19	129	212	31	96
南通市	0.8656	34	很健康	5	72	246	68	25
福州市	0.8648	35	很健康	45	55	226	40	38
北海市	0.8639	36	很健康	116	53	183	82	85
绍兴市	0.8638	37	很健康	123	90	193	44	32
南京市	0.8620	38	很健康	102	124	211	22	9
石家庄市	0.8616	39	很健康	133	142	134	69	123
青岛市	0.8616	40	很健康	72	94	216	45	18
连云港市	0.8614	41	很健康	107	80	142	118	110
宣城市	0.8611	42	很健康	80	80	76	125	146
南平市	0.8560	43	很健康	150	9	144	105	93
扬州市	0.8557	44	很健康	9	62	259	65	21
绥化市	0.8554	45	很健康	74	97	70	17	267
威海市	0.8541	46	很健康	89	119	210	64	17
漳州市	0.8532	47	很健康	25	54	241	80	69
盐城市	0.8528	48	很健康	117	35	170	123	73
汕头市	0.8522	49	很健康	28	66	129	134	168
重庆市	0.8503	50	很健康	70	216	113	70	97
株洲市	0.8463	51	健康	130	98	179	109	99
济南市	0.8456	52	健康	61	108	243	33	34
佛山市	0.8442	53	健康	34	148	254	16	19
无锡市	0.8441	54	健康	66	104	267	19	4
蚌埠市	0.8441	55	健康	20	113	108	191	144
常州市	0.8437	56	健康	90	1	269	23	10
张家界市	0.8428	57	健康	84	8	82	139	203
滁州市	0.8411	58	健康	44	74	65	177	171

续表

城市	生态经济指数	排名	等级	单位 GDP 综合能耗排名	一般工业固体废物综合利用率排名	R&D 经费占 GDP 比重排名	信息化基础设施排名	人均GDP排名
莆田市	0.8394	59	健康	56	138	199	113	68
洛阳市	0.8385	60	健康	95	172	198	71	88
泉州市	0.8353	61	健康	76	55	265	46	42
郑州市	0.8352	62	健康	39	190	229	41	39
吉安市	0.8349	63	健康	3	34	21	211	216
长沙市	0.8348	64	健康	52	150	251	53	13
桂林市	0.8347	65	健康	59	93	107	156	191
三明市	0.8332	66	健康	155	87	202	89	50
延安市	0.8316	67	健康	82	247	84	9	87
成都市	0.8314	68	健康	23	186	245	48	47
淮安市	0.8299	69	健康	85	35	227	129	82
东莞市	0.8296	70	健康	43	199	232	8	40
新乡市	0.8289	71	健康	144	177	124	90	174
宁德市	0.8281	72	健康	78	226	131	96	92
宜宾市	0.8277	73	健康	129	31	92	186	169
惠州市	0.8271	74	健康	181	103	158	35	59
沧州市	0.8265	75	健康	167	14	109	128	154
秦皇岛市	0.8263	76	健康	166	169	118	72	135
眉山市	0.8260	77	健康	118	1	177	117	180
广元市	0.8255	78	健康	73	11	44	166	251
安庆市	0.8254	79	健康	75	37	64	197	186
宜春市	0.8243	80	健康	92	11	28	196	197
贵阳市	0.8243	81	健康	114	242	101	49	65
潍坊市	0.8223	82	健康	162	115	148	127	98
抚州市	0.8220	83	健康	18	1	26	228	222
赣州市	0.8213	84	健康	22	132	11	192	235
泰州市	0.8210	85	健康	68	104	272	79	30
宿迁市	0.8185	86	健康	8	201	154	157	121
济宁市	0.8168	87	健康	139	108	174	178	115
大连市	0.8163	88	健康	99	107	266	101	31
十堰市	0.8137	89	健康	163	156	141	99	140

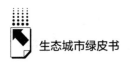
续表

城市	生态经济指数	排名	等级	单位GDP综合能耗排名	一般工业固体废物综合利用率排名	R&D经费占GDP比重排名	信息化基础设施排名	人均GDP排名
阳江市	0.8104	90	健康	132	70	187	170	133
衢州市	0.8096	91	健康	218	21	97	75	91
许昌市	0.8090	92	健康	47	44	224	199	104
东营市	0.8088	93	健康	113	116	276	67	1
西安市	0.8087	94	健康	36	219	228	63	60
萍乡市	0.8085	95	健康	183	50	72	138	136
濮阳市	0.8072	96	健康	146	61	105	205	166
泸州市	0.8057	97	健康	156	48	71	174	195
保定市	0.8056	98	健康	86	176	60	148	246
淮北市	0.8040	99	健康	158	82	156	120	172
景德镇市	0.8039	100	健康	42	117	100	272	143

2. 一般工业固体废物综合利用率(%)

2018年全国284个城市的一般工业固体废物综合利用率的平均值是75.63, 2015年的平均值是83.52, 2016年的平均值是79.36, 2017年的平均值是77.4, 整体呈缓慢下降趋势, 一般工业固体废物的综合利用情况不乐观, 需要改善。

3. R&D经费占GDP比重（%）〔科学技术指出和教育支出占GDP比重（%）〕

2017年全国284个城市的R&D经费占GDP比重平均值为3.84, 最大值为14.75, 最小值为1.33。2018年全国284个城市的R&D经费占GDP比重平均值为3.67, 最大值为14.15, 最小值为0.15, 相较于2017年均有所下降。

4. 信息化基础设施〔互联网宽带接入用户数（万户）/全市年末总人口（万人）〕

2018年的该项指标的平均值为0.32, 2016年的平均值为0.24, 2017年的平均值为 0.28，整体呈增长趋势。

5. 人均 GDP（元）

2018 年全国 284 个城市的人均 GDP 的平均值是 61483.44，2016 年的平均值为 54169.47，2017 年的平均值为 94383.4。这说明 2018 年我国经济增长有所减缓。

（四）生态社会指数考核排名

生态社会是人与人、人与自然和谐共生的健康可持续社会，要确保一代比一代活得更加有保障、更加健康、更加有尊严。在这个意义上生态社会的评价体系十分复杂（见表 10）。

表 10　生态社会评价指标

生态社会	1	人口密度（人/km²）
	2	生态环保知识、法规普及率,基础设施完好率［水利、环境和公共设施管理业全市从业人员数（万人）/城市年底总人口（万人）］
	3	公众对城市生态环境满意率［民用车辆数（辆）/城市道路长度（km）］
	4	政府投入与建设效果［城市维护建设资金支出（万元）/城市 GDP（万元）］

2018 年在全国 284 个城市中生态社会指数排前 10 名的城市分别为：泸州市、来宾市、怀化市、黑河市、白银市、陇南市、南通市、无锡市、三明市、长春市。前 100 名具体排名情况见表 11。

2018 年中国 284 个城市生态社会指数排名中有 25 个城市健康等级是很健康，占全部排名城市的 8.8%；有 120 个城市健康等级是健康，占全部排名城市的 42.25%；有 62 个城市健康等级是亚健康，占全部排名城市的 21.83%；有 50 个城市健康等级是不健康，占全部排名城市的 17.61%，有 27 个城市健康等级是很不健康，占全部排名城市的 9.51%。其中很不健康的 27 个城市为：宜昌市、营口市、张掖市、张家口市、伊春市、南平市、岳阳市、廊坊市、台州市、崇左市、呼和浩特市、郴州市、合肥市、三门峡市、贵港市、三亚市、眉山市、鹤壁市、

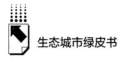

乌兰察布市、吕梁市、忻州市、太原市、滁州市、齐齐哈尔市、佛山市、乐山市、临沧市。

表11　2018年284个城市生态社会指数前100名

城市	生态社会指数	排名	等级	人口密度排名	生态环保知识、法规普及率,基础设施完好率排名	公众对城市生态环境满意率排名	政府投入与建设效果排名
泸州市	0.9280	1	很健康	74	233	55	40
来宾市	0.9170	2	很健康	101	248	174	70
怀化市	0.9121	3	很健康	129	205	277	271
黑河市	0.9040	4	很健康	12	21	247	243
白银市	0.9004	5	很健康	102	139	165	118
陇南市	0.9001	6	很健康	62	260	242	105
南通市	0.8980	7	很健康	67	177	96	69
无锡市	0.8948	8	很健康	204	174	69	150
三明市	0.8938	9	很健康	266	159	164	195
长春市	0.8920	10	很健康	253	28	57	79
上饶市	0.8859	11	很健康	90	269	188	163
辽阳市	0.8797	12	很健康	271	78	10	190
运城市	0.8783	13	很健康	40	194	282	218
南京市	0.8773	14	很健康	237	62	24	21
嘉兴市	0.8770	15	很健康	132	83	216	205
重庆市	0.8692	16	很健康	207	126	49	32
乌海市	0.8634	17	很健康	98	30	4	28
拉萨市	0.8618	18	很健康	268	7	98	248
张家界市	0.8617	19	很健康	66	133	203	7
榆林市	0.8617	20	很健康	107	20	197	245
云浮市	0.8598	21	很健康	187	237	276	263
邢台市	0.8597	22	很健康	88	161	270	119
黄石市	0.8566	23	很健康	92	231	16	83
固原市	0.8559	24	很健康	7	143	179	262
青岛市	0.8549	25	很健康	231	73	59	50
银川市	0.8482	26	健康	276	32	207	65
鸡西市	0.8452	27	健康	99	19	51	179
周口市	0.8401	28	健康	55	252	281	159

续表

城市	生态社会指数	排名	等级	人口密度排名	生态环保知识、法规普及率,基础设施完好率排名	公众对城市生态环境满意率排名	政府投入与建设效果排名
河源市	0.8371	29	健康	84	251	236	255
新余市	0.8330	30	健康	198	268	30	158
江门市	0.8299	31	健康	176	114	41	236
温州市	0.8222	32	健康	162	232	227	64
成都市	0.8208	33	健康	43	35	198	10
中卫市	0.8206	34	健康	148	104	152	164
酒泉市	0.8170	35	健康	233	24	120	217
海口市	0.8159	36	健康	81	3	19	45
金昌市	0.8143	37	健康	121	47	53	244
沧州市	0.8140	38	健康	104	209	284	256
咸阳市	0.8081	39	健康	208	60	232	279
济宁市	0.8052	40	健康	219	200	135	220
泰安市	0.8029	41	健康	222	273	89	124
烟台市	0.8022	42	健康	177	74	111	229
珠海市	0.7980	43	健康	108	15	50	13
松原市	0.7963	44	健康	21	183	259	232
哈尔滨市	0.7909	45	健康	143	68	85	80
泰州市	0.7874	46	健康	192	186	95	169
朔州市	0.7861	47	健康	175	52	108	115
乌鲁木齐市	0.7835	48	健康	214	44	11	18
七台河市	0.7830	49	健康	33	70	2	268
鹰潭市	0.7822	50	健康	137	176	47	184
娄底市	0.7820	51	健康	94	142	243	31
湘潭市	0.7793	52	健康	35	122	176	274
肇庆市	0.7764	53	健康	211	193	99	14
克拉玛依市	0.7754	54	健康	22	18	23	92
六安市	0.7708	55	健康	95	49	260	173
淮北市	0.7695	56	健康	100	284	171	51
漳州市	0.7680	57	健康	20	218	204	222
舟山市	0.7629	58	健康	269	22	21	114
东营市	0.7600	59	健康	281	93	113	127
德阳市	0.7591	60	健康	112	164	211	138
连云港市	0.7590	61	健康	240	110	34	162

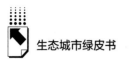

续表

城市	生态社会指数	排名	等级	人口密度排名	生态环保知识、法规普及率,基础设施完好率排名	公众对城市生态环境满意率排名	政府投入与建设效果排名
广元市	0.7576	62	健康	174	77	86	38
达州市	0.7573	63	健康	15	227	147	187
赤峰市	0.7555	64	健康	226	167	162	37
沈阳市	0.7553	65	健康	110	39	68	72
宿迁市	0.7543	66	健康	184	172	131	206
泉州市	0.7515	67	健康	167	254	168	239
驻马店市	0.7497	68	健康	151	258	261	153
石嘴山市	0.7493	69	健康	97	34	6	225
柳州市	0.7486	70	健康	96	55	72	12
遂宁市	0.7466	71	健康	223	279	39	56
玉溪市	0.7428	72	健康	85	175	234	216
巴中市	0.7409	73	健康	146	271	107	39
鄂尔多斯市	0.7403	74	健康	157	14	88	283
芜湖市	0.7399	75	健康	196	250	63	117
赣州市	0.7381	76	健康	5	185	97	2
衡阳市	0.7369	77	健康	152	208	210	277
保山市	0.7337	78	健康	18	157	220	16
阳江市	0.7329	79	健康	260	162	104	233
衡水市	0.7328	80	健康	235	128	262	193
龙岩市	0.7318	81	健康	185	215	134	86
滨州市	0.7315	82	健康	264	272	157	186
焦作市	0.7283	83	健康	10	198	183	175
安阳市	0.7279	84	健康	31	225	238	156
铁岭市	0.7274	85	健康	209	136	185	265
天津市	0.7230	86	健康	24	48	31	98
徐州市	0.7202	87	健康	113	214	79	43
阜新市	0.7200	88	健康	229	234	105	253
资阳市	0.7190	89	健康	252	249	64	224
抚顺市	0.7133	90	健康	215	46	17	148
西安市	0.7121	91	健康	51	57	123	29
秦皇岛市	0.7099	92	健康	70	59	106	95
包头市	0.7068	93	健康	194	36	45	104
许昌市	0.7067	94	健康	140	197	213	176

城市	生态社会指数	排名	等级	人口密度排名	生态环保知识、法规普及率,基础设施完好率排名	公众对城市生态环境满意率排名	政府投入与建设效果排名
宜宾市	0.7059	95	健康	60	278	66	102
北海市	0.7038	96	健康	283	108	32	126
攀枝花市	0.7036	97	健康	212	16	13	161
安康市	0.7006	98	健康	193	242	136	91
亳州市	0.7000	99	健康	64	255	271	101
牡丹江市	0.6998	100	健康	63	113	43	213

1. 人口密度（人/km^2）

人口密度是半负向指标（实际处理时以平均值的 1.5 倍为基准，越远离基准越差）。2018 年全国 284 个城市的人口密度的平均值是 3680.14，最大值是 11610，最小值是 450.33；2016 年全国 284 个城市的人口密度的平均值是 3632.349，最大值是 14073，最小值是 450；2017 年全国 284 个城市的人口密度的平均值是 3662.563，最大值是 11602，最小值是 450。

2. 生态环保知识、法规普及率,基础设施完好率〔水利、环境和公共设施管理业全市从业人员数（万人）/城市年底总人口（万人）〕

该指标 2018 年的数值与 2017 年几乎一样。

3. 公众对城市生态环境满意率〔民用车辆数(辆)/城市道路长度（km）〕

该指标为负指标，它表示城市的交通拥堵情况。2018 年全国 284 个城市该指标的平均值是 909.13，而 2016 年的平均值是 893.22，2017 年的平均值是 1006.88。这说明城市拥堵状况没有明显改善。随着城市的迅速扩张，道路设施建设不能满足城市车辆需求，寻求有效解决道路拥堵问题的措施和方法，是解决生态社会问题的重中之重。

4. 政府投入与建设效果〔城市维护建设资金支出（万元）/城市 GDP（万元）〕

该指标 2018 年的数值与 2017 年相比有明显的提高。

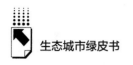

三 中国生态城市健康指数评价指导

（一）建设侧重度、建设难度、建设综合度的计算原理

生态城市健康指数复合指标建设侧重度、建设难度、建设综合度虽然都是辅助决策参数，但定量时必须客观、合理、科学。

设 $A_i(t)$ 是城市 A 在第 t 年关于第 i 个指标的排序名次，称

$$\lambda A_i(t+1) = \frac{A_i(t)}{\sum\limits_{j=1}^{n} A_j(t)} \quad i = 1,2,\cdots,N$$

为城市 A 在第 $t+1$ 年关于第 i 个指标的建设侧重度，这里 N 是城市个数，n 是指标个数。

如果 $\lambda A_i(t+1) > \lambda A_j(t+1)$，则表明在第 $t+1$ 年第 i 个指标建设应优先于第 j 个指标。这是因为在第 t 年，第 i 个指标在全国的排名比第 j 个指标落后，在第 $t+1$ 年，第 i 个指标优先于第 j 个指标建设，可以缩小同全国的差距，使生态建设与全国同步发展。

用 $\max_i(t)$、$\min_i(t)$ 分别表示第 i 个指标在第 t 年的最大值和最小值，$\alpha A_i(t)$ 为城市 A 在第 t 年关于第 i 个指标的值，令

$$\mu A_i(t) = \begin{cases} \dfrac{\max_i(t)+1}{\alpha A_i(t)+1} & \text{指标 } i \text{ 为正向} \\[3mm] \dfrac{\alpha A_i(t)+1}{\min_i(t)+1} & \text{指标 } i \text{ 为负向} \end{cases}$$

称

$$\gamma A_i(t+1) = \frac{\mu A_i(t)}{\sum\limits_{j=1}^{n} \mu A_i(t)} \quad i = 1,2,\cdots,N$$

为城市 A 在第 $t+1$ 年指标 i 的建设难度。

如果 $\gamma A_i(t+1) > \gamma A_j(t+1)$，则表明在第 t 年第 i 个指标比第 j 个指标偏离全国最好值更远，所以在第 $t+1$ 年，第 i 个指标应优先于第 j 个指标建设。称

$$\nu A_i(t+1) = \frac{\lambda A_i(t)\mu A_i(t)}{\sum_{j=1}^{n} \lambda A_j(t)\mu A_j(t)} \quad i = 1,2,\cdots,N$$

为城市 A 在第 $t+1$ 年指标 i 的建设综合度。

如果 $\nu A_i(t+1) > \nu A_j(t+1)$，则表明在第 $t+1$ 年，第 i 个指标理论上应优先于第 j 个指标建设。

（二）生态城市年度建设侧重度

城市的某项指标建设侧重度越大，排名越靠前，就意味着下一个年度该城市更应侧重这项指标的建设。2018 年北京市 14 个指标建设侧重度排在前 4 位的是：人口密度、生活垃圾无害化处理率、空气质量优良天数、一般工业固体废物综合利用率。

（三）生态城市年度建设难度

城市的某项指标建设难度越大，排名越靠前，就意味着该项指标比其他指标偏离全国最好值越远，下一个年度该城市这项指标的建设难度越大。本报告计算了 2018 年全国 284 个生态城市健康指数 14 个指标的建设难度，2018 年北京市 14 个指标建设难度排在前 4 位的是：单位 GDP 综合能耗、单位 GDP 工业二氧化硫排放量、人口密度、公众对城市生态环境满意率。

（四）生态城市年度建设综合度

生态城市健康指数各三级指标的建设综合度同时考虑了建设侧重度和建设难度，反映的是由本年建设现状决定的下年度各建设项目的投入力度，综合度大表明在下年度建设投入力度应该大，反之则应该小。

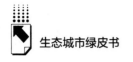
（五）结论与建议

2018 年中国城市生态健康评价延续了 2017 年的工作。从总体上看，2018 年在全国 284 个城市中，有 16 个城市的健康等级是很健康，占评价总数的 5.63%。2018 年健康等级为很健康的城市为：厦门市、三亚市、海口市、珠海市、深圳市、杭州市、广州市、上海市、青岛市、南昌市、舟山市、武汉市、南宁市、北京市、宁波市、福州市。

2017 年在全国 284 个城市中，有 15 个城市的健康等级是很健康，占评价总数的 5.3%。2017 年健康等级为很健康的城市为：三亚市、厦门市、珠海市、上海市、宁波市、深圳市、舟山市、南昌市、广州市、海口市、杭州市、青岛市、南宁市、武汉市、北京市。

对于所调查的 284 个城市的生态建设，本报告提出的建设侧重度、建设难度以及建设综合度为决策者提供了有力的数据支持。

总之，生态文明建设是社会文明发展的必经阶段，生态城市建设是生态文明建设的主战场。本报告通过建立模型对中国生态城市健康指数进行定量评价分析，为政府的决策提供了理论支撑。

分类评价报告

Categorized Evaluation Reports

G.3

环境友好型城市建设评价报告

王金相 常国华 岳 斌*

摘 要： 本报告依据环境友好型城市评价指标体系（14项核心指标和5项特色指标），对2018年全国地级及以上城市的环境友好型城市建设状况进行了评价与分析。环境友好型综合指数得分排名前10的城市分别是厦门市、上海市、三亚市、珠海市、杭州市、南昌市、广州市、海口市、北京市和南宁市。对2019年被欧盟评为"欧洲绿色之都"的挪威首都奥斯陆在环保措施、绿色交通、绿色经济等方面做出的成就进行简要介绍，以期为我国环境友好型城市的建设提供借鉴。最后，本报告以绿色城市建设为目标，从国土空间规划、绿色交通、城市环境综合整治、公众绿色生活方式等方面，提出构建环境友

---

* 王金相，博士，兰州城市学院地理与环境工程学院副教授，主要研究方向为大气污染成因及控制；常国华，博士，兰州城市学院地理与环境工程学院副院长、教授，主要研究方向为环境污染物绿色治理；岳斌，博士，副教授，主要研究方向为环境污染物控制。

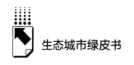

好型城市的对策建议。

关键词：　环境友好型城市　绿色城市　城市建设评价

自 1992 年联合国《21 世纪议程》中提出"环境友好"（Environmental friendly）理念以来，世界各国陆续提出"环境友好"理念，涵盖的范围也越来越广，包括生产、消费、技术、伦理道德等众多领域。[①] 2005 年党的十六届五中全会上提出重点发展循环经济，建设资源节约型、环境友好型社会。自 2006 年开始，中华人民共和国国民经济和社会发展"十一五""十二五""十三五"规划纲要中均明确提出，要建设资源节约型、环境友好型社会。《中共中央关于制定国民经济和社会发展第十四个五年规划和二〇三五年远景目标的建议》中指出，"十四五"期间生态文明建设的主要目标是生产生活方式绿色转型成效显著，能源资源配置更加合理、利用效率大幅提高，主要污染物排放总量持续减少，生态环境持续改善，生态安全屏障更加牢固，城乡人居环境明显改善。

2014 年中共中央、国务院印发《国家新型城镇化规划（2014—2020 年）》，指出要加快绿色城市建设[②]，要求将生态文明理念全面融入城市发展，构建绿色生产方式、生活方式和消费模式，并从绿色能源、绿色建筑、绿色交通、产业园区循环化改造、城市环境综合整治、绿色新生活行动 6 个方面提出了绿色城市建设的具体要求。2015 中共中央、国务院印发《生态文明体制改革总体方案》，提出要大力推进绿色城镇化。[③] "绿色城市"无疑是对"环境友好型城市"的进一步升华。鉴于此，本报告对我国 284 个地

① 赵沁娜、范利军、吴慈生、张鑫：《环境友好型城市研究进展述评》，《中国人口·资源与环境》2010 年第 3 期。

② 《国家新型城镇化规划（2014—2020 年）》，2014 年 3 月 16 日。

③ 《中共中央　国务院印发〈生态文明体制改革总体方案〉》，中央人民政府网站，2015 年 9 月 21 日，http：//www. gov. cn/guowuyuan/2015 – 09/21/content_ 2936327. htm。

级及以上城市的环境友好型城市建设进行评价和分析，并借鉴国外环境友好型城市建设的经验，提出符合我国当下环境友好型城市建设现状的对策和建议。

一　环境友好型城市建设评价报告

（一）环境友好型城市建设评价指标体系

随着我国城市化进程的快速推进，城市环境污染问题日趋严重，而且已由单个城市污染问题逐步发展为区域性的城市群污染问题，污染物的种类也由单一污染转向复合污染，如近年来影响全国的雾霾问题。面对城市化带来的复杂环境污染问题，创新发展模式，实现经济、环境的和谐发展迫在眉睫。党中央、国务院立足我国国情，提出了加强环境友好型社会建设和节能减排工作的总体部署。如何有效建设环境友好型城市，反映了一个地区经济和社会可持续发展的水平。本报告从城市的环境、经济和社会三个方面构建评价指标体系，综合评价了环境友好型城市建设现状。

1. 评价指标体系的设计

基于环境友好型城市建设的基本要求和内涵，综合考虑城市环境、经济和社会因素，本报告选取生态环境、生态经济和生态社会3个二级指标，并细分为14个三级指标作为核心指标和5个四级指标作为特色指标，构建了比较全面的评价指标体系（见表1）。其中核心指标用于评价城市在基本生态建设方面的表现，属于本报告中五种类型生态城市的共同考核指标，结果用生态城市健康指数（ECHI）表示。特色指标用于评价城市在环境友好方面的表现，凸显环境友好型城市的特点和建设优势。2020年评价体系中的指标与《中国生态城市建设发展报告（2019）》中的相同。

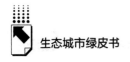

表1 环境友好型城市评价指标

一级指标	核心指标				特色指标	
	二级指标	序号	三级指标	序号	四级指标	
环境友好型城市综合指数	生态环境	1	森林覆盖率[建成区人均绿地面积(平方米)]	15	单位GDP工业二氧化硫排放量(千克/万元)	
		2	空气质量优良天数(天)			
		3	河湖水质[人均用水量(吨)]			
		4	单位GDP工业二氧化硫排放量(千克/万元)			
		5	生活垃圾无害化处理率(%)	16	民用汽车百人拥有量(辆)	
	生态经济	6	单位GDP综合能耗(吨标准煤/万元)	17	单位GDP氨氮排放量(千克/万元)[单位耕地面积化肥使用量(折纯量)(吨/公顷)]	
		7	一般工业固体废物综合利用率(%)			
		8	R&D经费占GDP比重(%)[科学技术支出和教育支出的经费总和占GDP比重(%)]			
		9	信息化基础设施[互联网宽带接入用户数(万户)/城市年末总人口(万人)]			
		10	人均GDP(元)	18	主要清洁能源使用率(%)	
	生态社会	11	人口密度(人/公里²)			
		12	生态环保知识、法规普及率,基础设施完好率(%)[水利、环境和公共设施管理业全市从业人员数(万人)/城市年末总人口(万人)]			
		13	公众满意程度[民用车辆数(辆)/城市道路长度(公里)]	19	第三产业占GRP比重(%)	
		14	政府投入与建设效果[市政公共设施建设固定资产投资(万元)/城市GDP(万元)]			

注:造成重大生态污染事件的城市在当年评价结果中按5%~7%的比例扣分。

2. 指标说明、数据来源及处理方法

环境友好型城市特色指标的意义及数据来源如下。

（1）单位 GDP 工业二氧化硫排放量（千克/万元）

指某市工业企业在厂区内的生产工艺过程和燃料燃烧过程中排入大气的二氧化硫总量与其全年地区生产总值的比值。计算公式为：

单位 GDP 工业二氧化硫排放量（千克／万元）=
全年工业二氧化硫排放总量（千克）/全年城市国内生产总值（万元）

二氧化硫是目前国家评价环境空气质量的六项指标之一，可以反映一个城市空气的优良程度。虽然通过各级政府的努力，二氧化硫的排放量和空气中二氧化硫的浓度持续在下降，但国家对二氧化硫排放的控制要求也越来越严格，如新修订的《大气污染防治法》在 2000 年版以控制火电厂企业为主的基础上，增加了钢铁、建材、有色金属、石油、化工等行业企业。在 2018 年国务院印发的《打赢蓝天保卫战三年行动计划》（国发〔2018〕22 号）中，仍然将二氧化硫作为主要控制指标，到 2020 年排放总量比 2015 年下降 15%以上。因此选择该指标作为环境友好型城市特色指标。本部分数据来源为环保部门网站、《环境公报》、《中国城市统计年鉴》。

（2）民用汽车百人拥有量（辆/百人）

指本年内以城市年底总人口计，每百人拥有的民用车辆数量。

随着"大气十条"和"蓝天保卫战"的有序开展，工业污染源的大气污染物排放量得到了有效控制，但是随着人民群众生活水平的提高，机动车的保有量迅速增长，机动车尾气污染逐渐成为影响大气环境质量的重要污染源。《打赢蓝天保卫战三年行动计划》单独对机动车污染控制进行了说明，指出要强化移动源污染防治。因此，选择民用汽车百人拥有量作为评价环境友好型城市特色指标。本部分数据来源为中国各省（区、市）统计年鉴。

（3）单位耕地面积化肥使用量（折纯量）（吨/公顷）

指本年内区域单位耕地上用于农业的化肥施用量，其中化肥施用量要求按折纯量计算。计算公式为：

单位耕地面积化肥施用量 = 化肥施用量（吨）／常用耕地面积（公顷）

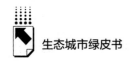

化肥虽然可以在短期内提高粮食的产量，但是从长远来看，对土壤结构、土壤环境质量、粮食质量都有很多负面影响，因此近年来国家大力提倡使用有机肥，逐年降低化肥的使用量。化肥的使用量可以反映一个地方的土壤环境质量，因此选择单位耕地面积化肥使用量作为评价环境友好型城市的特色指标。本部分数据来源为中国各省（区、市）统计年鉴。

（4）主要清洁能源使用率（%）

是指为城市全年供给的天然气、人工煤气、液化石油气和电，经折标为万吨标准煤之后的总和与城市综合能耗的比值。计算公式为：

$$
\begin{aligned}
主要清洁能源使用率(\%) = [&天然气供气总量(万吨标准煤) + \\
&人工煤气供气总量(万吨标准煤) + \\
&液化石油气供气总量(万吨标准煤) + \\
全社会用电量(万吨标准煤)] / &全年城市的综合能源消耗总量(万吨标准煤)
\end{aligned}
$$

其中，全年城市的综合能源消耗总量（万吨标准煤） = 单位GDP综合能耗（吨标准煤/万元）×城市GDP（亿元）

为有效控制大气污染问题，国家非常重视能源结构的调整，提倡从源头控制污染源。《打赢蓝天保卫战三年行动计划》明确提出，要加快调整能源结构，构建清洁低碳高效能源体系。实施"煤改气""煤改电""燃煤锅炉综合整治"等一系列措施，加大对清洁能源的使用率，提出2020年天然气占能源消费总量比重达到10%。清洁能源使用率越高，越有利于保护城市生态环境，因此选择该指标作为评价环境友好型城市的特色指标。本部分能源折标系数取自《中国能源统计年鉴2018》。

（5）第三产业占GRP比重（%）

指本年内某城市第三产业生产总值与其全年地区生产总值的比值。计算公式为：

$$
第三产业占GRP比重(\%) = 第三产业生产总值 / \\
地区生产总值(万元)(全市不是市辖区)
$$

相对于第一、第二产业，第三产业对生态环境的影响较小，城市经济总额中第三产业所占比例越大，说明重污染行业企业的相对比例越小，对于城市生态环境保护越有利。因此选择该指标作为评价环境友好型城市的特色指标。

（二）环境友好型城市评价与分析

1. 2018年环境友好型城市建设评价与分析

2018年环境友好型城市评价结果（前100名）见表2。环境友好型综合指数得分排名前10的城市分别是厦门市、上海市、三亚市、珠海市、杭州市、南昌市、广州市、海口市、北京市、南宁市，以下对十强城市的环境友好型城市建设情况和部分环境友好型特色指标进行简要分析。

厦门市是中国东海的门户，中国五大经济特区之一，在大力推进机车污染源减排、持续推进绿色海港空港建设、加快推进工业企业大气污染治理、强力推进扬尘污染管控等多个方面进行生态环境保护。在环境友好型城市综合评价中位居榜首；在单位GDP工业二氧化硫排放量方面厦门市排名第3，表现突出；在民用汽车百人拥有量方面，厦门市排名第279，所以应该大力发展公共交通，突出发展以自行车为首的零排放交通工具。

上海市处于长江中下游，属于亚热带季风气候，在生态环境方面通过"三年行动计划""清洁空气行动计划""水污染防治行动计划""长三角环境保护协作""排污许可及总量控制"等一系列政策的落实，城市自然生态和经济社会达到前所未有的和谐，跃然登上环境友好型城市综合评价的榜首；在单位GDP工业二氧化硫排放量、主要清洁能源使用率和第三产业占GRP比重方面上海市有突出的表现；在民用汽车百人拥有量排名上，上海市在本报告评价的284个城市中排名第235，这方面对于城市化如此之高的城市是必然的，且短时间内很难改变，所以该市应该充分利用清洁能源和科技制造方面的优势，改变民用汽车的能源结构，同时大力发展公共交通。

三亚市坐落在以山、海、河为特点的自然环境之中，城市的建设注意城市与自然景观环境、生态环境的协调关系，构成了三亚市区独特的环境特色，所以在环境友好型城市综合评价中排名第3。三亚市通过生态保护红线

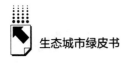

区的建设与管控、生态基础设施保护与修复、"海绵城市"的建设、生态安全屏障的构筑等措施，环境质量不断提高。在单位 GDP 工业二氧化硫排放量、主要清洁能源使用率和第三产业占 GRP 比重方面，三亚市表现突出，但在民用汽车百人拥有量和单位耕地面积化肥使用量方面都排名靠后，所以该市应大力发展公共交通和生态农业。

珠海市处于珠江口西岸，濒临广阔的南海，属典型的南亚热带季风海洋性气候，并且是第一批国家生态文明建设示范城市，连续 3 年被评为全国最宜居城市，在环境友好型城市综合评价中排名第 4，这是珠海市坚持生态文明新价值观和创新驱动，以环境保护改革红利和中低碳生态城市合作项目为契机，努力促进绿色低碳发展格局形成的结果；但在民用汽车百人拥有量方面珠海市排名第 277，所以该市应坚持绿色交通的理念，不断推进公共交通的建设和催化新能源的发展。

杭州市位于中国东南沿海北部，浙江省北部，东临杭州湾，与绍兴市相接，当下杭州市正处于"创新驱动发展、经济转型升级"的关键阶段，所以其采取大气复合污染防治、水污染综合防治、污染减排、清三河、修建无燃煤区、城市污水集中处理、垃圾无害化处置等一系列措施，锲而不舍地推进生态文明建设，从而进行平稳转型；在环境友好型城市综合评价中杭州市排名第 5，但在民用汽车百人拥有量方面排名第 246，所以该市要大力发展公共交通，倡导骑行、步行等健康环保的绿色出行方式。

南昌市地处江西中部偏北，全境以鄱阳湖平原为主，东南相对平坦，西北为丘陵生态经济区的核心增长城市，自然生态环境得天独厚，"生态立市"和"绿色发展"是南昌市一直秉持的理念，在环境友好型城市综合评价中排名第 6；在民用汽车百人拥有量、单位耕地面积化肥使用量和第三产业占 GRP 比重方面南昌市的排名属中等偏下，有很大的上升空间，所以该市要"不忘初心"，通过大力发展公共交通、生态农业、新兴第三产业等方式，坚持走绿色发展的道路。

广州市属于丘陵地带，地势东北高、西南低，背山面海，北部是森林集中的丘陵山区，有被称为"市肺"的白云山，综合排名第 7，GDP 相对于其他城市较高，但在民用汽车百人拥有量方面排名第 240，所以该市也要大力发展公共交通，倡导骑行、步行等健康环保的绿色出行方式。

海口市地处低纬度热带北缘，属于热带海洋性季风气候，海口综合排名第 8，环境友好型特色指数较其他前 10 名城市来说较低，民用汽车百人拥有量和单位耕地面积化肥使用量也有待提高，应倡导绿色出行。

针对"雾霾"，北京市大力开展大气污染协同减排，坚持清洁能源发展战略，强力控制汽车尾气和扬尘，推进锅炉煤改气，多举措并用，治理效果明显。同时，北京市对城市环境进行综合治理，积极推进绿色发展格局的形成；北京市在环境友好型城市综合评价中排名第 9，在主要清洁能源使用率和第三产业占 GRP 比重方面排名第 2 和第 1，单位 GDP 工业二氧化硫排放量排名第 2，但其在民用汽车百人拥有量和单位耕地面积化肥使用量方面排名都比较靠后，所以该市应该加快绿色交通体系的完善，积极发展生态农业。

南宁市是泛北部湾经济合作、大湄公河次区域合作、泛珠三角合作等多区域合作的交汇点，也是中国面向东盟开放合作的前沿城市、中国—东盟博览会永久举办地，国家"一带一路"有机衔接的重要门户城市，所以自然而然也给当地带来了环境污染等问题。南宁市综合排名第 10，但在民用汽车百人拥有量方面表现较滞后，有待提高。

对参与评价的 284 个城市在 5 项环境友好特色指数方面的表现进行分析。在单位 GDP 工业二氧化硫排放量方面，金昌市、石嘴山市、阳泉市、嘉峪关市、六盘水市、渭南市、曲靖市、乌海市、阜新市、吕梁市、西宁市、攀枝花市、吴忠市、运城市、安顺市、通辽市、乌兰察布市、七台河市、平凉市、新余市、营口市、中卫市、定西市、内江市、百色市、淮南市、滨州市、玉溪市、梅州市和白银市排名均比较落后，所以上述城市应该加强立法、加大对重点燃煤企业的管控、调整能源结构、推广清洁能源的使用、加大脱硫技术的开发和引进等，多举措不断减少工业二氧化硫的排放。

在汽车百人拥有量方面，东莞市、深圳市、中山市、佛山市、苏州市、厦门市、乌鲁木齐市、珠海市、克拉玛依市、拉萨市、海口市、呼和浩特市、银川市、宁波市、乌海市、北京市、太原市、昆明市、郑州市、无锡市、长沙市、金华市、鄂尔多斯市、南京市、嘉兴市、武汉市、东营市、常州市、绍兴市和三亚市排名均比较落后，所以上述城市应该优先发展公交系统，提高公共交通服务水平，推广差别化停车收费，倡导以骑行和步行为主的绿色出行方式，限制民用汽车排量，有效减少民用汽车的数量。

在单位耕地面积化肥使用量方面，三亚市、深圳市、福州市、漳州市、石嘴山市、海口市、鄂州市、贵阳市、渭南市、银川市、商丘市、新乡市、平顶山市、濮阳市、安阳市、泉州市、延安市、乌海市、周口市、宜昌市、焦作市、桂林市、安顺市、潮州市、肇庆市、漯河市、西安市、咸阳市、吉林市和湛江市排名均比较落后，所以上述城市应该加快传统农业的转型、增施有机肥、实施水肥一体化、开发新肥料和新施肥技术等，加强生态农业，推动农业循环经济。

在主要清洁能源使用率方面，铁岭市、白山市、赤峰市、徐州市、朔州市、舟山市、柳州市、襄阳市、茂名市、贵港市、酒泉市、六盘水市、松原市、崇左市、宜昌市、莱芜市、七台河市、临沧市、长治市、内江市、通化市、牡丹江市、威海市、吕梁市、岳阳市、克拉玛依市、日照市、资阳市、鄂州市和娄底市排名均比较落后，所以上述城市应该大力开发利用天然气、加强发展清洁能源汽车、积极开发利用可再生能源、提高清洁能源开发和生产技术等，不断推广清洁能源和优化能源结构。

在第三产业占 GRP 比重方面，克拉玛依市、宝鸡市、鹤壁市、吴忠市、咸阳市、漯河市、榆林市、延安市、安康市、东营市、攀枝花市、石嘴山市、吕梁市、宁德市、商洛市、北海市、黄石市、百色市、三明市、巴中市、滁州市、孝感市、泸州市、荆门市、防城港市、资阳市、荆州市、许昌市、昭通市和乌海市排名均比较落后，所以上述城市应该加快第三产业企业的改革、多渠道增加第三产业投入、积极培植第三产业品牌企业、通过高新技术改造传统行业、加强人才培养以提高企业管理水平和创造力，不断提高第三产业在地区生产总值中的比重，且优化第三产业结构。

表2 2018年环境友好型城市评价结果（前100名）

城市	环境友好型城市综合指数（19项指标结果）		生态城市健康指数（ECHI）（14项指标结果）		环境友好特色指数（5项指标结果）		特色指标单项排名				
	得分	排名	得分	排名	得分	排名	单位GDP工业二氧化硫排放量（千克/万元）	民用汽车百人拥有量（辆）	单位耕地面积化肥使用量（折纯量）（吨/公顷）	主要清洁能源使用率（%）	第三产业占GRP比重（%）
厦门	0.8648	1	0.9187	1	0.7141	149	3	279	144	86	26
上海	0.8582	2	0.8795	8	0.7984	30	8	235	59	33	5
三亚	0.8541	3	0.9177	2	0.6763	204	11	255	284	6	6
珠海	0.8529	4	0.8927	4	0.7415	104	39	277	11	60	92
杭州	0.8482	5	0.8858	6	0.7429	102	30	246	192	31	11
南昌	0.8473	6	0.8705	10	0.7822	47	29	208	149	67	130
广州	0.8408	7	0.8819	7	0.7256	130	6	240	246	121	4
海口	0.8377	8	0.8984	3	0.6678	214	5	274	279	59	2
北京	0.8346	9	0.8612	14	0.7603	71	2	269	219	2	1
南宁	0.8321	10	0.8633	13	0.7447	100	57	204	113	184	19
镇江	0.8292	11	0.8385	23	0.8034	26	51	220	30	21	110
南通	0.8288	12	0.8389	22	0.8005	28	22	217	45	64	98
宁波	0.8255	13	0.8575	15	0.7361	113	42	271	97	54	131
深圳	0.8207	14	0.8873	5	0.6342	243	1	283	283	29	21
重庆	0.8194	15	0.8162	33	0.8285	8	170	110	51	80	57
黄山	0.8190	16	0.8418	18	0.7553	78	129	195	163	57	31
青岛	0.8187	17	0.8766	9	0.6566	228	9	251	171	220	34
合肥	0.8181	18	0.8398	21	0.7574	74	24	247	121	47	77
天津	0.8117	19	0.8345	25	0.7481	91	50	238	184	63	24

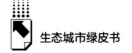

续表

| 城市 | 环境友好型城市综合指数（19项指标结果） | | 生态城市健康指数（ECHI）（14项指标结果） | | 环境友好特色特指指数（5项指标结果） | | 特色指标单项排名 | | | | |
	得分	排名	得分	排名	得分	排名	单位GDP工业二氧化硫排放量（千克/万元）	民用汽车百人拥有量（辆）	单位耕地面积化肥使用量（折纯量）（吨/公顷）	主要清洁能源使用率（%）	第三产业占GRP比重（%）
成都	0.8111	20	0.8282	27	0.7632	62	12	254	79	62	47
南京	0.8096	21	0.8487	17	0.7002	176	21	261	31	191	15
舟山	0.8087	22	0.8705	11	0.6359	242	23	218	134	279	32
绵阳	0.8085	23	0.8016	44	0.8278	9	92	111	136	89	122
大连	0.8059	24	0.8412	20	0.7073	162	54	232	138	174	58
景德镇	0.8049	25	0.7950	48	0.8326	4	161	119	16	23	134
福州	0.8043	26	0.8524	16	0.6698	209	127	197	282	98	53
莆田	0.8028	27	0.8085	38	0.7868	43	37	54	243	102	188
武汉	0.8014	28	0.8670	12	0.6176	256	20	259	236	224	44
长春	0.7985	29	0.8414	19	0.6785	200	67	224	231	171	120
绍兴	0.7956	30	0.8282	28	0.7045	169	60	256	201	69	103
连云港	0.7954	31	0.7957	47	0.7947	34	103	102	170	123	154
哈尔滨	0.7932	32	0.8319	26	0.6848	191	73	196	182	231	9
北海	0.7913	33	0.8179	32	0.7168	143	116	132	82	158	269
扬州	0.7903	34	0.7865	54	0.8011	27	81	173	95	103	116
温州	0.7902	35	0.8003	45	0.7618	68	26	230	169	24	28
广元	0.7888	36	0.7827	57	0.8057	23	118	39	56	42	211
苏州	0.7885	37	0.8226	30	0.6930	185	102	280	58	91	71

续表

城市	环境友好型城市综合指数（19项指标结果）		生态城市健康指数（ECHI）（14项指标结果）		环境友好特色指数（5项指标结果）		特色指标单项排名				
	得分	排名	得分	排名	得分	排名	单位GDP工业二氧化硫排放量（千克/万元）	民用汽车百人拥有量（辆）	单位耕地面积化肥使用量（折纯量）（吨/公顷）	主要清洁能源使用率（%）	第三产业占GRP比重（%）
常州	0.7861	38	0.8090	37	0.7220	136	100	257	64	85	63
江门	0.7857	39	0.8072	39	0.7255	131	126	203	198	10	160
十堰	0.7833	40	0.8142	34	0.6965	179	43	182	133	230	182
汕头	0.7828	41	0.7876	51	0.7697	57	121	116	253	8	148
鹰潭	0.7814	42	0.7826	58	0.7782	51	151	67	44	36	242
抚州	0.7814	43	0.7645	75	0.8286	7	138	35	86	51	156
佛山	0.7799	44	0.8105	36	0.6942	182	31	281	91	35	191
秦皇岛	0.7798	45	0.8114	35	0.6913	187	224	222	217	52	45
沈阳	0.7796	46	0.8225	31	0.6594	221	89	248	60	225	27
西安	0.7790	47	0.8037	43	0.7096	155	10	250	258	30	13
肇庆	0.7783	48	0.7872	53	0.7536	82	198	104	260	56	94
威海	0.7780	49	0.8379	24	0.6105	261	68	243	168	262	100
贵阳	0.7745	50	0.8235	29	0.6374	241	133	239	277	130	22
台州	0.7720	51	0.7873	52	0.7292	124	46	236	224	28	81
赣州	0.7701	52	0.7523	83	0.8199	14	184	55	81	40	140
济南	0.7677	53	0.8068	40	0.6585	223	64	253	189	193	16
烟台	0.7677	54	0.8003	46	0.6766	202	63	242	247	104	161
乌鲁木齐	0.7668	55	0.7841	55	0.7184	142	157	278	1	19	8

续表

城市	环境友好型城市综合指数(19项指标结果)		生态城市健康指数(ECHI)(14项指标结果)		环境友好特色指数(5项指标结果)		特色指标单项排名				
	得分	排名	得分	排名	得分	排名	单位GDP工业二氧化硫排放量(千克/万元)	民用汽车百人拥有量(辆)	单位耕地面积化肥使用量(折纯量)(吨/公顷)	主要清洁能源使用率(%)	第三产业占GRP比重(%)
自贡	0.7663	56	0.7656	74	0.7682	60	34	36	106	228	179
盐城	0.7660	57	0.7552	82	0.7961	33	62	93	87	186	142
九江	0.7638	58	0.7602	78	0.7740	53	159	79	154	116	186
中山	0.7637	59	0.7770	61	0.7263	127	18	282	32	50	87
兰州	0.7618	60	0.7711	66	0.7357	114	185	234	21	83	10
蚌埠	0.7617	61	0.7795	59	0.7121	152	65	210	241	53	172
泸州	0.7605	62	0.7601	80	0.7618	67	171	37	39	107	262
鹤岗	0.7602	63	0.7716	65	0.7285	125	239	70	142	108	251
泰州	0.7598	64	0.7370	95	0.8234	10	61	156	55	135	118
防城港	0.7587	65	0.7725	64	0.7198	140	214	131	131	122	260
株洲	0.7584	66	0.7940	49	0.6587	222	158	188	160	233	88
无锡	0.7580	67	0.7754	63	0.7093	157	107	265	77	93	65
长沙	0.7580	68	0.8051	42	0.6259	250	7	264	213	221	42
淮安	0.7579	69	0.7468	86	0.7891	42	94	69	114	179	103
西宁	0.7565	70	0.7684	72	0.7233	134	274	231	123	4	17
遂宁	0.7552	71	0.7474	85	0.7770	52	25	24	152	169	218
芜湖	0.7551	72	0.7688	71	0.7167	145	117	187	211	55	167
张家界	0.7538	73	0.7700	68	0.7084	160	69	216	139	205	3

续表

城市	环境友好型城市综合指数（19项指标结果）		生态城市健康指数（ECHI）（14项指标结果）		环境友好特色指数（5项指标结果）		特色指标单项排名				
	得分	排名	得分	排名	得分	排名	单位GDP工业二氧化硫排放量（千克/万元）	民用汽车百人拥有量（辆）	单位耕地面积化肥使用量（折纯量）（吨/公顷）	主要清洁能源使用率（%）	第三产业占GRP比重（%）
惠州	0.7537	74	0.7900	50	0.6520	232	108	249	199	128	176
拉萨	0.7536	75	0.7706	67	0.7062	165	52	275	24	168	46
郑州	0.7522	76	0.7690	70	0.7051	167	47	266	207	70	43
龙岩	0.7489	77	0.7695	69	0.6914	186	111	130	175	216	194
南充	0.7481	78	0.7431	88	0.7621	66	13	27	102	214	224
东莞	0.7468	79	0.7828	56	0.6459	235	88	284	202	5	67
湖州	0.7459	80	0.7601	79	0.7060	166	178	244	116	41	96
柳州	0.7443	81	0.8066	41	0.5699	279	122	185	155	278	206
金华	0.7436	82	0.7681	73	0.6750	205	85	263	229	16	47
开封	0.7431	83	0.7156	117	0.8200	13	15	76	233	105	114
辽源	0.7426	84	0.7485	84	0.7259	128	182	103	238	157	139
双鸭山	0.7425	85	0.7387	93	0.7532	83	246	62	93	147	201
鸡西	0.7425	86	0.7559	81	0.7049	168	231	98	48	206	212
桂林	0.7369	87	0.7298	100	0.7570	76	142	99	263	111	86
佳木斯	0.7359	88	0.7409	89	0.7220	135	105	96	119	247	149
丽水	0.7358	89	0.7285	103	0.7564	77	147	143	249	18	60
钦州	0.7348	90	0.7307	99	0.7462	97	70	23	206	152	226
阳江	0.7345	91	0.7082	126	0.8081	20	208	113	129	45	85

续表

城市	环境友好型城市综合指数（19项指标结果）		生态城市健康指数（ECHI）（14项指标结果）		环境友好特色指数（5项指标结果）		特色指标单项排名				
	得分	排名	得分	排名	得分	排名	单位GDP工业二氧化硫排放量（千克/万元）	民用汽车百人拥有量（辆）	单位耕地地面积化肥使用量（折纯量）（吨/公顷）	主要清洁能源使用率（%）	第三产业占GRP比重（%）
盘锦	0.7328	92	0.7754	62	0.6136	258	140	237	67	223	197
嘉兴	0.7326	93	0.7628	76	0.6480	234	115	260	212	32	167
太原	0.7298	94	0.7391	92	0.7039	171	72	268	66	149	12
池州	0.7286	95	0.7055	128	0.7932	35	227	74	104	144	121
潮州	0.7284	96	0.7212	112	0.7486	90	169	107	261	11	162
宜春	0.7280	97	0.7051	130	0.7923	36	225	91	50	71	177
新余	0.7272	98	0.7187	115	0.7512	85	265	137	38	162	145
玉林	0.7260	99	0.6750	170	0.8688	1	45	38	72	136	99
汕尾	0.7257	100	0.6933	142	0.8166	15	48	14	181	99	198

2. 2018年环境友好型城市各地区比较分析

现将 2018 年环境友好型城市建设评价结果排名前 100 名的城市按照具体的行政区域进行归纳分析。图 1 显示，2018 年各地区进入环境友好型城市建设百强的数量降序排列后分别为华东地区 43 个、中南地区 30 个、东北地区 9 个、西南地区 10 个、西北地区 4 个、华北地区 4 个。按地区对 2018 年环境友好型城市评价城市数量及其百强比例（见图 2）及占对应地区评价城市数量的比例（见图 3）进行比较分析，各地区参与评价城市数量占评价城市总数（284 个）的比例分别为华东地区占 15.1%、中南地区占 10.6%、东

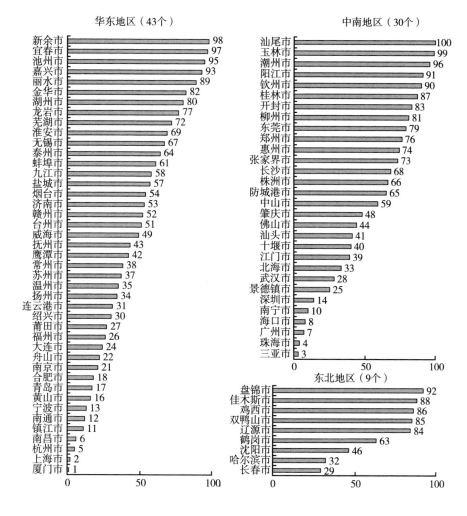

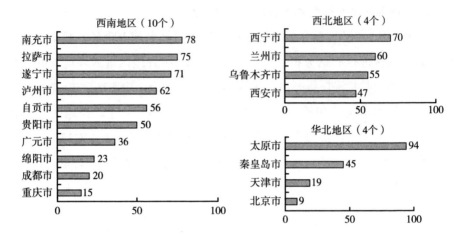

图1 2018年环境友好型城市综合指数排名前100名城市分布柱形

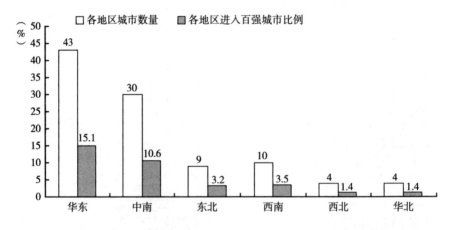

图2 2018年中国各地区环境友好型城市评价城市数量及其百强比例

北地区占 3.2%、西南地区占 3.5%、西北地区占 1.4%、华北地区占 1.4%；各地区进入百强城市数量比例分别为华东地区占 43.0%、中南地区占 30.0%、东北地区占 9.0%、西南地区占 10.0%、华北地区占 4.0%、西北地区占 4.0%；各地区百强城市数量占其评价城市数量的比例分别为华东地区占 55.1%、西南地区占 32.3%、东北地区占 26.5%、中南地区占 38.0%、华北地区占 13.3%、西北地区占 12.5%。

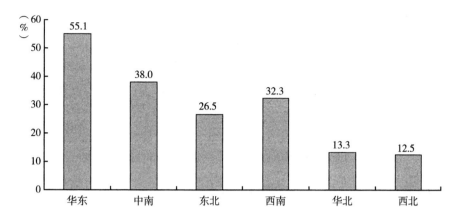

图3　2018年中国各地区环境友好型百强城市数量占其评价城市数量的比例

二　环境友好型城市建设的实践与探索

为了鼓励欧洲城市加大环境改善力度，欧盟委员会自2008年开始推出评选"欧洲绿色之都"（EU Green Capital）活动。《中国生态城市建设发展报告》先后选择2010年度"欧洲绿色之都"瑞典斯德哥尔摩市、2015年度"欧洲绿色之都"英国布里斯托市、2017年度"欧洲绿色之都"德国埃森市、2018年度"欧洲绿色之都"荷兰奈梅亨市进行案例分析，总结其在环境保护领域的经验。本报告将以2019年度"欧洲绿色之都"挪威首都奥斯陆市（Oslo）为例，介绍其在环保措施、绿色交通、绿色经济等方面探索环境友好型城市建设的经验。

奥斯陆市位于挪威东南部，是挪威的首都和第一大城市，也是挪威政治、经济、文化、交通的中心和最主要的港口所在地。奥斯陆市坐落在奥斯陆峡湾北端山丘上，面对大海，背靠山峦，城市布局整齐，风格独特，环境幽雅，风景迷人。城市濒临曲折迂回的奥斯陆湾，背倚巍峨耸立的霍尔门科伦山，苍山绿海交相辉映，城市既有海滨都市的旖旎风光，又富于依托高山密林所展示的雄浑气势。由于在环境保护方面的突出表现，2019年1月4日，欧盟委员会主管环境、海洋事务和渔业的委员卡尔梅努·韦拉和2018

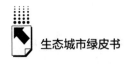

年"欧洲绿色之都"荷兰奈梅亨市市长休伯特·布鲁尔斯把一本"绿色之书"转交给奥斯陆市市长雷蒙德·约翰森，标志着奥斯陆正式成为"欧洲绿色之都"。这座安静而又现代的城市也在不断前行进步中，实现了绿色环保与城市发展的有机平衡。奥斯陆市之所以能被评为"欧洲绿色之都"，与其在生态环境保护领域的努力密不可分。

（一）大力加强环保措施

奥斯陆市是欧洲过去十年发展最快速的城市之一，比如新社区的建设、创意美食，以及艺术圈、时尚圈等都有快速的发展。而最难能可贵的是其在快速发展的过程中，仍非常注重生态环境保护工作，使城市的发展尽量亲近自然。以新建的国家博物馆为例，新馆致力于打造"零排放建筑"，建立了完善的碳排放管理机制。博物馆的建筑材料优先考虑运输距离更短、生产过程更低碳等因素，把整个工程的碳排放降低了原计划的50%，80%的建筑材料都可回收利用。为降低碳排放，该建筑还设计了一套海水取暖和冷却系统，利用海水的循环，冬季为建筑供暖、夏季为建筑降温，通过该项措施可以将整个工程的碳排放降低至原计划的50%。博物馆在建设的过程中尽量减少资源消耗，发展绿色建设，主要目的是希望在推广绿色建筑中起到引领作用。

在利用环境资源建造绿色城市方面，奥斯陆市有不少经验。从市中心中央火车站，步行十分钟即可抵达最近的峡湾，沿途一座白色建筑十分引人注目，这就是奥斯陆歌剧院。为了与周边环境相融合，歌剧院的设计参考了"登山雪道"，市民和游客可以沿着道路随意走上歌剧院屋顶，俯瞰峡湾城市美景。在这条峡湾步行路线上有最新的后现代艺术博物馆、便捷的商业街等，不远处还有充满绿意的"城市农场"。然而在20多年前，这片美丽的海岸线还是污染较重、规划混乱的旧工业基地。面对旧城改造这个难题，奥斯陆市政府把十公里的沿海地区划分成十个发展区域，区域内的开发商需要按照占地面积，向政府缴纳公共设施费用。如今，"峡湾走廊"已成为奥斯陆市人气最旺的一片区域，其中大量的步行区域、规划清晰的自行车道、海边的安全游泳区等公共设施，都得益于行政手段与市场的结合。

（二）全力推行绿色出行

为了促进市民绿色出行，奥斯陆市强力推行"无车化"城市改革，但是该政策的推行并非一蹴而就，实施之初也是争议不断。制度的有效实施不仅仅是居民环保意识的提升，还需要比较完善的公共交通与公共空间。中央火车站是奥斯陆市的核心地区之一，在这里穿梭着无数的公交车和有轨电车，这些公共交通工具可以抵达城市的各个区域，其中就有中国比亚迪公司生产的纯电动大巴车。2018 年 1 月，首批两台 18 米长的比亚迪纯电动铰接大巴在挪威最繁忙的 31/31E 线路上运行，往返于奥斯陆格鲁德和童森哈根，该大巴仅需在充电站充电一次，即可满足一整天的运行。目前，奥斯陆市的有轨电车和地铁均使用电力。

为减少消费者购买污染物排放较大的汽油车和柴油车，鼓励购买电动车，奥斯陆市政府通过经济手段，对电动车进行补贴，对汽油车、柴油车进行征税。同时，对电动车在过路费、停车费等费用上也给予优惠。统计数据显示，2019 年 3 月挪威新销售的车中，电车比例达 60%，按照挪威政府的计划，到 2025 年所有新车必须实行零排放。

作为"峡湾之国"的首都，奥斯陆市有非常多的峡湾，有大量的游船在游走，但大部分还是使用传统的燃料，污染物的排放量比较大。由于峡湾作业的船只燃料中含硫量超标，2019 年 5 月挪威海事局对希腊一家航运公司罚款近 8 万美元。除了处罚重污染排放企业，挪威也鼓励造船厂建造纯电动客轮。2015 年 5 月，全球首艘电动渡轮在挪威投运，根据计划，2021 年之前挪威将有约 70 艘电动渡轮投入运营。

除了发展电动汽车和轮船，奥斯陆市还通过多种举措鼓励市民步行或骑自行车出行。在奥斯陆市的中心城区，自行车道规划分明，共享单车的摆放也较为有序。2015～2018 年，奥斯陆市的自行车流量翻了三倍；拆除停车位一个月以后，市中心步行人流量相较往年上升了 10%。奥斯陆市的市中

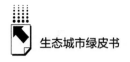

心面积不大，所以很适合步行或是自行车骑行观光，同时城里配套高效的公共交通系统，不需要开车即可轻松游遍全城。"为了响应绿色出行，我把家里的车卖了。"奥斯陆市民埃尔伦德告诉记者，市中心没有停车位是她决心卖车的原因之一，但更重要的是，她非常认同"零碳排放"的观点。在奥斯陆市，像埃尔伦德这样的人不在少数。

"绿色旅行"（Green Travel）也是挪威建设绿色城市的重要举措之一，游客只需在 Visitnorway 的网页上看到一丛绿草的图案，就能够获知相关的环保产品或服务。挪威生态旅游（Ecotourism Norway）、生态评估标签北欧天鹅（Nordic Swan）、绿色钥匙（Green Key）、蓝旗（Blue Flag）等标识的项目都属于"绿色旅行"的范畴。这些认证共同保证了贴上如许标签的活动体验遵循了废物生产和管理、能源、运输、化学品使用以及分包商要求方面的严格规定和准则，这些措施的严格程度甚至超越了挪威法律的要求。所以它们充分保障了奥斯陆的自然环境能够得到有效保护，使游客们的"绿色旅行"项目不是一句空话。

（三）发展绿色经济

挪威是全球石油出口最大的国家之一，但是在推动环保和低碳方面也是全球最积极的国家之一。为了推动绿色发展，挪威政府制定了多个绿色发展目标，以 1990 年为基准，到 2020 年碳排放要减排 30%，到 2030 年碳排放要减排 40%，计划在 2030 年成为碳中性国家，在 2050 年实现《巴黎气候协定》规定的碳零排放。但是对于企业来说，绿色环保往往意味着成本的增加，因此很多企业对政府提出来的举措并不十分热心。

对于如何处理好生态环境保护和市场的关系，挪威环境和气候部国务秘书罗特文滕（Sveinung Rotevatn）认为，挪威在这方面取得突破的关键是制定一套兼顾经济效益和环境友好的绿色解决方案。方案中规定，一方面政府必须采取更严格的监管政策，对于污染排放较大的企业要提高其排放成本，对于采取绿色解决方案的企业要增加其利润；另一方面，对于实施绿色解决方案的企业给予税收减免、政府采购等政策方面的支持，并在一定程度上给予资金支持，鼓励和引导企业向绿色发展方向转型。尽管挪威在低碳环保领域一直走在全球的前列，扮演"先锋"的角色，但罗特文滕也坦言，在推行低碳环保的过程中遇到的困难也非常大。比如挪威处于北极圈，冬天的日照时间短、气温低，对电动企业的电池要求非常高，电池很难长时间运行。与其他大多数国家相比，挪威的人口较少，人群的居住也比较分散，政府在推行低碳环保过程中为居民提供一定的补贴相对比较容易，但是在人口较多的国家复制这种经验也比较困难。罗特文滕说："如果挪威可以克服这些困难，其他国家应该有更多勇气面对气候变化的挑战。"

奥斯陆市也希望通过当选 2019 年"欧洲绿色之都"的契机，鼓励和动员市民和企业做出更加环保的选择，推动更多绿色环保的合作。奥斯陆市市长雷蒙德·约翰森说，奥斯陆市在治理水道环境、大幅减少排放、打造零排放交通系统等领域有较多尝试，应对气候变化是当今世界最大的挑战，希望全世界携起手来，共同应对气候挑战，推动绿色发展。

三　环境友好型城市建设对策建议

自 2014 年 3 月中共中央、国务院印发《国家新型城镇化规划（2014—2020 年）》以来，"绿色城镇"逐渐代替"环境友好"成为国家文件中的热搜词。因此本报告以绿色城市建设为目标，从国土空间规划、绿色交通、城市环境综合整治、公众绿色生活方式等方面，提出构建环境友好型城市的对策建议。

（一）完善国土空间规划

按照中共中央、国务院《关于进一步加强城市规划建设管理工作的若干意见》和《关于建立国土空间规划体系并监督实施的若干意见》等要求，开展资源环境承载能力和国土空间开发适宜性评价，分析区域资源禀赋与环境条件，明确城镇建设的最大合理规模和适宜空间，在此基础上开展国土空间规划。规划要结合《生态文明体制改革总体方案》等要求，将绿色发展

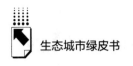

的理念融入规划全过程，从源头上促进绿色城市建设的有序开展。

1. 优化城市空间总体格局

落实国家主体功能区战略。以自然地理格局为基础，形成开放式、网络化、集约型、生态化的国土空间总体格局。明确自然保护地等生态重要和生态敏感地区，优先确定生态保护空间，构建重要生态屏障、廊道和网络，形成连续、完整、系统的生态保护格局和开敞的空间网络体系，维护生态安全和生物多样性；发掘本地自然和人文资源，系统保护自然景观资源和历史文化遗存，划定自然和人文资源的整体保护区域，彰显地方特色空间；明确战略性的预留空间，应对未来发展的不确定性。

2. 推进生态优先、绿色发展

基于资源环境承载能力和国土安全要求，明确重要资源利用上限，划定各类控制线，作为开发建设不可逾越的红线。落实生态保护红线、永久基本农田、城镇开发边界等划定要求，统筹划定"三条控制线"；按照以水定城、以水定地、以水定人、以水定产原则，优化生产、生活、生态用水结构和空间布局，建设节水型城市；优化能源结构，推动风、光、水、地热等本地清洁能源利用，提高可再生能源比例，建设低碳城市。

3. 提升空间结构的连通性

依据国土空间开发保护总体格局，注重城乡融合、产城融合，优化城市功能布局和空间结构，改善空间连通性和可达性，促进形成高质量发展的新增长点。明确综合交通系统发展目标，促进城市高效、安全、低能耗运行，优化综合交通网络，完善物流运输系统布局，促进新业态发展，增强区域、市域、城乡之间的交通服务能力；优化公交枢纽和场站（含轨道交通）布局与集约用地要求，提高站点覆盖率，鼓励站点周边地区土地混合使用，引导形成综合服务节点，满足服务于人的需求。

4. 推进国土整治修复与城市更新

在国土空间规划的基础上，进一步开展国土空间生态修复规划，并针对空间治理问题，分类开展整治、修复与更新，有序盘活存量，提高国土空间的品质和价值。贯彻山水林田湖草生命共同体理念，按照陆海统筹的原则，针对存在生态功能退化、生物多样性减少、水土污染、洪涝灾害、地质灾害等问题的区域，明确生态系统修复的目标、重点区域和重大工程，维护生态系统，改善生态功能；明确实施城市有机更新的重点区域，根据需要确定城市更新空间单元，结合城乡生活圈构建，注重补短板、强弱项，优化功能布局和开发强度，传承历史文化，提升城市品质和活力，避免大拆大建，保障公共利益。

5. 建立规划实施保障机制

强化规划的权威性。规划一经批复，任何部门和个人不得随意修改、违规变更，防止出现换一届党委和政府改一次规划的情况。下级国土空间规划要服从上级国土空间规划，相关专项规划、详细规划要服从总体规划；坚持先规划、后实施，不得违反国土空间规划进行各类开发建设活动。

（二）加快发展绿色交通

1. 优化运输结构

统筹交通基础设施布局。在国土主体功能区和生态功能保障基线要求下，进一步优化铁路、公路、水运、民航、邮政等规划布局，扩大铁路网覆盖面，加快完善公路网，大力推进内河高等级航道建设，统筹布局综合交通枢纽，完善港口、机场等重要枢纽集疏运体系，提升综合交通运输网络的组合效率。

优化旅客运输结构。推进铁路、公路、水运、民航等客运系统有机衔接和差异化发展，提升公共客运的舒适性和可靠性，吸引中短距离城际出行更多转向公共客运。加快构建以高速铁路和城际铁路为主体的大容量快速客运系统，形成与铁路、民航、水运相衔接的道路客运集疏网络，稳步提高铁路客运比重，逐步减少800公里以上道路客运班线。

改善货物运输结构。按照"宜水则水、宜陆则陆、宜空则空"的原则，研究制定相关政策，调整优化货运结构，促进不同运输方式各展其长、良性竞争、整体更优。提升铁路全程物流服务水平，理顺运价形成机制，提高疏港比例，发挥铁路在大宗物资远距离运输中的骨干作用。大力发展内河航

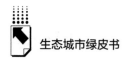

生态城市绿皮书

运，充分发挥水运占地少、能耗低、运能大等比较优势。逐步减少重载柴油货车在大宗散货长距离运输中的比重。

2. 创新运输组织

推广高效运输组织方式。大力发展多式联运、江海直达、滚装运输、甩挂运输、驼背运输等先进运输组织方式。依托铁路物流基地、公路港、沿海和内河港口等，推进多式联运型和干支衔接型货运枢纽（物流园区）建设。统筹农村地区交通、邮政、商务、供销等资源，推广"多站合一"农村物流节点建设，推广农村"货运班线"服务方式。积极推动快递"上车上船上飞机"，鼓励发展铁路快运产品。积极推进铁水联运示范工程，将集装箱铁水联运示范项目逐步扩大到内河主要港口。

提高物流信息化水平。鼓励"互联网＋"高效物流等业态创新，深入推进道路货运无车承运人试点，促进供需匹配，降低货车空驶率。推进国家交通运输物流公共信息平台建设，推动跨领域、跨运输方式、跨区域、跨国界的物流信息互联互通。

发展高效城市配送模式。加快推进城市绿色货运配送，优化城市货运和快递配送体系，在城市周边布局建设公共货运场站或快件分拨中心，完善城市主要商业区、校园、社区等末端配送节点设施，引导企业发展统一配送、集中配送、共同配送等集约化组织方式。鼓励发展智能快件箱等智能投递设施，积极协调公安等部门保障快递电动车辆依法依规通行。

3. 促进绿色出行

全面开展绿色出行行动。积极鼓励公众使用绿色出行方式，进一步提升公交、地铁等绿色低碳出行方式比重。加强自行车专用道和行人步道等城市慢行系统建设，改善自行车、步行出行条件。引导规范私人小客车合乘、互联网租赁自行车等健康发展。鼓励汽车租赁业向网络化、规模化发展，依托机场、火车站等客运枢纽发展"落地租车"服务，促进分时租赁创新发展。

深入实施公交优先战略。在大中城市全面推进"公交都市"建设，完善公共交通管理体制机制，加快推动城市轨道交通、公交专用道、快速公交系统等公共交通基础设施建设，强化智能化手段在城市公共交通管理中的应用。推进城际、城市、城乡、农村客运四级网络有序对接，鼓励城市公交线路向郊区延伸，扩大公共交通覆盖面。

加强绿色出行宣传和科普教育。启动全国绿色交通宣教行动，深入宣贯相关理念、目标和任务。开展绿色出行宣传月活动及"无车日"活动，制作发布绿色出行公益广告，让绿色交通发展人人有责，让绿色出行成为风尚。

4. 加强交通运输污染防治

强化船舶和港口污染防治。继续实施船舶排放控制区政策，适时研究建立排放要求更严、控制污染物种类更全、空间范围更大的排放控制区政策。大力推广靠港船舶使用岸电，推动码头、船舶、水上服务区待闸锚地等新改建岸电设施。全面推进港口油气回收系统建设，推动船舶改造加装尾气污染治理装备。全面推进大型煤炭、矿石码头堆场防风抑尘设施建设。全面推进港口船舶污染物接收设施建设，重点提升化学品洗舱水接收能力，并确保与城市公共转运、处理设施衔接。继续推进实施碧海行动计划。推动长江经济带内河船舶开展环保设施升级改造，推动建设长江经济带绿色航运发展先行示范区。

强化营运货车污染排放的源头管控。加快更新老旧和高能耗、高排放营运车辆，推广应用高效、节能、环保的车辆装备。强化运输过程的抑尘设施应用。制定实施汽车检测与维护（I/M）制度，确保在用车达到能耗和排放标准。采用多种技术手段，推进对营运车辆燃料消耗检测的监督管理。研究建立京津冀、长三角区域道路货运绿色发展综合示范区。倡导推广生态驾驶、节能操作、绿色驾培。积极推广绿色汽车维修技术，加强对废油、废水、废气的治理，提升汽车维修行业环保水平。

5. 交通基础设施生态保护工程

推进绿色基础设施创建。把生态保护理念贯穿到交通基础设施规划、设计、建设、运营和养护全过程，强力开展绿色铁路、绿色公路、绿色航道、绿色港口、绿色机场等创建活动。在铁路、公路沿线开展路域环境综合整

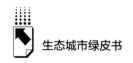
治。积极推行生态环保设计，倡导生态选线选址，严守生态保护红线。完善生态保护工程措施，合理选用降低生态影响的工程结构、建筑材料和施工工艺，尽量少填少挖，追求取弃平衡。落实生态补偿机制，降低交通建设造成的生态影响。

实施交通廊道绿化行动。落实国土绿化行动，大力推广公路边坡植被防护，在铁路、公路、航道沿江沿线大力开展绿化美化行动，提升生态功能和景观品质，支撑生态廊道构建。联合旅游等部门健全交通服务设施旅游服务功能，打造国家旅游风景道，促进交通旅游融合发展。

开展交通基础设施生态修复。针对早期建设不能满足生态保护要求的交通基础设施，推进生态修复工程建设。针对高寒高海拔、水源涵养生态功能区、水土流失重点治理区等重点生态功能区，结合国省道改扩建项目推进取弃土场生态恢复、动物通道建设和湿地连通修复。针对涉及自然保护区、世界自然文化遗产、风景名胜区的国省道改扩建项目，推进路域沿线生态改善和景观升级。

交通运输的改善在很大程度上对环境的发展起到了积极的作用，在一定程度上减少了对土地、能源等的消耗和破坏，降低了环境污染。在基础建设施工和运营过程中应该尽可能地减少对生态环境的影响，使交通运输与生态环境协调发展，人们的生活质量得以保证。在交通运输可持续发展过程中，要严格遵守交通规章制度，注重发展运输的同时更加强环境保护要求，使交通运输与环境科学协调发展。环境保护和交通运输可持续发展是 21 世纪经济社会发展的两大主题，交通运输与环境可持续性要求交通运输必须与环境保护相协调。所以、必须提出相关的对策减轻可能对环境产生的影响，以保证减少对环境的危害，保证人们的生活质量不受损害，真正起到方便人民、发展经济的作用。

（三）加强城市环境综合整治

1. 强化大气污染综合防治

加强工业企业大气污染综合治理，加大"散乱污"企业的整治力度，分类实施关停取缔、整合搬迁、整改提升等措施。对用地、工商手续不全并难以通过改造达标的企业进行关停，对可以达标改造的企业进行限期治理，强化工业企业无组织排放管理，推进挥发性有机物排放综合整治；大力推进散煤治理和煤炭消费减量替代，增加清洁能源使用，拓宽清洁能源消纳渠道，落实可再生能源发电全额保障性收购政策，加快实施北方地区冬季清洁取暖规划，推广清洁高效燃煤锅炉；统筹开展油、路、车治理和机动车船污染防治，严厉打击生产销售不达标车辆、排放检验机构检测弄虚作假等违法行为，加快淘汰老旧车，鼓励清洁能源车辆、船舶的推广使用；在城市功能疏解、更新和调整中，将腾退空间优先用于留白增绿，落实城市道路和城市范围内施工工地等的扬尘管控。

2. 强化水污染综合防治

加强城市水源地保护力度，实施水源水、出厂水、管网水、末梢水的全过程管理，划定集中式饮用水水源保护区，推进规范化建设，深化地下水污染防治；加强城市黑臭水体治理，实施城镇污水处理设施建设，补齐城镇污水收集和处理设施短板，实现污水管网全覆盖、全收集、全处理，加强城市初期雨水收集处理设施建设，有效减少城市面源污染。

3. 有序推进土壤污染防治

建立建设用地土壤污染风险管控和修复名录，列入名录且未完成治理修复的地块不得作为住宅、公共管理与公共服务用地；建立污染地块联动监管机制，将建设用地土壤环境管理要求纳入用地规划和供地管理，严格控制用地准入，强化暂不开发污染地块的风险管控；尽快实现所有城市和县城生活垃圾处理能力全覆盖，有序推进垃圾分类处理，推进垃圾资源化利用，大力发展垃圾焚烧发电；全面禁止洋垃圾入境，严厉打击走私，大幅减少固体废物进口种类和数量；开展"无废城市"试点，推动固体废物资源化利用。

（四）引导公众形成绿色生活方式

加强生态文明宣传教育，倡导简约适度、绿色低碳的生活方式。引导公众节约能源资源，合理设定空调温度，夏季不低于26℃，冬季不高于20℃，

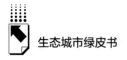

及时关闭电器电源，多走楼梯少乘电梯，一水多用，节约用纸，按需点餐不浪费；践行绿色消费，优先选择绿色产品，尽量购买耐用品，少购买使用一次性用品和过度包装商品，不跟风购买更新换代快的电子产品，外出自带购物袋、水杯等，闲置物品改造利用或交流捐赠；选择低碳出行，优先步行、骑行或公共交通出行，多使用共享交通工具，家庭用车优先选择新能源汽车或节能型汽车；分类投放垃圾，学习并掌握垃圾分类和回收利用知识，按标志单独投放有害垃圾，分类投放其他生活垃圾，不乱扔、乱放；减少污染产生，不焚烧垃圾、秸秆，少烧散煤，禁止燃放烟花爆竹，抵制露天烧烤，减少油烟排放，少用化学洗涤剂，少用化肥农药，避免噪声扰民；呵护自然生态，爱护山水林田湖草生态系统，积极参与义务植树，保护野生动植物，不破坏野生动植物栖息地，不随意进入自然保护区；参加环保实践，积极传播生态环境保护和生态文明理念，参加各类环保志愿服务活动，主动为生态环境保护工作提出建议；参与监督举报，遵守生态环境法律法规，履行生态环境保护义务，积极参与和监督生态环境保护工作，劝阻、制止或通过"12369"平台举报破坏生态环境及影响公众健康的行为；共建美丽中国，坚持简约适度、绿色低碳的生活与工作方式，自觉做生态环境保护的倡导者、行动者、示范者，共建天蓝、地绿、水清的美好家园。

G.4
绿色生产型城市建设评价报告

聂晓英　钱国权　袁春霞*

摘　要： 本报告构建了包括森林覆盖率、PM2.5等在内的19个绿色生
产型城市综合评价指标体系，包括14个用于评价生态城市健
康指数的核心指标和5个用于评价绿色生产型城市特色指数的
特色指标，计算得到中国284个城市的健康指数和特色指数，
最终得到绿色生产型城市综合指数并将计算结果进行排序。
重点分析了综合指数排在前100名城市的名次差异和区域差异
特征，在此基础上以绿色创新为主题，对绿色制度创新、绿
色技术创新和绿色文化创新的绿色生产实践进行探讨。

关键词： 绿色生产型城市　健康指数　城市建设评价

　　"绿色生产型城市"是指在城市建设发展过程中通过绿色创新，按照有
利于保护生态环境的原则来组织生产过程，创造出绿色产品，以满足绿色消
费，最终在城市中实现高经济增长、高人类发展、低生态足迹、低环境影响
的目标。①

---

* 聂晓英，博士，兰州城市学院副教授，主要研究方向为区域分析与规划管理；钱国权，甘
肃省人民政府参事室特约研究员，甘肃省城市发展研究院副院长，兰州城市学院地理与环
境工程学院党委书记，教授，人文地理学博士；袁春霞，博士，兰州城市学院副教授，主
要研究方向为遥感与 GIS 应用。

① 史宝娟、赵国杰：《城市循环经济系统评价指标体系与评价模型的构建研究》，《现代财经》
2007 年第 5 期。

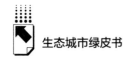

由于环境问题成为当今全球面临的一个重大发展问题，而绿色生产型城市是可持续发展理念的具体实践，在发展过程中强调绿色生产理念，有助于推动当前国家提倡的生态文明建设进程，明确解决突出环境问题的任务。在这一重大问题的解决中，绿色创新是其主要途径。由于环境问题的公共性，绿色创新受到了政府、企业和学术界等各行各业的共同关注，内容主要包括绿色制度创新、绿色技术创新和绿色文化创新。其中绿色制度创新实践包括相关规划和政策的出台、重大科研项目的支持、相关规定的实施三个方面；绿色技术创新实践包括科学研究和科研管理的完善、国家级生态工业园区建设、国际合作与交流三个方面；绿色文化创新实践主要包括绿色文化理念、功能、制度、产业四个方面。

一 绿色生产型城市评价报告

（一）绿色生产型城市评价指标体系

绿色生产型城市作为生态城市的一种类型，既具有生态城市的基本特征，又具有绿色生产型城市的特殊性，因此，我们构建的绿色生产型城市评价指标体系包括两部分，一部分为反映生态城市共性的 14 项核心指标，另一部分为反映绿色生产型城市特性的 5 项特色指标（见表 1）。

（二）绿色生产型城市的评价方法及评价范围

1. 绿色生产型城市评价数据来源及评价方法

用于绿色生产型城市评价的数据主要来自中国环境年鉴、中国城市统计年鉴、当地统计年鉴和当地环境公报、社会发展报告等。绿色生产型城市的评价方法与中国生态城市健康状况评价报告中所使用的方法一致。

2. 绿色生产型城市的评价范围及时间

根据绿色生产型城市评价指标体系，本报告采用 2018 年的统计数据以地级市为基本评价单元，对中国绿色生产型城市进行评价，因思茅市和巢湖市

表1　绿色生产型城市评价指标体系

一级指标	核心指标				特色指标	
	二级指标	序号	三级指标		序号	四级指标
绿色生产型城市综合指数	生态环境	1	森林覆盖率[建成区人均绿地面积(平方米)].		15	主要清洁能源使用率[主要清洁能源使用总量/综合能耗(%)]
		2	PM2.5[空气质量优良天数(天)]			
		3	河湖水质[人均用水量(吨)]			
		4	单位GDP工业二氧化硫排放量(千克/万元)		16	单位GDP用水变化量(米³/元)
		5	生活垃圾无害化处理率(%)			
	生态经济	6	单位GDP综合能耗(吨标准煤/万元)			
		7	一般工业固体废物综合利用率(%)		17	单位GDP二氧化硫排放量(千克/万元)
		8	R&D经费占GDP比重(%)[科学技术支出和教育支出的经费总和占GDP比重(%)]			
		9	信息化基础设施[互联网宽带接入用户数(万户)/城市年末总人口(万人)]			
		10	人均GDP(元)			
	生态社会	11	人口密度(人/公里²)		18	单位GDP综合能耗(吨标准煤/万元)
		12	生态环保知识、法规普及率,基础设施完好率(%)[水利、环境和公共设施管理业全市从业人员数(万人)/城市年末总人口(万人)]			
		13	公众满意程度[民用车辆数(辆)/城市道路长度(公里)]		19	一般工业固体废物综合利用率(%)
		14	政府投入与建设效果[市政公用设施建设固定资产投资(万元)/城市GDP(万元)]			

注:当年发生重大污染事故的城市在总指数中扣除5%~7%。

部分数据缺失,实际参与评价的城市数量为284个。根据计算结果,重点对2018年绿色生产型综合指数前100名的城市进行对比分析。

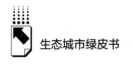

（三）绿色生产型城市评价与分析

通过对14项核心指标和5项特色指标的计算，我们得到了284个城市2018年生态城市健康指数和绿色生产型城市的特色指数，将这两个指数进行综合计算后得到绿色生产型城市综合指数。将综合指数位于前100名城市的3项指数和5个特色指标进行排名，结果见表2。

1. 2018年绿色生产型城市建设评价与分析

由计算结果可以看出，2018年绿色生产型城市综合指数排在前10位的城市分别是三亚市、厦门市、海口市、北京市、杭州市、上海市、珠海市、南昌市、深圳市和广州市。

三亚市排名第1，其综合指数得分为0.8461；生态城市健康指数为0.9177，排名第2；特色指数为0.6424，排名第3，说明这一年度三亚市在生态城市建设方法取得了卓越成效，但绿色生产实施效果并不理想，具体表现为特色指标中一般工业固体废物综合利用率、主要清洁能源使用率和单位GDP综合能耗分别排名第1、第6、第10，但是单位GDP用水变化量、单位GDP二氧化硫排放变化量分别排在了第91名和第246名，说明2018年三亚市的节水措施和二氧化硫治理措施有待继续加强，尤其是二氧化硫治理措施需要进一步提升。

厦门市排名第2，综合指数得分为0.8182，其健康指数排名第1，得分为0.9187，但是其特色指数排名第76，特色指数远落后于健康指数，说明厦门市生态城市建设情况良好，但其绿色生产实践需要加强。5项绿色生产型城市特色指标中，主要清洁能源使用率和单位GDP综合能耗排名情况较好，分别排名第86和第37；而单位GDP用水变化量和单位GDP二氧化硫排放变化量排名较靠后，分别排名第264和第238，因此厦门市在绿色生产实践过程中要注重水资源利用效率的提高，同时严格控制二氧化硫的排放量。

海口市排名第3，综合指数得分为0.8088，其健康指数和特色指数分别排名第3和第53，生态城市建设实践要优于绿色生产实践。5项特色指标中

表2 2018年绿色生产型城市综合指数排名前100城市

城市	绿色生产型城市综合指数（19项指标结果）		生态城市健康指数（14项指标结果）		绿色生产型城市特色指数（5项指标结果）		特色指标单项排名				
	得分	排名	得分	排名	得分	排名	主要清洁能源使用率（%）	单位GDP用水变化量（米³/万元）	单位GDP二氧化硫排放变化量（千克/万元）	单位GDP综合能耗（吨标准煤/万元）	一般工业固体废物综合利用率（%）
三亚	0.8461	1	0.9177	2	0.6424	3	6	91	246	10	1
厦门	0.8182	2	0.9187	1	0.5325	76	86	264	238	37	128
海口	0.8088	3	0.8984	3	0.5537	53	59	252	243	19	129
北京	0.8086	4	0.8612	14	0.6589	1	2	283	245	1	195
杭州	0.8022	5	0.8858	6	0.5643	39	31	267	229	12	130
上海	0.7981	6	0.8795	8	0.5661	35	33	262	244	30	92
珠海	0.7977	7	0.8927	4	0.5274	84	60	284	273	31	101
南昌	0.7910	8	0.8705	10	0.5646	38	67	222	269	2	102
深圳	0.7894	9	0.8873	5	0.5106	122	29	269	247	13	231
广州	0.7861	10	0.8819	7	0.5133	113	121	273	264	32	153
宁波	0.7815	11	0.8575	15	0.5654	36	54	180	217	48	76
黄山	0.7782	12	0.8418	18	0.5973	13	57	97	180	4	40
青岛	0.7774	13	0.8766	9	0.4948	142	220	255	241	72	94
镇江	0.7749	14	0.8385	23	0.5939	19	21	165	209	14	63
福州	0.7744	15	0.8524	16	0.5526	58	98	156	204	45	55
南通	0.7727	16	0.8389	22	0.5844	23	64	115	199	5	72
合肥	0.7703	17	0.8398	21	0.5727	31	47	184	224	6	126
南宁	0.7702	18	0.8633	13	0.5054	134	184	245	235	128	20
武汉	0.7698	19	0.8670	12	0.4931	143	224	268	228	122	41

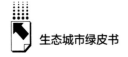

续表

城市	绿色生产型城市综合指数（19项指标结果）		生态城市健康指数（14项指标结果）		绿色生产型城市特色指数（5项指标结果）		特色指标单项排名				
	得分	排名	得分	排名	得分	排名	主要清洁能源使用率（%）	单位GDP用水变化量（米³/元）	单位GDP二氧化硫排放变化量（千克/万元）	单位GDP综合能耗（吨标准煤/万元）	一般工业固体废物综合利用率（%）
舟山	0.7661	20	0.8705	11	0.4690	168	279	247	225	67	119
天津	0.7613	21	0.8345	25	0.5532	55	63	274	234	38	29
江门	0.7609	22	0.8072	39	0.6289	6	10	62	149	46	19
绍兴	0.7571	23	0.8282	28	0.5548	52	69	128	206	123	90
南京	0.7562	24	0.8487	17	0.4928	145	191	257	239	102	124
长春	0.7546	25	0.8414	19	0.5074	127	171	240	232	33	146
大连	0.7533	26	0.8412	20	0.5033	136	174	248	194	99	107
成都	0.7529	27	0.8282	27	0.5386	72	62	221	265	23	186
苏州	0.7510	28	0.8226	30	0.5472	65	91	141	165	105	85
温州	0.7500	29	0.8003	45	0.6069	11	24	89	197	16	33
威海	0.7464	30	0.8379	24	0.4860	156	262	201	218	89	120
佛山	0.7436	31	0.8105	36	0.5532	54	35	260	270	34	148
景德镇	0.7432	32	0.7950	48	0.5956	15	23	86	86	42	117
哈尔滨	0.7426	33	0.8319	26	0.4884	151	231	242	200	112	114
常州	0.7385	34	0.8090	37	0.5376	73	85	270	227	90	3
北海	0.7383	35	0.8179	32	0.5115	119	158	256	219	116	53
汕头	0.7379	36	0.7876	51	0.5965	14	8	265	277	28	66

续表

城市	绿色生产型城市综合指数（19项指标结果）		生态城市健康指数（14项指标结果）		绿色生产型城市特色指数（5项指标结果）		特色指标单项排名				
	得分	排名	得分	排名	得分	排名	主要清洁能源使用率（%）	单位GDP用水变化量（米³/万元）	单位GDP二氧化硫排放变化量（千克/万元）	单位GDP综合能耗（吨标准煤/万元）	一般工业固体废物综合利用率（%）
台州	0.7374	37	0.7873	52	0.5953	16	28	119	188	15	74
绵阳	0.7367	38	0.8016	44	0.5520	60	89	167	275	60	42
莆田	0.7342	39	0.8085	38	0.5225	91	102	254	231	56	138
秦皇岛	0.7339	40	0.8114	35	0.5132	114	52	189	163	166	169
鹰潭	0.7317	41	0.7826	58	0.5871	21	36	112	120	7	140
肇庆	0.7317	42	0.7872	53	0.5737	30	56	123	139	69	60
蚌埠	0.7312	43	0.7795	59	0.5939	18	53	45	196	20	113
广元	0.7309	44	0.7827	57	0.5835	24	42	105	150	73	11
重庆	0.7303	45	0.8162	33	0.4859	157	80	278	262	70	216
西安	0.7295	46	0.8037	43	0.5183	99	30	250	242	36	219
金华	0.7288	47	0.7681	73	0.6169	9	16	64	93	40	43
连云港	0.7270	48	0.7957	47	0.5316	77	123	170	143	107	81
贵阳	0.7270	49	0.8235	29	0.4523	192	130	220	112	114	242
济南	0.7269	50	0.8068	40	0.4997	139	193	258	215	61	108
东莞	0.7262	51	0.7828	56	0.5652	37	5	275	259	43	199
扬州	0.7250	52	0.7865	54	0.5499	62	103	239	233	9	62
抚州	0.7248	53	0.7645	75	0.6118	10	51	31	97	18	2

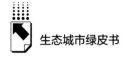

续表

城市	绿色生产型城市综合指数（19项指标结果）		生态城市健康指数（14项指标结果）		绿色生产型城市特色指数（5项指标结果）		特色指标单项排名				
	得分	排名	得分	排名	得分	排名	主要清洁能源使用率（%）	单位GDP用水变化量（米³/万元）	单位GDP二氧化硫排放变化量（千克/万元）	单位GDP综合能耗（吨标准煤/万元）	一般工业固体废物综合利用率（%）
烟台	0.7242	54	0.8003	46	0.5076	126	104	203	179	62	197
十堰	0.7234	55	0.8142	34	0.4648	173	230	162	212	163	156
长沙	0.7228	56	0.8051	42	0.4885	149	221	243	240	52	150
沈阳	0.7224	57	0.8225	31	0.4374	213	225	263	190	174	170
株洲	0.7211	58	0.7940	49	0.5135	111	233	93	127	130	98
嘉兴	0.7186	59	0.7628	76	0.5926	20	32	78	100	103	18
中山	0.7162	60	0.7770	61	0.5431	69	50	276	260	41	133
无锡	0.7143	61	0.7754	63	0.5405	71	93	191	181	66	104
湖州	0.7139	62	0.7628	77	0.5746	28	41	153	115	104	10
赣州	0.7136	63	0.7523	83	0.6034	12	40	33	61	22	132
惠州	0.7109	64	0.7900	50	0.4858	158	128	159	254	181	103
芜湖	0.7107	65	0.7688	71	0.5452	68	55	197	162	29	182
郑州	0.7062	66	0.7690	70	0.5277	82	70	212	211	39	190
张家界	0.7052	67	0.7700	68	0.5208	94	205	144	187	84	8
乌鲁木齐	0.7025	68	0.7841	55	0.4700	166	19	271	153	230	136
柳州	0.7012	69	0.8066	41	0.4015	230	278	51	198	252	89
龙岩	0.7012	70	0.7695	69	0.5070	128	216	177	184	121	45

续表

城市	绿色生产型城市综合指数（19项指标结果）		生态城市健康指数（14项指标结果）		绿色生产型城市特色指数（5项指标结果）		特色指标单项排名				
	得分	排名	得分	排名	得分	排名	主要清洁能源使用率（%）	单位GDP用水变化量（米³/元）	单位GDP二氧化硫排放变化量（千克/万元）	单位GDP综合能耗（吨标准煤/万元）	一般工业固体废物综合利用率（%）
西宁	0.7003	71	0.7684	72	0.5063	133	4	186	255	267	77
丽水	0.7001	72	0.7285	104	0.6192	8	18	66	70	21	30
泸州	0.7001	73	0.7601	80	0.5292	81	107	132	148	156	48
鹤岗	0.6983	74	0.7716	65	0.4899	148	108	21	43	231	123
自贡	0.6971	75	0.7656	74	0.5022	137	228	229	221	81	47
盐城	0.6921	76	0.7552	82	0.5123	116	186	202	159	117	36
防城港	0.6914	77	0.7725	64	0.4603	180	122	261	129	199	88
遂宁	0.6890	78	0.7474	85	0.5226	90	169	103	267	71	131
兰州	0.6882	79	0.7711	66	0.4520	193	83	232	226	236	57
辽源	0.6874	80	0.7485	84	0.5135	110	157	280	171	57	32
桂林	0.6864	81	0.7298	101	0.5628	41	111	54	137	59	93
鸡西	0.6857	82	0.7559	81	0.4857	159	206	6	40	210	187
九江	0.6857	83	0.7602	79	0.4736	165	116	140	138	97	235
泉州	0.6856	84	0.7392	91	0.5334	75	165	124	152	76	56
淮安	0.6856	85	0.7468	86	0.5116	118	179	241	189	85	35
宜春	0.6833	86	0.7051	131	0.6215	7	71	17	5	92	12
泰州	0.6812	87	0.7370	95	0.5224	92	135	224	205	68	105

续表

城市	绿色生产型城市综合指数（19项指标结果）		生态城市健康指数（14项指标结果）		绿色生产型城市特色指数（5项指标综合结果）		特色指标单项排名				
	得分	排名	得分	排名	得分	排名	主要清洁能源使用率（%）	单位GDP用水变化量（米³/元）	单位GDP二氧化硫排放变化量（千克/万元）	单位GDP综合能耗（吨标准煤/万元）	一般工业固体废物综合利用率（%）
东营	0.6806	88	0.7384	94	0.5160	105	115	246	279	113	116
牡丹江	0.6795	89	0.7213	112	0.5606	45	263	1	106	108	212
吉安	0.6790	90	0.6902	153	0.6471	2	22	24	24	3	34
钦州	0.6779	91	0.7307	99	0.5274	83	152	154	191	115	46
盘锦	0.6776	92	0.7754	62	0.3992	234	223	281	214	217	162
滁州	0.6767	93	0.6913	149	0.6350	4	9	38	105	44	75
潮州	0.6763	94	0.7212	113	0.5485	63	11	219	258	189	22
开封	0.6755	95	0.7156	118	0.5613	44	105	60	207	51	112
宣城	0.6730	96	0.7052	130	0.5814	26	44	100	63	80	80
漯河	0.6730	97	0.7282	105	0.5158	106	236	109	220	109	15
拉萨	0.6713	98	0.7706	67	0.3888	238	168	28	236	119	283
克拉玛依	0.6709	99	0.7786	60	0.3643	259	259	230	183	272	65
南充	0.6703	100	0.7431	88	0.4630	178	214	69	266	77	234

主要清洁能源使用率和单位 GDP 综合能耗排名较为靠前，分别排名第 59 和第 19，单位 GDP 二氧化硫排放变化量和单位 GDP 用水变化量排名情况较差，分别排名第 243 和第 252，今后应加大二氧化硫治理力度，严格控制其排放量，水资源的利用效率也有待改善。

北京市综合排名第 4，综合指数得分为 0.8086，健康指数排在第 14 位，特色指数排名第 1，特色指数排名高于健康指数，说明北京市在绿色生产实践方面取得了较好成绩，为全国其他城市提供了参考经验。5 项特色指标中主要清洁能源使用率和单位 GDP 综合能耗分别排名第 2 和第 1，但一般工业固体废物综合利用率、单位 GDP 二氧化硫排放变化量和单位 GDP 用水变化量排名靠后，分别排名第 195、第 245 和第 283，所以北京市今后在绿色生产实践中应重点控制二氧化硫排放量，提高一般工业固体废物和水资源综合利用率，号召全民增强节水意识。

杭州市综合排名第 5，综合指数得分为 0.8022，健康指数排名第 6，特色指数排名第 39，健康指数排名优于特色指数，说明杭州市生态城市建设取得了较好的成效，绿色生态实践则有待加强。就 5 项特色指标而言，主要清洁能源使用率和单位 GDP 综合能耗排名比较靠前，分别排名第 31 和第 12，但是单位 GDP 用水变化量和单位 GDP 二氧化硫排放变化量排名相对靠后，分别排名第 267 和第 229，因此杭州市今后的发展重点应关注水资源综合利用率的提高和二氧化硫排放量的控制。

上海市综合排名第 6，综合指数为 0.7981，其健康指数和特色指数分别为 0.8795 和 0.5661，分别排名第 8 和第 35，特色指数稍落后于健康指数，说明上海市生态城市建设和绿色生产实践均较好。5 项特色指标中，主要清洁能源使用率、单位 GDP 综合能耗和一般工业固体废物综合利用率排名均比较好，排名较差的是单位 GDP 用水变化量和单位 GDP 二氧化硫排放变化量，说明上海市在绿色生产实践方面取得较好的成绩，但仍需加强水资源利用效率的提高并严格控制二氧化硫的排放量。

珠海市综合排名第 7，综合指数得分为 0.7977，健康指数和特色指数得分分别为 0.8927 和 0.5274，排名分别为第 4 和第 84，特色指数排名落后于

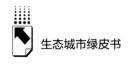

健康指数，说明珠海市在生态城市建设方面成效较好，需加强绿色生产实践的建设。5项特色指标中，主要清洁能源使用率和单位GDP综合能耗排名较好，排名较差的是单位GDP用水变化量和单位GDP二氧化硫排放变化量。说明珠海市在开展绿色生产实践过程中应重点控制单位GDP二氧化硫排放量，并加强水资源利用效率的提高。

南昌市综合排名第8，综合指数得分为0.7910，其健康指数和特色指数分别排名第10和第38，特色指数稍落后于健康指数，但总体而言，南昌市的生态城市建设和绿色生产实践实施情况良好。5项特色指标中，排名最好的是单位GDP综合能耗，排名第2；其次是主要清洁能源使用率，排名第67。排名较差的是单位GDP用水变化量和单位GDP二氧化硫排放变化量，分别排名第222和第269，因此南昌市在绿色生产实践实施过程中应严格控制二氧化硫排放量，提高水资源的综合利用率。

深圳市综合排名第9，综合指数得分为0.7894，健康指数为0.8873，排名第5，但是特色指数排名较为落后，排名第122，说明深圳市的绿色生产实践有待加强。5项特色指标中，主要清洁能源使用率和单位GDP综合能耗排名较好，分别排第29和第13，但是单位GDP用水变化量、单位GDP二氧化硫排放变化量和一般工业固体废物综合利用率排名分别为第269、第247和第231，较为落后。说明深圳市在开展绿色生产实践时，应注重控制二氧化硫排放量及提高水资源和一般工业固体废物的综合利用率。

广州市综合排名第10，综合指数得分为0.7861，健康指数排名第7，特色指数排名第113，特色指数较落后于健康指数。5项绿色生产型城市特色指标中排名较好的是单位GDP综合能耗，其他指标包括一般工业固体废物综合利用率、单位GDP用水变化量、单位GDP二氧化硫排放变化量和主要清洁能源使用率排名较为落后。因此广州市在开展绿色生产实践过程中的主要任务，是降低二氧化硫排放量并提高主要清洁能源、水资源和一般工业固体废物的综合使用率。

就特色指标而言，主要清洁能源使用率较高，排名前10的城市分别是滨州市、北京市、乌兰察布市、西宁市、东莞市、三亚市、阳泉市、汕头市、滁州市和江门市；主要清洁能源使用率较低，排名后 10 的城市分别是贵港市、茂名市、襄樊市、柳州市、舟山市、朔州市、徐州市、赤峰市、白山市和铁岭市。排名落后的城市可向排名较高的城市借鉴经验，提高主要清洁能源使用率。单位 GDP 用水变化量降低较多，排名前 10 的城市分别是牡丹江市、黑河市、铁岭市、阜新市、双鸭山市、鸡西市、丹东市、邵阳市、四平市和运城市；单位 GDP 用水变化量降低较少，排名后 10 的城市分别是东莞市、中山市、嘉峪关市、重庆市、遵义市、辽源市、盘锦市、铜川市、北京市和珠海市，这些城市在降低单位 GDP 用水变化量方面可向排名前 10 的城市借鉴成功经验。单位 GDP 二氧化硫排放变化量降低较多，排名前 10 的城市分别是吕梁市、六盘水市、渭南市、阜新市、宜春市、乌兰察布市、吴忠市、忻州市、朝阳市和云浮市；单位 GDP 二氧化硫排放变化量降低较少，排名后 10 的城市分别是绵阳市、巴中市、汕头市、湛江市、东营市、商洛市、雅安市、白银市、中卫市和攀枝花市，二氧化硫排放变化量的降低对于绿色生产实践的实施意义重大，因此排名靠后的城市应积极向排名靠前的城市吸取成功经验。单位 GDP 综合能耗较低，排名前 10 的城市分别是北京市、南昌市、吉安市、黄山市、南通市、合肥市、鹰潭市、宿迁市、扬州市和三亚市；单位 GDP 综合能耗较高，排名后 10 的城市分别是吕梁市、百色市、银川市、莱芜市、运城市、石嘴山市、乌海市、赤峰市、中卫市和嘉峪关市。排名靠后的城市需向排名靠前的城市借鉴经验，提高单位 GDP 综合能耗。一般工业固体废物综合利用率较高，排名前 10 的城市分别是三亚市、抚州市、常州市、眉山市、枣庄市、咸宁市、渭南市、张家界市、南平市和湖州市；一般工业固体废物综合利用率较低，排名后 10 的城市分别是百色市、双鸭山市、呼伦贝尔市、抚顺市、金昌市、上饶市、伊春市、陇南市、拉萨市和商洛市。排名靠后的城市在提高一般工业固体废物综合利用率方面，可向排名靠前的城市借鉴经验。

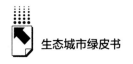
2. 2018年绿色生产型城市区域分布

对综合指数进入前100名的绿色生产型城市，按照其隶属的行政区域进行分类（见表3）。

表3　2018年绿色生产型城市综合指数排名前100名城市分布

单位：个

地区	参评数量	前100名的绿色生产型城市	
		名称	数量
华北	32	北京、天津、秦皇岛	3
华东	78	济南、南京、杭州、上海、南昌、合肥、福州、台州、烟台、威海、青岛、东营、南通、盐城、镇江、扬州、泰州、滁州、蚌埠、淮安、连云港、九江、温州、宁波、舟山、绍兴、嘉兴、湖州、苏州、无锡、丽水、鹰潭、金华、黄山、景德镇、宣州、常州、芜湖、厦门、泉州、莆田、龙岩、赣州、抚州、吉安、宜春	46
中南	79	郑州、开封、漯河、十堰、潮州、广州、南宁、海口、长沙、武汉、张家界、柳州、桂林、株洲、深圳、汕头、惠州、北海、钦州、珠海、中山、江门、佛山、东莞、肇庆、三亚、防城港	27
西南	31	重庆、成都、贵阳、拉萨、泸州、南充、广元、自贡、遂宁、绵阳	10
西北	30	西安、兰州、西宁、乌鲁木齐、克拉玛依	5
东北	34	沈阳、大连、盘锦、长春、辽源、哈尔滨、鸡西、鹤岗、牡丹江	9

由表3可以看出，2018年参与绿色生产型城市评价的284个城市中，中南地区和华东地区参评城市分别为79个和78个，占到参评总数的27.82%和27.46%，是六个区域中参评数量最多的两个区域，这与其作为中国城市集中分布区有密切关系。分析进入前100名的城市，其中华东地区有46个，占到其参评总数的58.97%，中南地区只有27个，占到其参评总数的34.18%。说明华东地区因地处东南沿海，地理位置优越，绿色生产水平在全国具有明显优势，中南地区与其相比还有一定差距，但相较于2017年，中南地区进入前100位的城市数量有所增加，说明中南地区绿色生产实践取得了一定进步。

华北地区参评城市有32个，西南地区参评城市有31个，西北地区参评城市有30个，东北地区参评城市有34个，四个区域参评城市数量基本相当，这与其深居内陆，城市发展水平与东南沿海相比相对落后有关。绿色生

表 4　2018 年绿色生产型城市综合指数前 100 名城市分布

三亚市	1	大连市	26	东莞市	51	盐城市	76
厦门市	2	成都市	27	扬州市	52	防城港市	77
海口市	3	苏州市	28	抚州市	53	遂宁市	78
北京市	4	温州市	29	烟台市	54	兰州市	79
杭州市	5	威海市	30	十堰市	55	辽源市	80
上海市	6	佛山市	31	长沙市	56	桂林市	81
珠海市	7	景德镇市	32	沈阳市	57	鸡西市	82
南昌市	8	哈尔滨市	33	株洲市	58	九江市	83
深圳市	9	常州市	34	嘉兴市	59	泉州市	84
广州市	10	北海市	35	中山市	60	淮安市	85
宁波市	11	汕头市	36	无锡市	61	宜春市	86
黄山市	12	台州市	37	湖州市	62	泰州市	87
青岛市	13	绵阳市	38	赣州市	63	东营市	88
镇江市	14	莆田市	39	惠州市	64	牡丹江市	89
福州市	15	秦皇岛市	40	芜湖市	65	吉安市	90
南通市	16	鹰潭市	41	郑州市	66	钦州市	91
合肥市	17	肇庆市	42	张家界市	67	盘锦市	92
南宁市	18	蚌埠市	43	乌鲁木齐市	68	滁州市	93
武汉市	19	广元市	44	柳州市	69	潮州市	94
舟山市	20	重庆市	45	龙岩市	70	开封市	95
天津市	21	西安市	46	西宁市	71	宣城市	96
江门市	22	金华市	47	丽水市	72	漯河市	97
绍兴市	23	连云港市	48	泸州市	73	拉萨市	98
南京市	24	贵阳市	49	鹤岗市	74	克拉玛依市	99
长春市	25	济南市	50	自贡市	75	南充市	100

产综合指数排名前 100 名的城市中，西南地区和东北地区分别有 10 个和 9 个，占到各自区域的 32.26% 和 26.47%；华北地区有 3 个，西北地区有 5 个，分别占到所属区域参评城市数量的 9.38%、16.67%。由此可见，华北地区和西北地区在绿色生产型城市建设方面相对落后，今后应从农业、工业和服务业等多个领域全面推行绿色生产，降低能源资源的使用率，提高生产效率，减少污染物排放量。

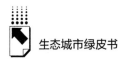

3. 绿色生产型城市比较分析

（1）2015～2018 年部分绿色生产型城市综合指数排名比较分析

为了分析绿色生产型城市综合指数排名在不同年份的变化情况，表 5 对 2015 年前 20 名绿色生产型城市在 2016 年、2017 年、2018 年的排名变化情况进行了比较。

表 5　2015～2018 年部分绿色生产型城市综合指数排名比较

城市	珠海	厦门	三亚	舟山	天津	深圳	广州	惠州	汕头	镇江
排名（2015）	1	2	3	4	5	6	7	8	9	10
排名（2016）	2	3	1	9	5	28	10	8	15	15
排名（2017）	2	1	3	13	20	7	9	22	38	18
排名（2018）	7	2	1	20	21	9	10	64	36	14
城市	福州	西安	海口	苏州	合肥	重庆	黄山	南昌	上海	青岛
排名（2015）	11	12	13	14	15	16	17	18	19	20
排名（2016）	14	35	6	40	18	25	13	4	16	36
排名（2017）	14	37	8	31	26	33	12	6	4	15
排名（2018）	15	46	3	28	17	45	12	8	6	13

从表 5 中可以看出，珠海市、厦门市和三亚市 2015～2017 年排名虽有所变化，但始终保持在前 3 位，2018 年珠海市排名第 7，说明这 3 个城市生态城市建设和绿色生产实施卓有成效；排名保持稳定的城市包括深圳市、广州市、福州市、合肥市、镇江市；排名有所上升的城市包括海口市、黄山市、南昌市、上海市和青岛市；排名出现下降的城市包括舟山市、天津市、惠州市、汕头市、西安市、苏州市和重庆市。

（2）2015～2018 年前 100 名绿色生产型城市区域分布比较分析

为了分析绿色生产型城市综合指数排名在不同区域的变化情况，图 1 对 2015～2018 年中国绿色生产型城市综合指数前 100 名区域分布变化进行了比较。

从图 1 可以看出，2015～2018 年进入前 100 名的绿色生产型城市数量变化不大。华北地区前三年没有变化，均为 5 个，2018 年为 3 个，分别是

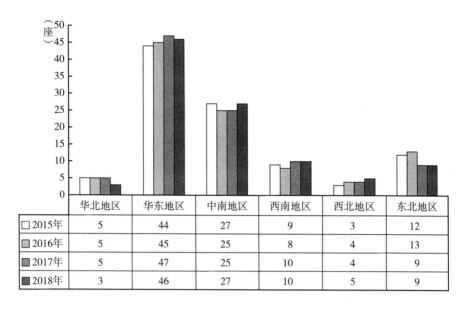

	华北地区	华东地区	中南地区	西南地区	西北地区	东北地区
□2015年	5	44	27	9	3	12
▨2016年	5	45	25	8	4	13
▩2017年	5	47	25	10	4	9
■2018年	3	46	27	10	5	9

图1　2015～2018年中国绿色生产型城市综合指数前100名区域分布变化

北京、天津和秦皇岛；华东地区由2015年的44个变为2018年的46个；西南地区四年间增加了1个；中南地区的城市数2015年和2018年均为27个；西北地区城市数量2015年至2018年增加了2个；东北地区城市数量有所减少，四年间城市数量分别为12个、13个、9个和9个。

二　绿色生产型城市建设的实践与探索

随着中国经济由高速发展向高质量发展转变，资源短缺、环境污染、经济下行等问题日益凸显，绿色发展作为高质量发展的重要内涵得到政府部门的重视，党的十八届五中全会明确提出"创新、协调、绿色、开放、共享"的新发展理念，"十三五"规划也指出必须牢固树立和贯彻落实新发展理念，党的十九大报告中也强调必须坚定不移贯彻新发展理念。在此背景下，如何发展绿色技术、绿色制度以及绿色文化，实现中国经济向绿色低碳转型，是解决当前环境保护与经济发展冲突的关键。为实现生态环境保护和加快经济绿色转型，国家提出建设市场导向型绿色创新体系的战略构想，将绿

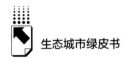
色创新作为新时代可持续发展理念作用下破解环境保护与经济发展"囚徒困境"的主要途径。绿色创新具有绿色发展和创新驱动的双重属性，成为推动我国区域经济绿色发展的重要引擎。

（一）绿色制度创新的建设实践

对生态环境的保护，从制度上进行约束是必不可少的做法，因此绿色制度创新也为绿色创新的发展做出了贡献。改革开放以来，我国不断推出促进绿色创新的政府规划和政策，绿色技术产业化发展取得了巨大成效。

1. 政府不断出台相关规划和政策来指导绿色创新实践

1983 年，我国在实施科技攻关计划时将绿色环保科技纳入其中。1986年，国务院发布了《关于防治水污染技术政策的规定》《环境保护技术政策要点》两项政策，意味着绿色环保科技成果在我国环境管理中将发挥重要作用。1990 年，国务院又出台了《关于进一步加强环境保护工作的决定》《积极发展环境保护产业的若干意见》，进一步明确了使绿色技术创新的任务，同时还推动了绿色技术产业化的步伐。1992 年，我国第三次全国环保科技工作会议召开，颁布了《国家环境保护科技发展"九五"计划和到 2010 年长期规划》，明确提出要缓解人口、资源、环境等带来的制约。1994 年，为了回应联合国倡导的《21 世纪议程》，指导我国可持续发展的纲领性文件《中国 21 世纪议程——中国 21 世纪人口、环境与发展》白皮书出台。1996 年，《中国跨世纪绿色工程规划》中将煤炭、电力和石油天然气等行业确定为我国环保重点领域、绿色技术创新的重点突破领域。2004 年，政府工作报告中首次提出"大力发展循环经济，推行清洁生产"，绿色技术创新迎来了更有利的发展环境。2011 年，国务院印发了《"十二五"节能减排综合性工作方案》，2016 年国务院出台了《"十三五"节能减排综合性工作方案》，这两项方案提出了节能减排总体要求和主要目标，为我国绿色技术创新指明了方向。2018 年，我国第一部专门体现"绿色税制"的《中华人民共和国环境保护税法》正式施行；《生态环境损害赔偿制度改革方案》、新修订的《中华人民共和国水污染防治法》

等多个环保新政的落地实施也倒逼企业不断采用绿色技术节能减排，转型升级。

2. "攻关计划"、"863计划"和重点研发计划等推动重大绿色创新

2014年，《国家科技支撑计划项目》完成"京津冀环境空气质量监测预报及防控技术研究与示范"和"村镇生活垃圾处理与资源化利用关键技术研究与示范"的"攻关计划"立项工作，对绿色技术创新起到重要的引领、推动和保障作用。"863计划"中的代表性项目如2000年的"镍氢电池产业化开发"项目，该项目申请了35项专利；开发成功9个系列、32个规格的镍氢电池产品和部分方形动力电池组，显著提高了我国绿色环保电池的技术水平。2014年科技部整合形成国家重点研发计划，其中"新能源汽车"重点专项以高达8.2亿元居总经费榜首，这将对我国新能源汽车相关绿色技术创新的发展起到有效促进和保障作用。

3. 通过一系列相关规定保障绿色创新的实施

2012年，我国出台的《发明专利申请优先审查管理办法》中明确规定，要优先审查涉及低碳技术、节能环保技术等有助于绿色发展的重要专利申请，以及其他对国家利益或者公共利益具有重大意义的专利申请。这充分体现出国家对绿色技术创新的优先安排。2014年12月，环境保护部联合商务部、工业和信息化部印发《企业绿色采购指南（试行）》，该指南的试行对指导企业实施绿色采购、构建企业间绿色供应链产生很好的推动作用，扩大了市场对绿色技术的需求。2018年，国家发展和改革委员会组织编写了《国家重点节能低碳技术推广目录》（中华人民共和国国家发展和改革委员会公告，2018年第3号），该目录涉及煤炭、电力、钢铁、有色、石油石化、化工、建材等13个行业共260项重点节能技术，从而在政府层面积极推动了节能低碳技术在重点领域的应用。

（二）绿色技术创新的建设实践

绿色技术创新是引领我国实现绿色发展、建设生态文明的有效途径。绿色技术创新属于技术创新的一种，是指在资源环境约束强度增大的条件下，

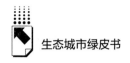

能够满足人类绿色需求，减少生产和消费边际外部费用的支撑可持续发展的技术创新，主要包括绿色产品设计、绿色材料、绿色工艺、绿色设备、绿色回收处理以及绿色包装技术等的创新。绿色创新的发展需要技术的支持，只有在技术上实现绿色发展，才能实现真正的可持续发展。因此，绿色技术创新成了当前城市发展的一种新的经济发展方式。

1. 科研机构、人员、项目和经费稳步增长

我国绿色科研机构、科研人员、项目和经费等与改革开放初期相比，都有了稳步增加。从《中国环境年鉴》统计数据来看，1992 年，我国省级和市级环保科研机构分别为 28 个和 170 个，到 2015 年增加到 33 个和 183 个。2001 年起设立国家级环保科研机构，目前拥有中国环境科学研究院、华南环境科学研究院和南京环境科学研究院 3 家国家级环保科研机构。国家级和省级环保科研机构人数合计从 1992 年的 2903 人到 2013 年的 3240 人，再到 2015 年的 2819 人，研究人员数量比较稳定，没有明显变化。在科研项目和经费方面，我国的绿色科研项目主要包括环保公益性行业科研专项项目、国家重大科学仪器设备开发专项项目、国家科技支撑计划项目、科技重大专项项目、国际科技合作项目以及基础性工作专项项目。1983 年起，国家将环境科技纳入我国科技工作的主战场，安排了一系列科技攻关计划，环保科技项目数量和经费迅速增加。如国家"六五"科技攻关计划中安排了 1 项环保科技项目"环境保护和污染综合防治技术研究"，经费为 1400 万元。"七五"国家科技攻关计划中由国家环境保护局支持的涉及大气污染和水污染防治的项目增加到 3 项，总经费近 8000 万元。"八五"到"十二五"科技攻关计划中，项目和经费都同步迅速增加。仅 2015 年，国家安排了 4 个环境科技专项，其中环保公益性行业科研专项的 36 个项目，经费约 1.8 亿元，清洁空气研究计划专项安排了 15 个项目，经费 9383 万元。

2. 国家级生态工业园区建设稳步推进

2000 年以来，在政府的支持和引导下，以循环经济和生态工业学原理为依据，我国开始积极建设生态工业园区，促进了绿色技术产业化发展。2001 年，广西贵港国家生态工业（制糖）示范园区批准建设，标志着我国

国家生态工业示范园区建设正式启动。截至 2017 年 1 月，我国共批准 48 个国家生态工业示范园区和 45 个开展国家生态工业示范园区建设。至此，国家生态工业示范园区的建设已经覆盖了 25 个省、自治区和直辖市。生态工业园区的建设在很大程度上促进了我国绿色技术产业化的步伐不断加快。从 2010 年起，环境保护部等部门共同组织开展了第四次全国环境保护相关产业基本情况调查。调查的基准年为 2011 年，前三次的调查分别在 1993 年、2000 年和 2004 年。

3. 国际合作与交流取得巨大突破

环境国际公约履行工作取得较大进展。改革开放以来，我国加入并履行了《蒙特利尔议定书》《斯德哥尔摩公约》《关于汞的水俣公约》《生物多样性公约》等国际环境公约，为避免工业中氢氯碳化合物对臭氧层产生破坏、减少化学品尤其是有毒有害化学品危害、限制和减少汞排放、保护濒临灭绝的动物和植物而积极行动，深入履行责任。2016 年 7 月在维也纳召开了《关于消耗臭氧层物质的蒙特利尔议定书》第三次缔约方特别会议，中国政府代表团出席会议并在会上介绍了中国在履约方面开展的工作及取得的积极进展。这些国际环境公约的作用不仅仅在于对我国的约束，而是能使我国绿色技术在发展过程中更好地形成对外交流，取长补短，促进绿色技术稳步发展。

开创了多双边绿色技术合作新局面。随着综合国力的增强，近几年我国绿色技术的双边及多边合作国家及项目数量快速增长。如 2006 年启动"大湄公河次区域核心环境计划和生物多样性保护走廊规划"，一期项目在 2012 年完成，二期项目随后顺利启动。此前与我国绿色技术合作交流密切的意大利、德国、瑞典等在 2012 年继续与我国达成双边合作关系，确定了 2013 年的合作意向并争取全年援助资金 7225 万元，实现了同比的大幅度增长。在区域合作方面，我国环保部的相关负责人积极参与各类国际区域环境保护会议，如中欧环境政策部长对话、中非绿色合作引导未来经济研讨会等。2015 年 5 月 19 ~ 20 日，首届亚太区域环境部长论坛在泰国曼谷召开，中国政府派出代表团出席。论坛围绕 2015 年后发展议程、可持续发展目标、亚太区域环境展望等议题展开讨论。中国与各个区域的国家已经形成"开放、互

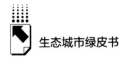

补"的绿色合作新格局。2018年5月31日至6月2日，"世环会"在国家会展中心（上海）举办，它是目前规模最大的国际性环保博览会平台，海内外展商和观众数量逐年攀升，在全球环保行业交流沟通合作方面，其重要性和影响力正在不断增强。

环保国际咨询服务发展迅速。环境咨询服务业主要是为政府和企事业提供有关环境保护项目的咨询、研究和信息，以促进环保事业的发展。我国的环保国际咨询服务主要包括清洁发展机制项目、国家执行机构的申报工作、对外投资企业环境咨询业务和助推环境金融取得新进展。截至2014年4月，我国5个HFC23项目圆满完成，经核证的减排量累计达2.12亿吨二氧化碳当量，占同期中国签发量的25%，占全球签发量的15%，为减排温室气体做出突出贡献。由于我国向GEF（全球环境基金）补充了完善的申报材料，并通过了GEF认证委员会的实地考察，2015年7月我国被批准成为GEF全球第16家项目执行机构，也是亚洲地区首个且唯一拥有该资质的机构，将负责开发、执行、监管GEF的对华赠款项目。该资格的获得将会更加提高我国履行国际环境公约的能力、引进先进的技术和管理机制，为推动我国绿色技术的发展和环境保护起到了积极作用。同时，我国还在对外投资企业环境咨询服务方面深入发展，圆满完成了云南驰宏锌锗股份有限公司收购玻利维亚矿业的环境风险评估项目等，为我国企业走出去提供服务。

（三）绿色文化创新的建设实践

绿色文化是伴随时代文明前进和发展的步伐而逐步形成的，用来重新认识人与自然关系的新理念，具有深刻的时代发展内涵。在新时代，我国经济发展要以绿色发展为根本，确保经济发展与自然环境和谐共生。绿色发展离不开绿色文化支撑，绿色文化理念、功能、制度、产业等都是促进绿色发展的关键。

1. 绿色文化理念的树立

随着我国对绿色文化的重视程度不断提高，应鼓励和引导公民在思想上发生转变，形成绿色环保的全新思维方式。在开展各项工作之前，应慎重考虑是否对生态产生影响，是否存在环境污染，一旦存在这些问题，应及时调整发展方向。同时，公民应积极学习污染治理知识，积极投身污染治理工作，身体力行，提高资源使用效率，妥善处理经济发展与生态环境之间的矛盾。

2. 绿色文化功能的发挥

绿色文化是绿色发展的助推器，可从多个角度、多个层面渗入社会生产，转变社会生产方式，助力社会生产绿色化发展。具体做法包括以下三方面。第一，绿色文化价值导向功能的发挥。绿色文化内涵丰富，了解绿色文化，有助于公民识别不同生物在社会生活中的作用，有助于确保自然生态系统始终处于平衡状态。同时，绿色文化强调自然的价值，比如森林、湿地等，它们的存在对形成良好生态环境至关重要，应当杜绝毁林圈地等现象。第二，绿色文化教育规范功能的发挥。绿色文化涉及生态环保、绿色发展、绿色产业等多方面内容，通过学习和理解绿色文化，能够形成完整的绿色知识体系，有助于掌握相应的绿色技术。绿色文化强调对公民的教育性，有助于约束公民的日常行为，让公民能够正确处理环境问题。第三，绿色文化监督保障功能发挥。绿色文化强调人与自然和谐共生，不仅能提高公民的环境保护意识，也能逐渐形成绿色发展法律、制度、政策等内容。事实上，当绿色文化衍生出法律制度，就已经具备了监督保障功能，能够助力行业发展增加绿色附加值，提升其核心竞争力。

3. 绿色文化制度的完善

绿色文化制度能够约束各种行为，确保我国实现绿色发展。例如，绿色发展考核机制的建立。在社会经济发展过程中，借助绿色发展考核评价机制考核某个企业、某个行业是否符合绿色发展要求，对该企业或行业的环境污染、能源消耗、生态价值等方面进行考核，并最终得出考核分数。绿色发展责任追究机制的落实。当企业违反绿色发展要求，对环境造成破坏和污染时，不仅要对企业的管理者进行追责，还应对相关监管部门的负责人进行追责，将企业罚款用于治理环境污染。资源有偿使用制度的建立。在社会经济

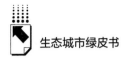

发展过程中，推出资源有偿使用制度，比如应该对土地资源、水资源、矿产资源进行税费改革，通过税收实现资源有偿使用。

4. 绿色文化产业的发展

党的十八大以来，我国高度重视文化产业发展，在绿色发展时代，通过发展绿色文化产业，达到带动公民提升绿色文化意识的目的。例如，传统绿色文化产业的发展主要集中在出版、影视、广告等相关行业，通过鼓励这些行业制作和生产绿色文化作品。比如《可可西里》《美丽中国》等影视作品中包含着生态环保意识，对公民产生了积极的绿色文化影响。另外，随着绿色产业和文化产业的不断发展，新兴绿色文化产业逐渐进入人们视野，以绿色文化创意、绿色动漫、绿色游戏等内容为主，备受青年群体关注，这些作品中绿色文化思想的融入，让受众通过看动漫、玩游戏学习到相应的绿色文化知识。绿色文化相关产业的发展包括旅游产业、体育产业等，各地政府在开发旅游产业的过程中，将绿色文化和旅游产业进行融合，打造绿色旅游文化产品，让群众在欣赏美丽的自然风景之余，也能够体验到无污染的绿色产品。

生态城市绿皮书

G.5

绿色生活型城市建设评价报告

高 松　高天鹏*

摘　要： 随着国家绿色发展的推进，绿色生活方式越来越受到人们的重视。本报告选择了绿色生活型城市建设的5个特色指标，结合生态城市建设的14个核心指标，建立了绿色生活型城市评价指标体系。对2018年各绿色生活型城市进行综合指数评价，并进行排名，筛选出了100强城市，从不同方面对百强绿色发展城市特色进行了分析总结，得出各绿色生活型城市建设成果与发展规律。

关键词： 绿色生活型城市　生活方式　城市建设评价

在习近平生态文明思想指引下，我国生态城市建设取得了重大成就。但不充分、不平衡问题在绿色生活型城市建设中依然存在，需要我们进一步加大建设力度，补齐城市及城市群协同发展这一短板。为此，我们对中国2018年284个城市生态建设成果及绿色生活型城市建设进行评价分析，得出各绿色生活型城市建设现状、经验、问题等，寻求绿色生活型城市建设规律。

早在1971年联合国教科文组织在"人与生物圈"计划中，就提出了"生态城市"这一理想城市模式。1987年，世界环境与发展委员会科学界定

---

* 高松，西安文理学院研究生，主要研究方向为城市环境；高天鹏，博士，西安文理学院教授，主要研究方向为城市环境规划与评价。

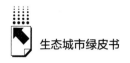

了"可持续发展"这一概念，补充了生态城市的内涵。[①] 生态城市的研究始于 1915 年英国生态学家 Geddeg 的《进化中的城市》，他把生态学的原理与方法应用于城市规划建设，为研究生态城市奠定了基础。[②]

吴琼和程纪华、宋冬梅和赵国杰、辛玲分别从经济、社会、环境三个方面来构建评价系统。[③] 徐雁提出生态城市是由经济、社会、自然构成的复合生态系统。其中，自然子系统是基础，经济子系统是条件，社会子系统是目标。[④] 宋永昌等则从城市生态系统结构、功能和协调度三个方面提出了评判生态城市的指标体系和评价方法。[⑤] 国内著名生态学家马世骏和王如松提出了"社会—经济—自然复合生态系统"的概念，明确指出城市是典型的"社会—经济—自然复合生态系统"。1989 年，黄光宇认为生态城市是根据生态学的原理，综合研究城市"人与住所"的关系，并应用社会工程、系统工程、生态工程、环境工程等现代科学与技术手段协调现代城市中经济系统与生物系统的关系，保护与合理利用一切自然资源与能源，提高资源的再生和综合利用水平，提高城市生态系统自我调节、修复、维持和发展的能力，使人、自然、环境融为一体，互惠共生，达到既能满足人类生存、享受和持续发展的需要，又能保护人类自身生存环境的目的。[⑥] 我们认为绿色生活是一种有限度、道德、和谐的生活，影响绿色生活型城市建设的就是环境、经济、社会之间是否达到和谐统一，是否达到改善环境和生活美好的目的，因此将评价指标划分为生态环境指标、生态经济指标和生态社会指标。

① 文宗川：《生态城市的发展与评价研究》，博士学位论文，哈尔滨工程大学，2008。
② 彭娟娟：《济南市生态城市建设研究》，硕士学位论文，山东师范大学，2009。
③ 雪锋、周懿：《生态城市评价研究进展》，《标准科学》2018 年第 11 期。
④ 徐雁：《上海生态型城市建设评价指标体系研究》，硕士学位论文，华东师范大学，2007。
⑤ 李润洁：《长沙低碳生态城市建设评价体系研究》，硕士学位论文，中南林业科技大学，2011。
⑥ 杨根辉：《南昌市生态城市评价指标体系的研究》，硕士学位论文，新疆农业大学，2007。

一 绿色生活型城市建设评价报告

（一）绿色生活型城市建设评价指标体系

1. 评价指标体系的设计

在《中国生态城市建设发展报告（2019）》中，参与评价城市数量与之前保持一致，为 284 个，同样对其进行绿色生活型城市排名，并选择了排名前 100 的城市进行比较分析。

依据绿色生活型城市的特点选取了 19 项指标。一级指标为综合指标；二级指标分为环境、经济和社会三方面的评级指标；依据二级指标分列 14 项三级指标用以评价生态城市建设；依据绿色生活型城市的特色选取了 5 项特色评价指标，分别为：教育支出占公共财政支出的比重、人均公共设施建设投资、人行道面积占道路面积的比例、单位城市道路面积公共汽（电）车营运车辆数和道路清扫保洁面积覆盖率，充分体现了绿色生活型城市的发展特色和内容。综合体现了政府对公共设施的投资建设力度和对教育的投资力度，对城市环境的改善和舒适度提升起到了重要作用。

2. 指标说明、数据来源及处理方法

19 项指标的数据大都来源于 2019 城市统计年鉴、各省市统计年鉴、会议谈话和报道。

（1）教育支出占公共财政支出的比重（％）

计算公式：教育支出占地方公共财政支出的比重（％）＝（2018 年教育支出/2018 年公共财政支出）×100％

该指标指在表明 2018 年教育的投入力度，教育对于生态城市建设有着至关重要的意义，表现在"教育是对人思想的改变"，好的教育能够塑造正确的价值观以及养成良好的习惯。绿色的生活方式需要人为告诫和引导，需要人类迫切地对现有的生活方式做出改变，让人类明白绿色生活方式的益处，培养保护地球环境、低碳生活的意识，从自身做出改变，建设生态城市、维护绿色可持续发展和人与自然的和谐共处。

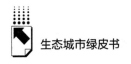

表1 绿色生活型城市各级评价指标

一级指标	核心指标			特色指标	
	二级指标	序号	三级指标	序号	四级指标
绿色生活型城市综合指数	生态环境	1	森林覆盖率[建成区人均绿地面积(平方米)]	15	教育支出占公共财政支出的比重(%)
		2	PM2.5[空气质量优良天数(天)]		
		3	河湖水质[人均用水量(吨)]		
		4	单位GDP工业二氧化硫排放量(千克/万元)		
		5	生活垃圾无害化处理率(%)	16	人均公共设施建设投资(元)
	生态经济	6	单位GDP综合能耗(吨标准煤/万元)		
		7	一般工业固体废物综合利用率(%)		
		8	R&D经费占GDP比重(%)[科学技术支出和教育支出的经费总和占GDP比重(%)]	17	人行道面积占道路面积的比例(%)
		9	信息化基础设施[互联网宽带接入用户数(万户)/城市年末总人口(万人)]		
		10	人均GDP(元)	18	单位城市道路面积公共汽(电)车营运车辆数(辆)
	生态社会	11	人口密度(人/公里^2)		
		12	生态环保知识、法规普及率,基础设施完好率(%)[水利、环境和公共设施管理业全市从业人员数(万人)/城市年末总人口(万人)(%)]		
		13	公众满意程度[民用车辆数(辆)/城市道路长度(公里)]	19	道路清扫保洁面积覆盖率(%)
		14	政府投入与建设效果[城市维护建设资金支出(万元)/城市GDP(万元)]		

(2)人均公共设施建设投资(元)

计算公式:人均公共设施建设投资(元)=城市市政公用设施建设固定资产投资资金/全市年末总人口

该指标旨在表明市政公用设施建设的投资力度，市政公用设施包括城市道路及其设施、城市桥涵及其设施、城市排水设施、城市防洪设施、城市道路照明设施和城市建设公用设施，是一座城市运行的基础条件，也是国民经济的重要产业，完善的市政公用设施是人民幸福生活的基础，也为剩余劳动力创造就业机会和刺激经济增长，是绿色生活不可或缺的基础条件。

（3）人行道面积占道路面积的比例（%）

计算公式：人行道面积占道路面积的比例（%）=（人行道面积/道路面积）×100%

该项指标旨在表明城市人行道路占比，人行道、机动车道与非机动车道的合理划分有利于实现绿色出行，有的城市为了鼓励人民绿色出行建设了自行车道和跑道，这无疑是绿色生活的重要体现。考虑到数据的易得性和齐全性原则，本报告选择了人行道面积占道路面积的比例这一指标作为特色指标之一。

（4）单位城市道路面积公共汽（电）车营运车辆数（辆）

计算公式：单位城市道路面积公共汽（电）车营运车辆数（辆）=公共汽（电）车营运车辆数/年末实有城市道路面积

该项指标旨在表明公共汽（电）车普及率，公共汽（电）车相较私家车有着减少环境污染、节约资源等优势，是共享交通、低碳出行等绿色生活方式的有效实现途径。

（5）道路清扫保洁面积覆盖率（%）

计算公式：道路清扫保洁面积覆盖率（%）=（机械化道路清扫保洁面积/道路面积）×100%

该项指标旨在表明机械化清扫方式的占比，同时机械自动化清理不但具备除尘环保、清理能力强、工作效能高、工作质量好、安全性能高等众多好处，还能大幅降低环卫工人工作强度，为城市绿色发展奠定基础，更有利于构建绿色生活型城市。

（二）绿色生活型城市评价与分析

1. 2018年绿色生活型城市建设总体评价与分析

绿色生活型城市以核心城市为基础，运用层次分析法①对绿色生活型城市进行初筛，根据计算结果选取了排名前100的城市进行了具体分析。

绿色生活型城市的有关数据处理方法与生态城市健康指数的数据处理方法相同。

本报告依据绿色生活型城市评价指标体系的数学模型，在前期准备工作中收集了284个城市的19项数据，计算得出2018年各市的绿色生活型城市综合指数得分并进行排名，对排名前100的城市进行综合分析。

表2　2018年综合指数得分排名前100城市

城市	排名	城市	排名	城市	排名	城市	排名	城市	排名
三亚	1	成都	16	秦皇岛	31	扬州	46	张家界	61
珠海	2	长春	17	绵阳	32	兰州	47	嘉兴	62
深圳	3	合肥	18	南通	33	黄山	48	芜湖	63
杭州	4	哈尔滨	19	西安	34	舟山	49	防城港	64
上海	5	绍兴	20	苏州	35	北海	50	东莞	65
海口	6	福州	21	重庆	36	郑州	51	金华	66
武汉	7	沈阳	22	肇庆	37	广元	52	赣州	67
南昌	8	广州	23	柳州	38	泸州	53	盘锦	68
南宁	9	大连	24	南京	39	湖州	54	盐城	69
厦门	10	镇江	25	莆田	40	常州	55	呼和浩特	70
宁波	11	佛山	26	乌鲁木齐	41	连云港	56	景德镇	71
贵阳	12	威海	27	惠州	42	汕头	57	嘉峪关	72
青岛	13	长沙	28	西宁	43	克拉玛依	58	日照	73
北京	14	济南	29	蚌埠	44	鄂州	59	马鞍山	74
天津	15	温州	30	株洲	45	拉萨	60	石家庄	75

① X. Ying, G. M. Zeng, et al., "Combining AHP with GIS in Synthetic Evaluation of Eco-environment Quality-Case Study of Hunan Province, China," *Ecological Modelling* 209 (2007): 97–109.

续表

城市	排名	城市	排名	城市	排名	城市	排名	城市	排名
九江	76	南充	81	常德	86	台州	91	巴中	96
太原	77	丽水	82	烟台	87	东营	92	开封	97
十堰	78	自贡	83	雅安	88	铜陵	93	新余	98
抚州	79	攀枝花	84	无锡	89	宝鸡	94	包头	99
龙岩	80	鹰潭	85	江门	90	淄博	95	淮安	100

表3　2017年综合指数得分排名前20城市

城市	排名	城市	排名	城市	排名	城市	排名	城市	排名
三亚	1	武汉	5	海口	9	青岛	13	天津	17
厦门	2	南昌	6	广州	10	北京	14	威海	18
上海	3	宁波	7	南宁	11	福州	15	惠州	19
深圳	4	杭州	8	珠海	12	拉萨	16	成都	20

2017年综合排名前10的城市分别是：三亚市、厦门市、上海市、深圳市、武汉市、南昌市、宁波市、杭州市、海口市和广州市。[①] 2018年综合排名前10的城市分别是：三亚市、珠海市、深圳市、杭州市、上海市、海口市、武汉市、南昌市、南宁市和厦门市。说明这些城市在构建绿色生活型城市方面的举措值得学习和借鉴。由表2和表3可以看出2017年排名前10的城市在2018年都是第25名之前，由此可以说明这些排名靠前的城市已形成了一套基本成熟的绿色生活型城市构建策略，并能够取得显著成效。依据表4可以看出各市绿色生活型城市评价的特色指标的情况，分析结果如下：教育支出占地方公共财政支出的比重排名前10的城市为茂名市、曲靖市、莆田市、汕头市、昭通市、潍坊市、临沂市、钦州市、玉林市和贵港市，说明这些城市对教育投资力度大，注重从思想上引导人民，培养保护地球环境、低碳生活的绿色生活意识；人均公共设施建设投资排名前10的城市为厦门市、珠海市、武汉市、呼和浩特市、北京市、南京市、深圳市、广州市、乌鲁木齐市和成都市，

① 刘举科、孙伟平、胡文臻主编《中国生态建设城市发展报告（2019）》，社会科学文献出版社，2019，第250～273页。

说明这些城市对公共设施投资力度大，注重人民的基础生活条件，给人民以幸福感，提高生活舒适度；人行道面积占道路面积的比例排名前10的城市为巴彦淖尔市、庆阳市、河源市、拉萨市、宝鸡市、乌鲁木齐市、金昌市、天水市、巴中市和锦州市，说明这些城市的人行道面积占比大，注重鼓励人民绿色出行，但该特色指标受各地地形分布的影响，可能出现与总体水平相比偏差较大的情况；单位城市道路面积公共汽（电）车营运车辆数排名前10的城市为葫芦岛市、深圳市、中山市、昭通市、佛山市、梅州市、商丘市、昆明市、长沙市和丽江市，说明这些城市公共汽（电）车密度大，该城市更加注重共享交通和低碳出行以减少环境污染，节约资源；道路清扫保洁面积覆盖率排名前10的城市为铜陵市、郴州市、云浮市、三亚市、商丘市、朝阳市、遵义市、上海市、贵阳市和嘉峪关市，说明这些城市在市容方面表现良好，善于运用先进手段来减少人力消耗，大幅降低环卫工人工作强度。

2. 2018年绿色生活型城市建设分区域比较分析

依据邓忠泉对中国九大经济区域划分进行的分析，中国九大经济区划分为：

东北经济区，包括黑吉辽、内蒙古东北部（呼伦贝尔盟、兴安盟、通辽市、赤峰市）；

环渤海经济区，包括北京、天津、河北、山东、河南北部；

泛长三角经济区，包括上海、江苏、浙江、安徽、河南南部；

南部沿海经济区（不计港澳台数据），包括广东、广西、福建、海南；

湘鄂赣经济区，包括湖南、湖北、江西；

环四川盆地经济区（或"西南经济区"），包括四川东部、重庆、云南、贵州；

北部高原经济区，包括陕西、甘肃、宁夏、山西、内蒙古大部分；

新疆经济区，仅有新疆自治区；

青藏高原经济区，包括西藏、青海[①]。

经分析得出，2018年按区域排名前100的城市如表5所示。

---

① 邓忠泉：《试论我国九大经济区域划分》，《世界经济情况》2010年第9期。

表4　2018年中国绿色生活型城市评价结果

城市	绿色生活型城市综合指数（19项指标结果）		生态城市健康指数（ECHI）（14项指标结果）		绿色生活型特色指数（5项指标结果）		特色指标单项排名				
							教育支出占地方公共财政支出的比重（%）	人均公共设施建设投资（元）	人行道面积占道路面积的比例（%）	单位城市道路面积公共汽（电）车营运车辆数（辆）	道路清扫保洁面积覆盖率（%）
	得分	排名	得分	排名	得分	排名	排名	排名	排名	排名	排名
三亚	0.913051011	1	0.917653454	2	0.900164172	2	257	27	14	20	4
珠海	0.890217327	2	0.892709786	4	0.883238444	4	234	2	34	112	33
深圳	0.883289838	3	0.887335224	5	0.871962757	9	228	7	135	2	83
杭州	0.878030746	4	0.885819638	6	0.856221846	16	86	11	176	25	94
上海	0.877711284	5	0.879538209	8	0.872595895	8	263	32	89	15	8
海口	0.869190785	6	0.898403125	3	0.787396235	67	187	36	262	109	68
武汉	0.869085241	7	0.866988148	12	0.874957101	7	233	3	71	78	69
南昌	0.869020519	8	0.870501762	10	0.864873038	11	203	62	136	30	36
南宁	0.857644125	9	0.863274509	13	0.841879051	31	81	26	123	107	171
厦门	0.856291500	10	0.918656836	1	0.681668560	180	190	1	226	177	250
宁波	0.851714312	11	0.857458535	15	0.835630487	33	219	22	191	12	93
贵阳	0.847131015	12	0.823496320	29	0.913308158	1	55	14	21	38	9
青岛	0.846318443	13	0.876632474	9	0.761439156	91	138	24	125	66	230
北京	0.844545083	14	0.861168626	14	0.797999164	56	226	5	234	11	141
天津	0.842402841	15	0.834460556	25	0.864641238	13	208	38	98	51	122
成都	0.840739993	16	0.828241639	27	0.875735382	6	206	10	102	17	42
长春	0.838161961	17	0.841423597	19	0.829029378	39	217	55	180	124	108

续表

城市	绿色生活型城市综合指数(19项指标结果)		生态城市健康指数(ECHI)(14项指标结果)		绿色生活型特色指数(5项指标结果)		特色指标单项排名				
							教育支出占地方公共财政支出的比重(%)	人均公共设施建设投资(元)	人行道面积占道路面积的比例(%)	单位城市道路面积公共汽(电)车营运车辆数(辆)	道路清扫保洁面积覆盖率(%)
	得分	排名	得分	排名	得分	排名	排名	排名	排名	排名	排名
合肥	0.837381493	18	0.839768175	21	0.830698784	37	157	42	204	116	105
哈尔滨	0.837011145	19	0.831875255	26	0.851391637	23	251	75	62	50	95
绍兴	0.836966391	20	0.828178363	28	0.861572871	15	19	59	150	102	110
福州	0.834044875	21	0.852390925	16	0.782675936	72	101	15	169	32	202
沈阳	0.830763459	22	0.822548558	31	0.853765180	18	256	56	81	106	101
广州	0.829521564	23	0.881949676	7	0.682722853	179	112	8	275	76	219
大连	0.827113413	24	0.841161507	20	0.787778749	66	261	57	40	40	197
镇江	0.826715890	25	0.838485252	23	0.793761677	60	63	19	251	108	138
佛山	0.826428796	26	0.810468986	36	0.871116265	10	84	43	138	5	131
威海	0.826277520	27	0.837870150	24	0.793818157	59	14	65	201	118	178
长沙	0.817870706	28	0.805121978	42	0.853567143	19	198	31	182	9	17
济南	0.817808189	29	0.806781204	40	0.848683747	26	195	18	155	104	100
温州	0.814043996	30	0.800342245	45	0.852408901	21	18	61	193	94	21
秦皇岛	0.810670236	31	0.811415775	35	0.808582724	49	62	100	65	160	71
绵阳	0.810489614	32	0.801642918	44	0.835260360	34	192	76	79	182	125
南通	0.809832251	33	0.838912438	22	0.728407728	130	136	40	256	229	164
西安	0.809722402	34	0.803732926	43	0.826492937	41	229	30	69	72	175

续表

城市	绿色生活型城市综合指数（19项指标结果）		生态城市健康指数（ECHI）（14项指标结果）		绿色生活型特色指数（5项指标结果）		特色指标单项排名				
							教育支出占地方公共财政支出的比重（%）	人均公共建设投资（元）	人行道面积占道路面积的比例（%）	单位城市道路面积公共汽（电）车营运车辆数（辆）	道路清扫保洁面积覆盖率（%）
	得分	排名	得分	排名	得分	排名	排名	排名	排名	排名	排名
苏州	0.808636920	35	0.822559731	30	0.769653048	82	165	33	258	174	112
重庆	0.808579513	36	0.816213979	33	0.787203006	68	196	41	33	206	191
肇庆	0.807606586	37	0.787161369	53	0.864853195	12	39	34	56	65	151
柳州	0.804549190	38	0.806557074	41	0.798927117	55	124	20	212	214	126
南京	0.803260941	39	0.848738518	17	0.675923726	188	148	6	273	151	213
莆田	0.802826641	40	0.808537259	38	0.786836910	69	3	178	117	74	11
乌鲁木齐	0.801348173	41	0.784135532	55	0.849543567	25	249	9	6	19	174
惠州	0.797908820	42	0.789986923	50	0.820090132	44	50	87	165	36	46
西宁	0.797583162	43	0.768417627	72	0.879246661	5	105	16	116	31	84
蚌埠	0.797096981	44	0.779460917	59	0.846477960	28	96	89	57	88	30
株洲	0.792689733	45	0.793992522	49	0.789041924	64	237	58	142	137	179
扬州	0.792678195	46	0.786481086	54	0.810030101	46	147	68	188	83	169
兰州	0.792570713	47	0.771142621	66	0.852569372	20	128	23	146	129	116
黄山	0.791766603	48	0.841751753	18	0.651808184	205	264	95	41	256	226
舟山	0.791750828	49	0.870473645	11	0.571326941	252	259	60	249	143	273
北海	0.790979929	50	0.817918539	32	0.715551819	146	108	103	216	218	152
郑州	0.788591165	51	0.768976220	70	0.843513010	30	254	12	151	35	64

续表

城市	绿色生活型城市综合指数(19项指标结果)		生态城市健康指数(ECHI)(14项指标结果)		绿色生活型特色指数(5项指标结果)		特色指标单项排名				
							教育支出占地方公共财政支出的比重(%)	人均公共设施建设投资(元)	人行道面积占道路面积的比例(%)	单位城市道路面积公共汽(电)车营运车辆数(辆)	道路清扫保洁面积覆盖率(%)
	得分	排名	得分	排名	得分	排名	排名	排名	排名	排名	排名
广元	0.787988047	52	0.782712701	57	0.802759016	53	213	92	113	173	35
泸州	0.787247611	53	0.760079083	80	0.863319489	14	114	82	20	58	97
湖州	0.784147877	54	0.760096537	79	0.851491628	22	113	79	16	183	82
常州	0.782663715	55	0.809047074	37	0.708790311	155	119	28	272	175	181
连云港	0.781885346	56	0.795697685	47	0.743210797	116	51	144	181	172	16
汕头	0.780299243	57	0.787557946	51	0.759974875	93	4	140	54	81	172
克拉玛依	0.780240499	58	0.778630159	60	0.784749450	70	98	21	231	216	102
鄂州	0.778780180	59	0.762344485	77	0.824800126	42	170	88	122	79	129
拉萨	0.775961244	60	0.770577359	67	0.791036124	62	166	194	4	98	27
张家界	0.768873562	61	0.769984020	68	0.765764282	85	235	47	200	96	185
嘉兴	0.768018514	62	0.762840094	76	0.782518089	73	34	115	168	117	40
芜湖	0.767578059	63	0.768840346	71	0.764043657	87	156	84	60	241	176
防城港	0.767196545	64	0.772538393	64	0.752239371	104	250	69	61	247	195
东莞	0.765601944	65	0.782827371	56	0.717370750	144	36	210	108	236	132
金华	0.765176486	66	0.768142890	73	0.756870556	101	41	45	186	187	194
赣州	0.762466398	67	0.752266398	83	0.791023607	63	23	37	58	262	180
盘锦	0.761830589	68	0.775443898	62	0.723713322	134	276	127	119	220	49

续表

城市	绿色生活型城市综合指数（19项指标结果）		生态城市健康指数（ECHI）（14项指标结果）		绿色生活型特色指数（5项指标结果）		特色指标单项排名				
							教育支出占地方公共财政支出的比重（%）	人均公共设施建设投资（元）	人行道面积占道路面积的比例（%）	单位城市道路公共汽（电）车营运车辆数（辆）	道路清扫保洁面积覆盖率（%）
	得分	排名	得分	排名	得分	排名	排名	排名	排名	排名	排名
盐城	0.761113900	69	0.755217593	82	0.777623560	76	149	86	164	227	120
呼和浩特	0.760590897	70	0.736121301	96	0.829105768	38	212	4	208	53	99
景德镇	0.757578240	71	0.795020187	48	0.652740787	203	204	44	267	273	196
嘉峪关	0.756799209	72	0.725752932	107	0.843728787	29	188	29	74	252	10
日照	0.755262013	73	0.736021709	97	0.809134863	48	28	52	209	197	88
马鞍山	0.755222177	74	0.731827782	98	0.820726482	43	151	81	110	198	61
石家庄	0.754632514	75	0.718838986	114	0.854854391	17	42	66	178	46	54
九江	0.753463783	76	0.760161839	78	0.734709225	119	100	97	218	243	111
太原	0.751974154	77	0.739102762	92	0.788014050	65	200	13	147	222	166
十堰	0.751602528	78	0.814246302	34	0.576199958	247	210	113	154	113	277
抚州	0.751431359	79	0.764496336	75	0.714849422	148	137	50	101	239	236
龙岩	0.750654461	80	0.769456422	69	0.698008972	164	25	74	252	165	207
南充	0.749960976	81	0.743095112	88	0.769185396	83	130	119	28	237	119
丽水	0.749719448	82	0.728463627	103	0.809235747	47	169	106	130	64	80
自贡	0.747091296	83	0.765598274	74	0.695271758	166	175	91	222	179	190
攀枝花	0.743915618	84	0.712527462	120	0.831802457	35	89	90	100	101	124
鹰潭	0.743073704	85	0.782553372	58	0.632530634	217	125	149	87	166	244

续表

城市	绿色生活型城市综合指数（19项指标结果）		生态城市健康指数（ECHI）（14项指标结果）		绿色生活型特色指数（5项指标结果）		特色指标单项排名				
							教育支出占地方公共财政支出的比重（%）	人均公共设施建设投资（元）	人行道路面积占道路面积的比例（%）	单位城市道路面积公共汽（电）车营运车辆数（辆）	道路清扫保洁面积覆盖率（%）
	得分	排名	得分	排名	得分	排名	排名	排名	排名	排名	排名
常德	0.742112673	86	0.719029927	113	0.806744359	51	241	105	39	56	90
烟台	0.740911013	87	0.800291459	46	0.574645765	250	158	141	229	245	225
雅安	0.740041726	88	0.704464808	131	0.841177095	32	193	70	18	249	77
无锡	0.739766267	89	0.775410758	63	0.639961692	213	176	48	282	210	198
江门	0.736971241	90	0.807202946	39	0.540322466	264	24	197	259	224	224
台州	0.736905688	91	0.787292877	52	0.595821560	237	31	112	248	186	233
东营	0.736335499	92	0.738416080	94	0.730509874	124	122	39	271	266	96
铜陵	0.735974314	93	0.710612281	124	0.806988007	50	131	204	59	57	1
宝鸡	0.734276869	94	0.745635372	87	0.702473062	160	71	177	5	86	215
淄博	0.733448275	95	0.724775237	108	0.757732784	100	22	53	153	203	201
巴中	0.732491432	96	0.701826871	133	0.818352202	45	181	121	9	22	37
开封	0.732485496	97	0.715604353	117	0.779752695	74	154	118	73	162	107
新余	0.730459525	98	0.718691562	115	0.763409824	88	168	110	23	155	173
包头	0.730255517	99	0.728751275	102	0.734467395	120	199	54	24	138	248
淮安	0.730221672	100	0.746788491	86	0.683834579	178	153	146	174	184	177

表5　2018 年按区域排名前 100 的城市

地区	2018 年综合指数前百城市
东北经济区	长春市、哈尔滨市、沈阳市、大连市、盘锦市
环渤海经济区	青岛市、北京市、天津市、威海市、济南市、秦皇岛市、日照市、石家庄市、太原市、烟台市、东营市、淄博市
泛长三角经济区	杭州市、上海市、宁波市、合肥市、绍兴市、镇江市、温州市、南通市、苏州市、南京市、蚌埠市、扬州市、黄山市、舟山市、郑州市、湖州市、常州市、连云港市、嘉兴市、芜湖市、金华市、盐城市、马鞍山市、丽水市、无锡市、台州市、铜陵市、开封市、淮安市
南部沿海经济区	三亚市、珠海市、深圳市、海口市、南宁市、厦门市、福州市、广州市、佛山市、肇庆市、柳州市、莆田市、惠州市、北海市、汕头市、防城港市、东莞市、龙岩市、江门市
湘鄂赣经济区	武汉市、南昌市、长沙市、株洲市、鄂州市、张家界市、赣州市、景德镇市、九江市、十堰市、抚州市、鹰潭市、常德市、新余市
环四川盆地经济区	贵阳市、成都市、绵阳市、重庆市、广元市、泸州市、南充市、自贡市、攀枝花市、雅安市、巴中市
北部高原经济区	西安市、兰州市、呼和浩特市、嘉峪关市、宝鸡市、包头市
新疆经济区	乌鲁木齐市、克拉玛依市
青藏高原经济区	西宁市、拉萨市

表6　按区域排名占比

地区	排名前20城市数量（个）	排名前20城市占比（％）	排名前百城市数量（个）	排名前百城市占比（％）	地区评价城市数量（个）	地区评价城市占比（％）	地区前百城市数量/地区评价城市数量（％）
东北经济区	2	40.00	5	5.00	37	13.03	13.51
环渤海经济区	3	25.00	12	12.00	47	16.55	25.53
泛长三角经济区	5	17.24	29	29.00	51	17.96	56.86
南部沿海经济区	6	31.58	19	19.00	46	16.20	41.30
湘鄂赣经济区	2	14.29	14	14.00	36	12.68	38.89
环四川盆地经济区	2	18.18	11	11.00	30	10.56	36.67
北部高原经济区	0	0.00	6	6.00	33	11.62	18.18
新疆经济区	0	0.00	2	2.00	2	0.70	100.00
青藏高原经济区	0	0.00	2	2.00	2	0.70	100.00

　　根据上述城市所隶属的具体行政区域，将 2018 年进入前 100 名的绿色生活型城市列入中国行政区域图中，可以看到 2018 年前百城市的分布。依

据表6可以看出，在284个评价城市中，东北经济区占比为13.03%，选取了37个代表城市，其中前百城市占比为13.51%，有5个，在前百城市中占比过少；环渤海经济区占比为16.55%，选取了47个代表城市，其中前百城市占比为25.53%，有12个；泛长三角经济区占比为17.96%，选取了51个代表城市，其中前百城市占比为56.86%，有29个；南部沿海经济区占比为16.20%，选取了46个代表城市，其中前百城市占比为41.30%，有19个；湘鄂赣经济区占比为12.68%，选取了36个代表城市，其中前百城市占比为38.89%，有14个；环四川盆地经济区占比为10.56%，选取了30个代表城市，其中前百城市占比为36.67%，有11个；北部高原经济区占比为11.62%，选取了33个代表城市，其中前百城市占比为18.18%，有6个，排名前百的城市较少；新疆经济区占比为0.70%，选取了2个代表城市，其中前百城市占比为100%，有2个；青藏高原经济区占比为0.70%，选取了2个代表城市，其中前百城市占比为100%，有2个。

图1、图2、图3分别展示了2018年中国各地区评价城市数量占评价城

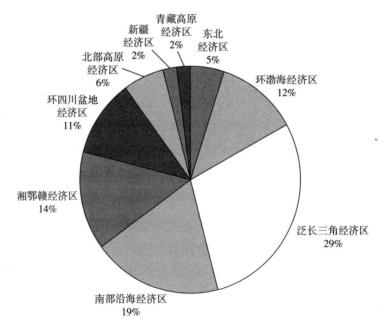

图1　2018年按区域评价进入百强城市占比

市总数量，以及各地区百强城市数量占该地区评价城市数量比例，从图中可以看出，无论是选取的评价城市还是前百城市，泛长三角经济区都是拥有城

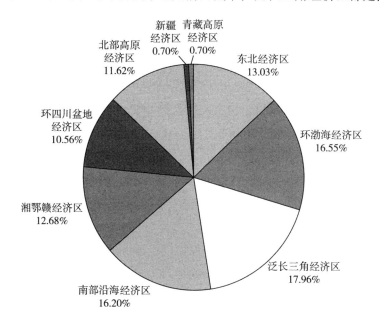

图2　2018年按区域评价城市数量占评价城市总数量比例

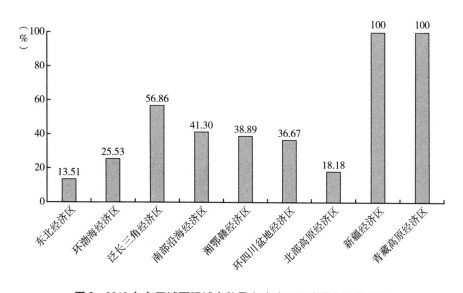

图3　2018年各区域百强城市数量占该地区评价城市数量比例

市最多的地区，新疆和青藏高原经济区选取的评价城市都只有 2 个，虽然代表城市少，但都在综合指数前百城市的行列中。综合指数前 20 城市中没有北部高原经济区、新疆经济区和青藏高原经济区的城市。

二　绿色生活型城市建设发展趋势

三亚市、厦门市、深圳市、上海市、武汉市、南昌市已经连续三年排名前 10，表明这些城市在生态城市建设的基础方面和绿色生活型城市的构建方面表现均非常出色，具有表率和榜样作用。其中，三亚市连续三年综合指数得分排名第 1，这表明三亚市在绿色生活型城市构建方面已经超越全国极大多数城市，已经有了成熟完备的绿色生活型城市体系。而在绿色生活型城市构建的特色方面，茂名市最注重教育的投资，厦门市公共设施投资力度最大，巴彦淖尔市在人行道方面的建设最值得学习，葫芦岛市在共享交通、绿色出行方面尤为突出，铜陵市在城市市容方面成绩突出，给人民创造了舒适干净的生活环境。

在 2018 年的地区划分和绿色生活型城市评价中发现，泛长三角经济区在九大经济区中处于领跑地位，无论是前百城市还是前 20 城市占比都处于较高水平，是中国重要的规划经济区之一，在生态建设和经济建设方面都有明显的成果。东北经济区、环渤海经济区、南部沿海经济区、湘鄂赣经济区以及环四川盆地经济区在绿色生活型城市建设方面逐步提高，已有成效。而北部高原经济区、新疆经济区和青藏高原经济区，前百城市共有 10 个，前 20 城市更是没有，这样欠发达的地区在绿色生活型城市建设方面还有待提升，我们不能在经济发展的过程中忽略了生态的保护，以过度牺牲生态来换取经济发展的做法是不可取的。

三　绿色生活型城市建设对策建议

在生态经济方面，发展经济的过程中应该合理利用自然资源，处理好城市与生态环境的关系。为了避免资源的浪费，应该提高生产技术和效率，尤其是提高生产设备的有效利用率，做到不浪费一点资源。还可以对可回收资源再利用，提高资源的利用率，大力发展可再生资源，积极发展绿色科技，加快探索新能源。在思想层面引导民众节约资源，减少不必要浪费等。建立和拓展生态环保产业，结合本地实情寻找适合本区域的生态经济支柱产业。

在生态社会方面，要以环境改善和生活美好为宗旨，在美好生活的同时注重对环境的保护。从政府角度完善保护环境的法规和制度，宣传生态环保知识，鼓励人们绿色出行，建立共享交通体系，必要时采取强制措施来规范人们的行为。完善市政设施，为人民美好生活提供物质基础，营造干净整洁的生活环境。从个人角度，我们应该从生活点滴出发，不浪费资源、不污染环境，从而避免影响身边的人。

在生态环境方面，坚决杜绝严重污染环境的行为，对于工厂废物排放要有严格的标准和监管制度，建立健全各类环境保护法律和生态环境损害赔偿制度，严厉打击破坏环境的行为。加强对有害污染物的集中处理，坚决打击滥砍滥伐，尽力修复已被破坏的环境。

要从生态经济、生态社会和生态环境三个方面来共同构建绿色生活型城市体系，建立绿色的可持续发展体系，做到环境改善、社会和谐、生活美好。

G.6
健康宜居型城市建设评价报告

王翠云　台喜生　李明涛*

摘　要：　健康宜居型城市是城市发展的终极目标，人类社会发展的最高境界需要做到自然物质环境和社会人文环境的协调发展，满足人们物质生活和精神生活的需要。本报告首先介绍了健康宜居型城市的概念，并建立了包括14个核心指标（评价生态城市的健康指数）和5个特色指标（评价健康宜居型城市的特色指数）的健康宜居型城市评价指标体系；其次运用该评价体系，分别计算了中国150个城市的健康指数和特色指数，进而得到健康宜居型城市综合指数，并对排在前100的城市进行分析和评价；最后以国内的上海市和国外的维也纳市为例，对健康宜居型城市的建设实践进行探讨，提出了建设健康宜居型城市的对策建议。

关键词：　健康宜居型城市　上海　维也纳　城市建设评价

健康宜居型城市是一个全新的概念，它是人类在实现了高度工业化和城市化后，对城市这种聚落形式的担忧和期盼，建设适宜人类居住的健康宜居型城市，是城市发展的终极目标，也是人类社会发展的最高境界。[1]　健康宜

---

* 王翠云，博士，副教授，主要研究方向为城市环境与城市经济；台喜生，博士，兰州城市学院副教授，主要研究方向为环境生态工程；李明涛，博士，兰州城市学院副教授，主要研究方向为流域水文与水环境。

[1] 李丽萍：《宜居城市建设研究》，经济日报出版社，2007。

居型城市是一个由自然物质环境和社会人文环境构成的复杂巨系统，其中自然物质环境包括自然环境、人工环境和设施环境三个子系统，城市自然环境包括宜人的气候、洁净的空气、富有魅力的景观等；城市人工环境包括宏伟的建筑、美丽的广场、宽敞的街道等；城市设施环境包括完善的医疗卫生系统、便捷的交通体系、著名的高等院校、众多的历史遗迹等。社会人文环境包括社会环境、经济环境和文化环境三个子系统，城市社会环境包括良好的治安环境、完善的社会保障体系、良好的社区邻里关系等；城市经济环境包括充足的就业岗位、巨大的发展潜力、较高的收入水平等；城市文化环境包括健全的文化设施、充足的教育资源、多彩的文化活动等。

健康宜居型城市的自然物质环境为人们提供了方便、舒适的物质基础，而社会人文环境则为人们提供了充足的就业岗位、良好的公共秩序和浓郁的文化氛围，两者相互融合，形成一个有机的整体。城市自然物质环境是健康宜居型城市建设的基础，城市社会人文环境是健康宜居型城市建设发展的深化，而城市社会人文环境的营造需要以城市的自然物质环境为载体，城市自然物质环境的设计需要体现城市社会人文内涵。所以，健康宜居型城市的建设需要做到自然物质环境和社会人文环境的协调发展，才能满足人们物质生活和精神生活的需要。

一　健康宜居型城市评价报告

（一）健康宜居型城市评价指标体系

健康宜居型城市是一种特殊的生态城市，既具有生态城市的基本特点，又有其特殊性，因此，我们构建的健康宜居型城市评价指标体系包括两部分，一部分为反映生态城市共性的 14 项核心指标，另一部分为反映健康宜居型城市特性的 5 项特色指标（见表 1）。

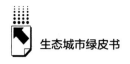
表1 健康宜居型城市评价指标体系

一级指标	核心指标			特色指标	
	二级指标	序号	三级指标	序号	四级指标
绿色生产型城市综合指数	生态环境	1	森林覆盖率[建成区人均绿地面积(平方米)]	15	人体舒适度指数
		2	空气质量优良天数(天)		
		3	河湖水质[人均用水量(吨)]	16	万人拥有文化、体育、娱乐业从业人员数(人)
		4	单位GDP工业二氧化硫排放量(千克/万元)		
		5	生活垃圾无害化处理率(%)		
	生态经济	6	单位GDP综合能耗(吨标准煤/万元)	17	万人拥有医院、卫生院数(座)
		7	一般工业固体废物综合利用率(%)		
		8	R&D经费占GDP比重(%)[科学技术支出和教育支出的经费总和占GDP比重(%)]		
		9	信息化基础设施[互联网宽带接入用户数(万户)/城市年末总人口(万人)]		
		10	人均GDP(元)	18	公园绿地500米半径服务率(%)
	生态社会	11	人口密度(人/公里²)		
		12	生态环保知识、法规普及率,基础设施完好率(%)[水利、环境和公共设施管理业全市从业人员数(万人)/城市年末总人口(万人)]		
		13	公众满意程度[民用车辆数(辆)/城市道路长度(公里)]	19	人均居住用地面积(平方米)
		14	政府投入与建设效果(%)[市政公用设施建设固定资产投资(万元)/城市GDP(万元)]		

注:当年发生重大污染事故的城市在总指数中扣除5%~7%。

本报告中的5项特色指标与2017年保持一致,包括了"人体舒适度指数"、"万人拥有文化、体育、娱乐业从业人员数"、"万人拥有医院、卫生院数"、"公园绿地 500 米半径服务率"和"人均居住用地面积"。其中"人体舒适度指数"由温度、湿度和风速计算得到,反映了人类机体对城市的气象环境的主观感觉,即人体的舒适程度,计算公式如下:

$$SST = (1.818t + 18.18)(0.88 + 0.002f) + \frac{t - 32}{45 - t} - 3.2v + 18.2$$

其中 SST 为人体舒适度指数、t 为平均气温、f 为相对湿度、v 为风速。

"公园绿地 500 米半径服务率"由公园绿地面积、城市建成区面积计算得到,能够量化反映城市景观的生态服务功能,服务率越高,表明景观的可达性越好,城市居民日常到达公园绿地进行休闲娱乐的便捷程度越高,能增加城市居民的生活幸福指数。计算公式如下:

$$F_i = \frac{\sum P_{ij}}{S_i} \times 100\%$$

式中,F_i 为第 i 城市的公园绿地 500 米半径服务率,P_{ij} 为第 i 城市第 j 个公园绿地的 500 米缓冲区面积,由 ArcGIS 软件计算得到,S_i 表示第 i 城市的建成区面积。

"万人拥有文化、体育、娱乐业从业人员数"根据"文化、体育、娱乐业从业人员数"与"年末户籍人口数"计算得到,"文化、体育、娱乐业从业人员数"包括了各种文化、体育、娱乐活动的从业人员和为文化、体育、娱乐活动提供服务的所有人员。这一指标反映了一个城市为市民提供的文化休闲娱乐活动的丰富程度;"万人拥有医院、卫生院数"根据"医院数"与"年末户籍人口数"计算得到,这一指标反映出一个城市的医疗保障水平及市民就医的方便程度;"人均居住用地面积"根据城市建设用地中"居住用地面积"和"市区人口"计算得到,这一指标在一定程度上可以反映出一个城市人居环境的优劣。

(二)健康宜居型城市的评价方法及评价范围

1. 健康宜居型城市评价数据来源及评价方法

用于健康宜居型城市评价的数据主要来自《中国环境年鉴》、《中国城

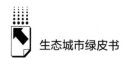

市统计年鉴》、《中国城市建设统计年鉴》、当地统计年鉴和国家气象信息中心网站。健康宜居型城市的评价方法与中国生态城市健康状况评价报告中所使用的方法一致。

2. 健康宜居型城市的评价范围及时间

健康宜居型城市的评价按照健康宜居型城市评价指标体系，共选择150个城市，采用2018年的统计数据进行计算，并对健康宜居型城市综合指数前100名的城市进行重点评价与分析。

（三）健康宜居型城市评价与分析

通过对14项核心指标和5项特色指标的计算，我们得到了150个城市2018年生态城市的健康指数和健康宜居型城市的特色指数，将这2个指数进行综合计算后得到健康宜居型城市综合指数。将综合指数位于前100名城市的3项指数和5个特色指标进行排名，结果如表2所示。

1. 2018年健康宜居型城市建设评价与分析

从表2中可以看出，健康宜居型城市综合指数排在前10位的城市分别是三亚市、厦门市、海口市、珠海市、杭州市、广州市、武汉市、深圳市、舟山市和上海市。

素有"东方夏威夷"之称的三亚市，是一座具有热带海滨风景特色的国际旅游城市，曾入选"中国特色魅力城市"200强及"世界特色魅力城市"200强。本次健康宜居型城市评价中，其综合指数排在了第1位，健康指数和特色指数分别排在第2位和第9位，可见三亚市生态城市和健康宜居型城市的建设卓有成效，生态城市的建设略优于健康宜居型城市的建设。从表征健康宜居型城市的5项特色指标来看，因三亚市气候宜人，年均气温达25.7℃，舒适性高，"人体舒适度指数"排在了第19位；绿地系统发达，且均衡分布、比例合理，"公园绿地500米半径服务率"居第3位；文化、体育、娱乐业繁荣发展，"万人拥有文化、体育、娱乐业从业人员数"居第12位；但是"人均居住用地面积"却排在第100位，因此目前三亚市健康宜居型城市建设的重点是应该适当增加居住用地面积，避免因人口增长导致的

表 2　2018 年健康宜居型城市综合指数排名前 100 城市

城市	健康宜居型城市综合指数（19项指标结果）		生态城市健康指数（14项指标结果）		健康宜居型城市特色指数（5项指标结果）		特色指标单项排名				
	得分	排名	得分	排名	得分	排名	万人拥有文化、体育、娱乐从业人员数（人）	万人拥有医院、卫生院数（座）	公园绿地500米半径服务率（%）	人均居住用地面积（平方米）	人体舒适度指数
三亚	0.9082	1	0.9177	2	0.8816	9	12	36	3	100	19
厦门	0.9025	2	0.9187	1	0.8573	13	7	89	37	18	23
海口	0.8955	3	0.8984	3	0.8873	7	6	64	45	70	1
珠海	0.8943	4	0.8927	4	0.8986	4	21	32	14	73	7
杭州	0.8822	5	0.8858	6	0.8720	11	17	21	4	103	47
广州	0.8745	6	0.8819	7	0.8536	16	13	57	24	105	16
武汉	0.8732	7	0.8670	12	0.8905	6	14	12	46	69	49
深圳	0.8713	8	0.8873	5	0.8264	24	3	44	17	138	2
舟山	0.8710	9	0.8705	11	0.8726	10	34	38	56	74	50
上海	0.8653	10	0.8795	8	0.8254	25	9	70	39	111	57
南京	0.8611	11	0.8487	17	0.8958	5	10	41	5	65	67
北京	0.8596	12	0.8612	14	0.8551	15	1	6	22	126	99
南昌	0.8578	13	0.8705	10	0.8223	29	33	83	68	66	31
青岛	0.8575	14	0.8766	9	0.8039	32	43	8	87	61	111
成都	0.8487	15	0.8282	27	0.9060	3	4	1	52	51	58
福州	0.8472	16	0.8524	16	0.8326	22	30	114	7	55	25
宁波	0.8431	17	0.8575	15	0.8029	33	38	52	90	79	42
南宁	0.8396	18	0.8633	13	0.7732	41	36	127	44	92	20
贵阳	0.8391	19	0.8235	29	0.8826	8	26	10	35	27	94

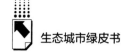

续表

城市	健康宜居型城市综合指数（19项指标结果）		生态城市健康指数（14项指标结果）		健康宜居型城市特色指数（5项指标结果）		特色指标单项排名				
	得分	排名	得分	排名	得分	排名	万人拥有文化、体育、娱乐从业人员数（人）	万人拥有卫生医院数（座）	公园绿地500米半径服务率（%）	人均居住用地面积（平方米）	人体舒适度指数
大连	0.8377	20	0.8412	20	0.8280	23	46	46	43	68	119
合肥	0.8353	21	0.8398	21	0.8229	28	42	85	67	9	59
苏州	0.8322	22	0.8226	30	0.8594	12	50	50	40	29	53
东莞	0.8224	23	0.7828	56	0.9334	1	23	14	10	1	9
威海	0.8212	24	0.8379	24	0.7744	40	47	84	70	35	113
天津	0.8118	25	0.8345	25	0.7484	49	31	23	71	140	109
镇江	0.8103	26	0.8385	23	0.7314	57	53	109	83	23	55
长沙	0.8101	27	0.8051	42	0.8240	27	16	42	84	41	52
绍兴	0.8091	28	0.8282	28	0.7556	45	73	115	15	39	40
南通	0.8081	29	0.8389	22	0.7219	62	86	40	101	57	71
长春	0.8030	30	0.8414	19	0.6953	73	28	71	104	48	142
济南	0.8022	31	0.8068	40	0.7892	37	29	28	96	83	88
佛山	0.8005	32	0.8105	36	0.7727	42	45	58	29	146	17
沈阳	0.7997	33	0.8225	31	0.7359	53	35	31	109	64	131
乌鲁木齐	0.7996	34	0.7841	55	0.8430	20	5	4	20	4	135
西安	0.7969	35	0.8037	43	0.7776	39	22	35	72	133	85
秦皇岛	0.7967	36	0.8114	35	0.7554	46	54	87	28	85	118

续表

城市	健康宜居型城市综合指数（19项指标结果）		生态城市健康指数（14项指标结果）		健康宜居型城市特色指数（5项指标结果）		特色指标单项排名				
	得分	排名	得分	排名	得分	排名	万人拥有文化、体育、娱乐从业人员数（人）	万人拥有医院、卫生院数（座）	公园绿地500米半径服务率（%）	人均居住用地面积（平方米）	人体舒适度指数
中山	0.7958	37	0.7770	61	0.8484	17	48	34	63	76	4
无锡	0.7944	38	0.7754	63	0.8474	18	55	29	50	45	56
常州	0.7934	39	0.8090	37	0.7496	48	41	99	51	139	60
惠州	0.7922	40	0.7900	50	0.7983	34	60	104	13	7	10
柳州	0.7919	41	0.8066	41	0.7508	47	69	123	16	44	18
北海	0.7894	42	0.8179	32	0.7097	67	96	131	36	43	3
金华	0.7878	43	0.7681	73	0.8427	21	56	54	31	53	33
温州	0.7846	44	0.8003	45	0.7404	51	79	118	25	63	32
哈尔滨	0.7826	45	0.8319	26	0.6445	102	44	37	118	97	147
重庆	0.7805	46	0.8162	33	0.6804	79	70	79	26	141	112
昆明	0.7778	47	0.7271	106	0.9199	2	24	5	2	20	83
景德镇	0.7778	48	0.7950	48	0.7294	60	88	113	57	16	28
株洲	0.7766	49	0.7940	49	0.7278	61	83	11	120	19	34
江门	0.7749	50	0.8072	39	0.6844	77	106	140	19	54	8
拉萨	0.7740	51	0.7706	67	0.7836	38	2	7	113	13	124
克拉玛依	0.7726	52	0.7786	60	0.7559	44	62	19	65	3	130
嘉兴	0.7716	53	0.7628	76	0.7961	36	58	93	30	28	62

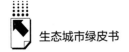

续表

城市	健康宜居型城市综合指数（19项指标结果）		生态城市健康指数（14项指标结果）		健康宜居型城市特色指数（5项指标结果）		特色指标单项排名				
	得分	排名	得分	排名	得分	排名	万人拥有文化、体育、娱乐从业人员数（人）	万人拥有卫生医院、卫生院数（座）	公园绿地500米半径服务率（%）	人均居住用地面积（平方米）	人体舒适度指数
烟台	0.7704	54	0.8003	46	0.6868	76	66	48	130	30	114
湖州	0.7700	55	0.7601	79	0.7977	35	81	81	1	50	54
台州	0.7675	56	0.7873	52	0.7122	66	87	102	60	88	36
郑州	0.7670	57	0.7690	70	0.7614	43	20	51	114	94	74
兰州	0.7619	58	0.7711	66	0.7362	52	15	25	58	40	150
太原	0.7615	59	0.7391	92	0.8242	26	11	16	55	87	120
绵阳	0.7608	60	0.8016	44	0.6464	101	107	90	93	96	46
宜昌	0.7601	61	0.7405	90	0.8150	30	18	75	78	26	76
西宁	0.7584	62	0.7684	72	0.7302	59	27	26	61	121	140
芜湖	0.7557	63	0.7688	71	0.7188	64	74	94	66	86	63
蚌埠	0.7536	64	0.7795	59	0.6813	78	136	92	74	17	78
肇庆	0.7513	65	0.7872	53	0.6510	99	127	139	53	80	13
淄博	0.7462	66	0.7248	108	0.8062	31	39	30	91	52	97
连云港	0.7454	67	0.7957	47	0.6046	114	135	122	98	38	91
九江	0.7388	68	0.7602	78	0.6791	81	92	141	49	25	39
扬州	0.7384	69	0.7865	54	0.6037	116	82	119	103	122	66
呼和浩特	0.7322	70	0.7361	96	0.7211	63	8	15	122	8	139

续表

| 城市 | 健康宜居型城市综合指数（19项指标结果） | | 生态城市健康指数（14项指标结果） | | 健康宜居型城市特色指数（5项指标结果） | | 特色指标单项排名 | | | | |
	得分	排名	得分	排名	得分	排名	万人拥有文化、体育、娱乐业从业人员数（人）	万人拥有医院、卫生院数（座）	公园绿地500米半径服务率（%）	人均居住用地面积（平方米）	人体舒适度指数
汕头	0.7313	71	0.7876	51	0.5738	125	98	148	62	134	6
丽水	0.7303	72	0.7285	103	0.7355	54	65	96	27	118	27
银川	0.7265	73	0.6843	159	0.8445	19	19	13	59	6	121
马鞍山	0.7252	74	0.7318	98	0.7068	68	93	56	85	82	68
东营	0.7226	75	0.7384	94	0.6782	83	91	27	128	32	100
包头	0.7205	76	0.7288	102	0.6973	71	49	9	97	89	136
衢州	0.7196	77	0.7101	125	0.7462	50	94	39	6	123	41
泉州	0.7192	78	0.7392	91	0.6634	91	100	120	18	59	126
大庆	0.7166	79	0.7297	101	0.6798	80	59	17	92	5	144
桂林	0.7160	80	0.7298	100	0.6774	85	77	138	11	108	26
牡丹江	0.7091	81	0.7213	111	0.6750	87	57	43	73	78	148
石家庄	0.7061	82	0.7188	114	0.6706	89	37	65	80	150	93
盐城	0.7055	83	0.7552	82	0.5664	130	99	105	127	132	75
鄂尔多斯	0.7035	84	0.6922	145	0.7351	55	51	3	116	2	134
延安	0.7021	85	0.7170	116	0.6604	93	25	66	89	120	143
日照	0.6958	86	0.7360	97	0.5833	121	122	108	105	90	108
宝鸡	0.6951	87	0.7456	87	0.5537	132	67	55	111	148	127

续表

城市	健康宜居型城市综合指数（19项指标结果）		生态城市健康指数（14项指标结果）		健康宜居型城市特色指数（5项指标结果）		特色指标单项排名				
	得分	排名	得分	排名	得分	排名	万人拥有文化、体育、娱乐从业人员数（人）	万人拥有医院、卫生院数（座）	公园绿地500米半径服务率（%）	人均居住用地面积（平方米）	人体舒适度指数
丽江	0.6944	88	0.6367	209	0.8560	14	32	74	9	77	92
湘潭	0.6941	89	0.6996	135	0.6785	82	72	78	138	67	35
漳州	0.6922	90	0.6883	154	0.7030	70	119	125	21	33	11
赣州	0.6920	91	0.7523	83	0.5234	142	139	145	86	125	24
大同	0.6920	92	0.6904	151	0.6963	72	40	24	132	58	138
营口	0.6917	93	0.6909	149	0.6939	74	68	2	112	21	129
吉林	0.6904	94	0.7126	119	0.6281	105	80	20	119	56	141
新余	0.6899	95	0.7187	115	0.6091	112	85	136	81	107	37
德阳	0.6894	96	0.6795	163	0.7170	65	131	80	54	81	43
本溪	0.6884	97	0.6865	157	0.6938	75	75	49	77	60	132
泰州	0.6884	98	0.7370	95	0.5522	133	120	126	94	131	73
辽阳	0.6851	99	0.6952	138	0.6568	97	89	33	117	14	125
鞍山	0.6847	100	0.6920	146	0.6642	90	71	47	131	22	122

人均居住用地面积不足。

　　健康宜居型城市综合指数排在第 2 位的城市仍然是厦门市，与 2017 年的排名结果相同，其健康指数排名由 2017 年的第 2 位上升到 2018 年的第 1 位，特色指数排名则由第 11 位下降到第 13 位，说明厦门市生态城市和健康宜居型城市建设状况略有波动，但总体建设状况良好。近年来，厦门市的文化、体育和娱乐产业发展状况良好，尤其是文化娱乐市场得到了迅猛发展，已成为整个文化事业和文化产业的重要组成部分，"万人拥有文化、体育、娱乐业从业人员数"排在第 7 位；2018 年城市居住用地面积大幅提升，所以"人均居住用地面积"的排名由 2017 年的第 32 位，上升到了第 18 位；"人体舒适度指数"和"公园绿地 500 米半径服务率"的排名分别为第 23 位和第 37 位，今后应适当增加城市绿地面积，提高公园绿地的服务率；5 项指标中排名最差的是"万人拥有医院、卫生院数"，排在了第 89 位，所以厦门市应增加医院和卫生院的数量，改善医疗条件。

　　健康宜居型城市综合指数排在第 3 位的是海口市，其健康指数和特色指数分别排在第 3 位和第 7 位，生态城市和健康宜居型城市建设状况都很好，且较为均衡。这一结果得益于海口市四季常青、温暖舒适的热带季风气候，使"人体舒适度指数"位居第 1，众多的体育赛事和文艺活动，使"万人拥有文化、体育、娱乐业从业人员数"位居第 6，海口还拥有"中国最具幸福感城市、中国十大美好生活城市、国家环境保护模范城市、国家园林城市、国际湿地城市"等众多荣誉称号。5 项特色指标中，"万人拥有医院、卫生院数"和"人均居住用地面积"分别排在第 64 位和第 70 位，所以海口市健康宜居型城市建设的重点是进一步增加居住用地面积和医院、卫生院数量。

　　健康宜居型城市综合指数排在第 4 位的是珠海市，珠海市是珠江口西岸的核心城市、粤港澳大湾区的重要节点，曾以整体城市景观入选"全国旅游胜地四十佳"，其健康指数和特色指数也都排在第 4 位，表明珠海市生态城市和健康宜居型城市建设水平高且非常均衡。表征健康宜居型城市的 5 项

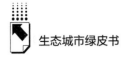

特色指标中"人体舒适度指数"、"公园绿地 500 米半径服务率"、"万人拥有文化、体育、娱乐业从业人员数"和"万人拥有医院、卫生院数"分别排在第 7 位、第 14 位、第 21 位和第 32 位，只有"人均居住用地面积"排名较为落后，排在了第 73 位，因此珠海市在健康宜居型城市建设过程中应增加居住用地面积，提升居住环境。

健康宜居型城市综合指数排在第 5 位的是杭州市，其健康指数排在第 6 位，而特色指数排在第 11 位，健康指数领先于特色指数，说明杭州市生态城市建设情况较好，健康宜居型城市的建设需进一步加强。5 项健康宜居型城市特色指标中，"公园绿地 500 米半径服务率"、"万人拥有文化、体育、娱乐业从业人员数"和"万人拥有医院、卫生院数"的排名情况较好，分别是第 4 位、第 17 位和第 21 位；杭州市处于亚热带季风区，夏季炎热湿润，冬季寒冷干燥，导致"人体舒适度指数"排在了第 47 位；排名最差的是"人均居住用地面积"，排在了第 103 位，因此杭州市应增加居住用地面积。

广府文化的发祥地、国家历史文化名城——广州市，在本次健康宜居型城市评价中，其综合指数、健康指数和特色指数分别排在了第 6 位、第 7 位和第 16 位，特色指数落后于健康指数，表明广州市健康宜居型城市建设落后于生态城市建设。表征健康宜居型城市建设的 5 项特色指标中，"万人拥有文化、体育、娱乐业从业人员数"、"人体舒适度指数"和"公园绿地 500 米半径服务率"均排在了前 25 位，表明广州市气候宜人，城市绿地覆盖率高，且公园分布合理，文化体育娱乐业发达；排名较差的是"万人拥有医院、卫生院数"和"人均居住用地面积"，分别排在第 57 位和第 105 位，表明广州市健康宜居型城市建设的重点是增加人均居住用地面积，同时增加医院和卫生院的数量。

健康宜居型城市综合指数排在第 7 位的是武汉市，其健康指数和特色指数分别排在第 12 位和第 6 位，健康指数落后于特色指数，说明武汉市生态城市的建设需要进一步提升，而健康宜居型城市的建设状况较好。表征健康宜居型城市建设的 5 项特色指标排名较为均衡，排名最好的是"万人拥有医院、卫生院数"，排在了第 12 位，排名最差的是"人均居住用地面积"，排在了第 69 位；"万人拥有文化、体育、娱乐业从业人员数"、"公园绿地 500 米半径服务率"和"人体舒适度指数"分别排在第 14 位、第 46 位和第 49 位。说明武汉市在健康宜居型城市建设过程中，应不断优化用地结构，增加居住用地面积。

健康宜居型城市综合指数排在第 8 位的是深圳市，其健康指数和特色指数分别排在第 5 位和第 24 位，是前 10 位城市中健康指数和特色指数排名差异最大的城市，表明深圳市生态城市的建设明显优于健康宜居型城市的建设。表征健康宜居型城市建设的 5 项特色指标中，"人体舒适度指数"和"万人拥有文化、体育、娱乐业从业人员数"分别排在第 2 位和第 3 位，说明深圳市的气候条件宜人，文化体育娱乐业发达，在全国处于领先的位置；"公园绿地 500 米半径服务率"和"万人拥有医院、卫生院数"分别排在了第 17 位和第 44 位，排名最差的是"人均居住用地面积"，排在了第 138 位。所以深圳市健康宜居型城市建设的首要任务是增加居住用地面积，缓解因人口增加导致的人均居住用地面积不足的现状。

健康宜居型城市综合指数排在第 9 位的是舟山市，不仅健康指数和特色指数的排名较为接近，分别排在第 11 位和第 10 位，而且表征健康宜居型城市建设的 5 项特色指标的排名也较为接近，"万人拥有文化、体育、娱乐业从业人员数"、"万人拥有医院、卫生院数"、"人体舒适度指数"、"公园绿地 500 米半径服务率"和"人均居住用地面积"分别排在第 34 位、第 38 位、第 50 位、第 56 位和第 74 位。说明以群岛建制的舟山市，生态城市建设和健康宜居型城市的建设较为均衡，在冬暖夏凉、温和湿润的气候条件下，植被覆盖度高，且公园分布合理、服务率高，文化体育娱乐事业发达，医疗保健等服务设施完备。

健康宜居型城市综合指数排在第 10 位的是上海市，其健康指数排在第 8 位，特色指数排在第 25 位，特色指数的排名落后于健康指数，说明上海市应加强健康宜居型城市的建设力度。表征特色指数的 5 项指标中，排名情

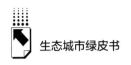
况最好的是"万人拥有文化、体育、娱乐业从业人员数",排在了第9位;其次是"公园绿地500米半径服务率"、"人体舒适度指数"和"万人拥有医院、卫生院数",分别排在了第39位、第57位和第70位;排名最差的是"人均居住用地面积",排在了第111位,主要是上海市人口的不断增长使人均居住用地面积不足。

对表征健康宜居型城市的5项特色指标进行分析,"万人拥有文化、体育、娱乐业从业人员数"排在前20名的城市是北京市、拉萨市、深圳市、成都市、乌鲁木齐市、海口市、厦门市、呼和浩特市、上海市、南京市、太原市、三亚市、广州市、武汉市、兰州市、长沙市、杭州市、宜昌市、银川市和郑州市;"万人拥有医院、卫生院数"排在前20名的是成都市、营口市、鄂尔多斯市、乌鲁木齐市、昆明市、北京市、拉萨市、青岛市、包头市、贵阳市、株洲市、武汉市、银川市、东莞市、呼和浩特市、太原市、大庆市、岳阳市、克拉玛依市和吉林市;"公园绿地500米半径服务率"排在前20名的是湖州市、昆明市、三亚市、杭州市、南京市、衢州市、福州市、宜宾市、丽江市、东莞市、桂林市、梅州市、惠州市、珠海市、绍兴市、柳州市、深圳市、泉州市、江门市和乌鲁木齐市;"人均居住用地面积"排在前20名的是东莞市、鄂尔多斯市、克拉玛依市、乌鲁木齐市、大庆市、银川市、惠州市、呼和浩特市、合肥市、沧州市、安庆市、邢台市、拉萨市、辽阳市、锦州市、景德镇市、蚌埠市、厦门市、株洲市和昆明市;"人体舒适度指数"排在前20名的是海口市、深圳市、北海市、中山市、湛江市、汕头市、珠海市、江门市、东莞市、惠州市、漳州市、揭阳市、肇庆市、玉林市、梅州市、广州市、佛山市、柳州市、三亚市和南宁市。

2. 2018年健康宜居型城市的区域分布

按照华北地区、华东地区、中南地区、西南地区、西北地区和东北地区六个行政区域,对综合指数排在前100名的健康宜居型城市进行分类,得到2018年健康宜居型城市综合指数排名前100名城市分布表(见表3)。

表3　2018 年健康宜居型城市综合指数排名前 100 城市分布

单位：个

地区	参评数量	前 100 名的健康宜居型城市	
		名称	数量
华北	16	北京、天津、石家庄、秦皇岛、太原、大同、鄂尔多斯、呼和浩特、包头	9
华东	54	上海、南京、无锡、常州、苏州、南通、连云港、盐城、扬州、镇江、泰州、杭州、宁波、温州、嘉兴、湖州、绍兴、金华、衢州、舟山、台州、丽水、合肥、芜湖、蚌埠、马鞍山、福州、厦门、漳州、泉州、济南、青岛、淄博、东营、烟台、威海、日照、南昌、景德镇、九江、新余、赣州	42
中南	43	广州、深圳、珠海、汕头、佛山、江门、肇庆、惠州、东莞、中山、南宁、柳州、桂林、北海、海口、三亚、郑州、武汉、宜昌、长沙、株洲、湘潭	22
西南	12	重庆、成都、德阳、绵阳、贵阳、拉萨、昆明、丽江	8
西北	10	西安、宝鸡、延安、兰州、西宁、银川、克拉玛依、乌鲁木齐、	8
东北	15	沈阳、大连、鞍山、本溪、营口、辽阳、长春、吉林、哈尔滨、大庆、牡丹江	11

从表 3 可以看出，2018 年健康宜居型城市评价过程中，从华东地区选择的城市数量最多，共选择了 54 个城市，占总评价数量的 36%，其中有77.78% 的城市，即 42 个城市进入前 100 名；其次是中南地区，从本区域共选择了 43 个城市，占总评价数量的 28.67%，其中有 51.16% 的城市，即 22个城市进入前 100 名。中国经济发达、人口密度大、城市化水平高的城市集中分布于这两个区域，因此这两个区域凭借优越的地理位置和发达的经济条件，健康宜居型城市的建设在全国处于领先位置，进入健康宜居型城市前100 名的城市共 64 个。

华北地区和东北地区选择的城市数量相当，华北地区有 16 个，占评价总数的 10.67%，其中有 56.25% 的城市，即 9 个城市进入前 100 名；东北地区有 15 个，占评价总数的 10%，其中有 73.33% 的城市，即 11 个城市进入前 100 名；可见东北地区依托"沈大工业带"、"长吉工业带"和"哈大齐工业带"形成的"辽中南城市群""哈长城市群"的健康宜居型城市建设状况优于华北地区。

西南地区和西北地区选择的城市数量最少，西南地区有 12 个，占评价总数的 8%，其中有 66.67% 的城市，即 8 个城市进入前 100 名；西北地区有 10 个，占评价总数的 6.67%，其中有 80% 的城市，即 8 个城市进入前 100 名；这两个区域深居内陆，距海遥远，再加上戈壁、沙漠、高原、山地地形的影响，健康宜居型城市的建设受到诸多限制，相对落后。

表 4　2018 年健康宜居型城市综合指数前 100 城市

城市	排名	城市	排名	城市	排名	城市	排名
三亚	1	镇江	26	拉萨	51	包头	76
厦门	2	长沙	27	克拉玛依	52	衢州	77
海口	3	绍兴	28	嘉兴	53	泉州	78
珠海	4	南通	29	烟台	54	大庆	79
杭州	5	长春	30	湖州	55	桂林	80
广州	6	济南	31	台州	56	牡丹江	81
武汉	7	佛山	32	郑州	57	石家庄	82
深圳	8	沈阳	33	兰州	58	盐城	83
舟山	9	乌鲁木齐	34	太原	59	鄂尔多斯	84
上海	10	西安	35	绵阳	60	延安	85
南京	11	秦皇岛	36	宜昌	61	日照	86
北京	12	中山	37	西宁	62	宝鸡	87
南昌	13	无锡	38	芜湖	63	丽江	88
青岛	14	常州	39	蚌埠	64	湘潭	89
成都	15	惠州	40	肇庆	65	漳州	90
福州	16	柳州	41	淄博	66	赣州	91
宁波	17	北海	42	连云港	67	大同	92
南宁	18	金华	43	九江	68	营口	93
贵阳	19	温州	44	扬州	69	吉林	94
大连	20	哈尔滨	45	呼和浩特	70	新余	95
合肥	21	重庆	46	汕头	71	德阳	96
苏州	22	昆明	47	丽水	72	本溪	97
东莞	23	景德镇	48	银川	73	泰州	98
威海	24	株洲	49	马鞍山	74	辽阳	99
天津	25	江门	50	东营	75	鞍山	100

3. 健康宜居型城市比较分析

（1）2017～2018 年部分健康宜居型城市综合指数排名比较分析

为了比较不同年份健康宜居型城市综合指数排名的变化情况，对 2017 年综合指数排在前 20 名的健康宜居型城市在 2018 年的排名情况进行对比分析（见表 5）。

表5 2017 年、2018 年部分健康宜居型城市综合指数排名比较

城市	珠海	厦门	武汉	舟山	南京	海口	杭州	三亚	广州	成都
排名（2017）	1	2	3	4	5	6	7	8	9	10
排名（2018）	4	2	7	9	11	3	5	1	6	15
城市	东莞	南昌	上海	深圳	北京	宁波	福州	昆明	贵阳	青岛
排名（2017）	11	12	13	14	15	16	17	18	19	20
排名（2018）	23	13	10	8	12	17	16	47	19	14

从表5可以看出，2017年和2018年健康宜居型城市排名没有变化的是厦门市和贵阳市，两年的排名分别为第 2 名和第 19 名；排名虽然有变化，但变化幅度不大的城市包括珠海市、海口市、杭州市、广州市、南昌市、上海市、北京市、宁波市和福州市，其中 2018 年排名略有上升的是海口市、杭州市、广州市、上海市、北京市和福州市，排名略有下降的是珠海市、南昌市和宁波市。

2018 年健康宜居型城市排名变化幅度较大，且提升超过 3 位的城市包括三亚市、深圳市和青岛市，其中三亚市由 2017 年的第 8 位上升到 2018 年的第 1 位，上升了 7 个位次；深圳市由 2017 年的第 14 位上升到 2018 年的第 8 位，上升了 6 个位次；青岛市由 2017 年的第 20 位上升到 2018 年的第 14 位，和深圳市相同，也上升了 6 个位次。

2018 年健康宜居型城市排名变化幅度较大，且降幅超过 3 位的城市包括武汉市、舟山市、南京市、成都市、东莞市和昆明市，其中武汉市由 2017 年的第 3 位下降到 2018 年的第 7 位，下降了 4 个位次；舟山市由 2017 年的第 4 位下降到 2018 年的第 9 位，下降了 5 个位次；南京市由 2017 年的第 5 位下降到 2018 年的第 11 位，下降了 6 个位次；成都市由 2017 年的第 10 位下降到 2018 年的第 15 位，下降了 5 个位次。其中下降幅度较大的是东莞市和昆明市，其中东莞市由 2017 年的第 11 位下降到 2018 年的第 23 位，下降了 12 个位次；昆明市由 2017 年的第 18 位下降到 2018 年的第 47 位，下降了 29 个位次。

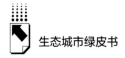

（2）2017～2018 年前 100 名健康宜居型城市区域分布比较分析

为了比较不同年份健康宜居型城市综合指数排名在不同区域的变化情况，对 2017～2018 年中国健康宜居型城市综合指数前 100 名区域分布变化进行比较（见图 1）。

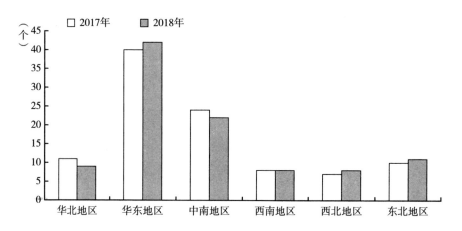

图 1　2017 年、2018 年中国健康宜居型城市综合指数前 100 名区域分布变化

从图 1 中可以看出，2018 年中国健康宜居型城市综合指数前 100 名城市的区域分布与 2017 年相比有所变化。华北地区 2018 年进入前 100 名的城市由 2017 年的 11 个减少到 9 个，减少了 2 个，退出前 100 名的 2 个城市是承德市和廊坊市；华东地区 2018 年进入前 100 名的城市由 2017 年的 40 个增加到 42 个，增加了 2 个，进入前 100 名的 3 个城市是盐城市、新余市和赣州市，退出前 100 名的 1 个城市是安庆市；中南地区 2018 年进入前 100 名的城市由 2017 年的 24 个减少到 22 个，减少了 2 个，退出前 100 名的 2 个城市是湛江市和洛阳市；西南地区 2018 年进入前 100 名的城市与 2017 年的城市数量相同，但是 2018 年宜宾市退出了前 100 名，而德阳市进入了前 100 名；西北地区 2018 年进入前 100 名的城市由 2017 年的 7 个增加到 8 个，增加了 1 个，进入前 100 名的城市是宝鸡市；东北地区 2018 年进入前 100 名的城市由 2017 年的 10 个增加到 11 个，增加了 1 个，新进入前 100 名的城市是辽阳市和吉林市，退出的是锦州市。

二 健康宜居型城市建设的实践与探索

（一）健康宜居型城市的建设目标

1. 经济发展

健康宜居型城市的建设需要城市具有较高的经济发展水平和雄厚的经济实力，否则健康宜居型城市的建设将失去物质保障。因为社会的进步需要有一定的经济基础，只有经济得到了发展，才能解决城市化进程中出现的一系列城市问题，才能为市民创造良好的人居环境。在发展城市经济的过程中，一定要注重城市经济总量、经济结构、经济效益以及城市经济的发展潜力，尤其是城市经济的发展潜力，它是城市经济可持续发展的保障，是城市居民物质生活和精神生活不断提高的基础，是健康宜居型城市建设的关键。

2. 社会和谐

健康宜居型城市应该是一个社会和谐的城市，而社会和谐的重要标志是社会稳定和保障机制健全。社会稳定表现在社会运行有序、财富分配公平、社会治安良好和居民安居乐业，社会运行有序主要指保持社会政局稳定，给居民以安全感；财富分配公平主要指通过健全社保体系、打破垄断和深化改革等措施逐渐缩小收入差距，将城乡二元结构系数和城市基尼系数维持在合理的范围之内；社会治安良好主要指车站、码头、公园、商场等公共场所秩序，国家机关的办公秩序以及公民生活秩序等规范有序；居民安居乐业主要指居民生活安定祥和，幸福指数高，它通常与社区的管理模式、服务体系和服务水平有密切关系。社会保障机制则包括了社会保险、社会救济、社会福利和优抚安置等健全的多层次社会保障体系，它是城市经济可持续发展的重要支柱，是协调社会各阶层利益关系、缓解社会矛盾、维护安定团结的"稳定器"。城市只有建立了完善的社会保障体系，才能实现城市社会的和谐发展，才能为居民创造良好的生活和工作环境，提高城市的健康宜居性。

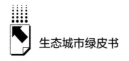

3. 文化丰富

文化体现了一个城市的凝聚力和自信心，是城市的灵魂。城市文化的丰富程度取决于城市历史文脉和城市社区融合程度，主要包括城市历史文化遗产、现代文化设施和城市文化氛围等。城市的历史文化遗产不仅包括文物古迹、历史建筑和文化街区等有形的实体遗产，也包括传统节日、民俗等非物质文化遗产，这些历史文化遗产不仅能增强市民对所居住城市的认同感，同时可以提高市民的文化品位、陶冶情操、增强民族自豪感；现代文化设施主要包括高等学府、博物馆、图书馆、音乐厅、体育馆、游乐场等，完备的现代文化设施集物质文明与精神文明于一体，凝聚了历史文化与现代文明，可以让市民享受城市现代文明的便捷，满足市民的情感需求，增加生活的舒适性；城市文化氛围以城市历史文化遗产为内容，以城市现代文化设施为载体，是传统文化与现代设施相融合而形成的一种特色文化环境。随着经济的不断增长，人们物质生活水平的提高，城市居民对城市特色和城市个性的追求会不断增强，所以健康宜居型城市的建设应保持城市文化脉络的延续性，传承历史、延续文明，营造浓郁的城市文化氛围。

4. 生活舒适

健康宜居型城市应该是生活高度舒适的城市，生活舒适主要包括居住舒适、生活便捷和生活质量高等内容。居住舒适首先是指居住区物质设施齐备，有符合健康要求的住宅，有超市、学校、医院、文化活动中心等生活服务设施，有供水、供电、供气、交通、网络等基础设施；其次是社区环境和生活氛围方面，有和睦的邻里关系、多彩的社区文化生活等。生活便捷主要指基础设施先进、完备，市民生活和出行方便、快捷，健康宜居型城市基础设施不仅包括完善的生活性基础设施，还包括以"智慧城市"为代表的城市信息化基础设施。生活质量高是指在一定的社会物质条件下，城市居民生活需求得到满足，有较高的可支配收入，有充足的教育、医疗、卫生等资源。

5. 景观怡人

怡人的景观是指城市在原有的自然生态环境的基础上，建设良好的人工环境，并实现自然环境与人工环境的有机融合，创造出怡人的城市景观，满足城市居民的生理和心理需求。城市人工环境的规划和建设遵循"以人为本"的理念，以人的需求为出发点，考虑城市居民使用和视觉审美来设计建筑的体量外观，道路、桥梁的结构以及街边的景观小品，使各种不同建筑和不同设施之间以及人与建筑之间达到和谐。此外，健康宜居型城市还需要合理安排城市用地，规划城市的空间结构，形成特色鲜明的城市地域结构，并因地制宜地将自然景观和人文景观融为一体，形成怡人的城市景观。

6. 公共安全

公共安全反映城市应对突发性公共事件的应急处理能力，突发性公共事件包括自然灾害（地质灾害、洪涝灾害等）、事故灾害（交通事故、安全事故等）、公共卫生事件（流行性疾病、传染性疾病等）和社会安全事件（城市犯罪、恐怖袭击等）。维护公共安全是城市经济、社会协调发展的基础，是城市居民安居乐业的前提，是建设健康宜居型城市的保证。所以健康宜居型城市需要具备完善的预防与应急处理机制、有效控制危机的能力，将自然灾害和人为灾害等突发性公共事件造成的损失降到最低，使居民有安全感。

（二）健康宜居型城市建设案例

1. 国外案例——维也纳市

2019 年 3 月，全球领先的咨询公司——美世咨询，公布了世界上最适合人类居住的城市名单，其中奥地利首都维也纳市位居榜首，这也是维也纳市连续第十次获得这一殊荣。维也纳市能够连续 10 年获得最宜居城市的冠军，除了其悠久的历史、宜人的气候和"世界音乐之都"的美誉之外，主要原因在于"智慧城市维也纳"项目的实施。①

"智慧城市维也纳"项目在 2011 年 12 月就获得了第一届世界智能城市

---

① 李健：《维也纳以"智慧城市"框架推动"绿色城市"建设的经验》，《环境保护》2016 年第 14 期。

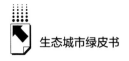

奖，依托这一项目，维也纳市被定位为"欧洲智能研究和技术领域的领导者"，包含三个方面的内容，即坚持城市智慧发展道路、提高能源使用效率和保护城市气候环境。从"智慧城市维也纳"项目实施的过程来看，三个方面的内容有机结合，紧密联系在一起，并通过城市规划得以实施。

（1）城市规划方面，注重空间规划与基础设施的结合

在城市规划方面，维也纳市首先注重空间规划与基础设施的建设，并与城市总体规划相结合，实现无缝对接，控制城市的无序扩张。随着城市人口规模的不断扩大，原有的基础设施已不能满足人们日常生产和生活的需求，因此维也纳市在智慧城市建设过程中，特别注重城市住房和基础设施的建设。其次是在城市总体规划的评估过程中，对城市气候及环境质量提出相应的保护措施，比如提高能源利用效率、增加绿色开放空间等。最后是通过对现有能源设施和交通设施等进行智慧改造升级，节约能源，减少碳排放。

（2）环境保护方面，推进多个领域的智慧改造

在环境保护方面，维也纳市于1999年提出"气候保护计划"，在第一阶段环保目标完成后，于2009年对保护计划进行更新设计，以配合"智慧城市维也纳"项目的实施。更新后的计划涵盖了37个领域，包括农业、林业、能源、交通、自然保护、基础设施和公共管理等。同时颁布实施了"维也纳市政能源效率计划"，该计划包含100项措施，引导消费导向，节约能源，提高能源利用效率。

（3）建筑物改造方面，提升节能标准

在建筑物改造方面，维也纳市依托智慧城市建设，针对数量巨大的社区住房和非营利性的存量房，提出基于生态导向的住房政策，实施了一系列改造措施，其中包括提高房屋建造和翻新的建筑环境标准；坚持推行热电联产项目，将工业余热和生物质能等废热资源进行回收利用；制定了新住宅建筑用地总效能标准；城市更新改造中着力推进节能改造、平屋顶绿色改造等工作。

（4）经济发展方面，支持环境友好型生产

维也纳市的经济发展水平代表着奥地利的最高水平，第三产业的从业人员达到80%以上，在欧洲也处于领先的地位，此外，因维也纳市区无大型

工业项目和生产基地，能源消耗量小，环境友好型产业发展状况良好。在"智慧城市维也纳"项目实施过程中，经济发展方面主要是制定了"维也纳生态购买"计划，支持政府和企业实施生态采购，采用环境友好型材料和产品，提升资源能源的利用率。此外，维也纳市政府还实行了生态商务计划，主要支持本地企业采用更加生态环保的生产手段。

（5）交通设施方面，提升公共交通体系

维也纳市的公共交通网络非常发达，在"智慧城市维也纳"项目实施过程中，通过智慧交通改造计划，对公共汽车、地铁、城市轻轨、有轨电车的实时信息进行查询，不断优化交通管理。通过区域能源消耗的测量、环境数据的收集，将实时交通需求管理等功能升级，把维也纳市强大的公共交通系统打造成"基于城市需求的公共交通产品"。

此外，维也纳市在进行城市交通总体规划时也体现出战略交通理念，在充分考虑地方、区域和全球发展次序的前提下，制定了明确的交通运输政策，为将来维也纳城市交通面向"新欧洲"开放，管理和处理长距离交通运输，同时不影响维也纳市居民生活质量做好准备，为维也纳市提供快速、安全和环境友好的城市交通。

2. 国内案例——上海市

作为国际经济、金融、贸易、航运和科技创新中心的上海市，正努力打造更富魅力、更有温度、更加美丽的健康宜居型城市，"上海2035规划"描绘了人文之城的美好愿景，建筑是可阅读的，街区是适合漫步的，公园是适宜休憩的，市民是遵法诚信文明的，城市始终是有温度的。[①] 近年来，上海市在中国健康宜居型城市排名中也位居前列，分析其多年来的建设发展经验，主要包括以下几方面。

（1）旧城改造与新城开发并举

上海市政府早在20世纪90年代就制定了一系列拆迁补偿和安置优惠政

---

① 《"上海魅力"打造高品质有温度宜居城市》，中国新闻网，2019年4月23日，http://www.Chinanews.com/gn/2019/04-23/8817977.shtml。

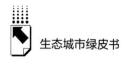

策，实施旧城改造，同时积极推动工业的郊区化，在原有城镇的基础上，因地制宜地进行区划的调整，建设新城、旧城改造与新城开发并举。这一过程中，主要的经验包括以下三个方面。一是注重中心城的改造。20世纪90年代，上海市面临着住房紧张、河流污染、危棚遍布等问题，市政府先后进行了两轮旧城改造，第一轮的建设重点是房屋拆迁和地块功能的置换上，拆除了一些老旧建筑，并将内环线以里置换出来的土地用于商业写字楼和公共绿地等建设；第二轮的建设重点是对中心城区的里弄聚集区进行改造，改造方式由第一轮的"大拆大建"改为"拆、改、留并举"，对历史街区和历史建筑等进行了保护性的开发和改造。二是明确新城发展方向。上海市依据城市总体规划，按照人口规模、产业布局和城镇体系的建设要求，建设了一批优势明显、功能突出的新城，如宝山新城、金山新城、南桥新城、闵行新城等。建设原则是在内环线以里布局了无污染的都市型工业，在内环线和外环线之间布局了高新技术产业，外环线之外布局了基础产业和制造业。三是引进智力资源。随着高校招生规模的扩大，高教园和大学城的建设势在必行，上海市各新城的政府纷纷制定优惠政策，吸引高校落户，发挥大学园区和新城建设的共赢。

（2）构建现代交通网络

为了解决上海市交通拥堵的问题，市政府构建了四大圈域的城市交通网，分别是中心城区交通网、大城区交通网、郊区交通网和长江三角洲交通网。中心城区交通网以轨道交通为重点，建设了融地面交通、地下交通和高架桥交通为一体的立体交通体系；大城区交通网以轨道交通和地面交通为主，延伸轨道交通，使各个方向都有快捷、方便的交通线路；郊区交通网以高速公路为主体，连接中心城区和卫星城；长江三角洲交通网以高速公路和铁路为重点，连接各个中心城市，使交通网络覆盖整个区域。

（3）建设宜人化居住环境

在建设宜居型城市方面，上海市政府采取了多项措施，取得了良好的效果，主要的措施包括以下几个方面。首先是创新城市管理模式，在旧城的改造过程中，上海市各级政府形成了"两级政府、三级管理"的城市管理模式，并建立激励机制调动社区居民的积极性，建设了一大批文明社区；其次是建设园林城市，上海市紧抓创建国家级园林城市的契机，开展城市绿化和环境整治工作，建设了一些生态走廊、大型公共绿地和生态主题公园，使上海市成了生态型国际大都市；再次是净化城市的"血液"，苏州河的整治是上海市环境治理的典范，经过治理，消除了苏州河的黑臭现象，并将治理工作与房地产开发相结合，盘活苏州河两岸的地产；最后是推进城市的数字化管理，上海市于2002年开始探索城市的数字化管理，凭借科技手段管理城市，创造了一种崭新的、高效的数字化管理模式。

（4）塑造特色城市文化

近年来，上海市在文化建设方面投入大量资金，使城市的形象不断提升。在城市形象设计方面，上海市制作了城市形象宣传片，向世界展示上海的城市形象和精神，取得了较好的效果；在城市文化基础设施建设方面，许多标志性的文化建筑先后建成并投入使用，满足了上海市民的文化需求；在商业文化开发方面，上海市吸引了多家国外大型的连锁企业，激发了国内外商家在商业文化上推陈出新，营造了浓厚的城市商业氛围，提升了商业文化的层次。

3.国内案例——甘肃省榆中县宜居工程

甘肃省工业与民用建筑设计院所研发、引进、设计、建筑并推广应用的结构保暖一体化技术、室内负氧离子技术、零能耗低排放技术、中洁洁净新风系统技术、光伏技术、地道风技术等新材料、新技术、新工艺，具有非常广阔的前景。特别是在西部开发、乡村振兴战略实施中，具有非常重大的意义。

绿聚能居康养建筑，是一种以健康为出发点的节能型建筑。从医学角度出发对建筑室内健康提出了更高的要求，包括具体的设计技术方案和绿色化材料使用标准，这种建筑本体能耗极低，不用其他采暖措施，冬季室内点一根蜡烛，室内温度也能保持在15℃以上。这种建筑形式在甘肃省兰州市进行了实践并取得成果。榆中黄河驿·窑洞、旅游培训基地及游客接待中心，定西EPS基地办公楼及展示中心，兰州新区中建大厦等均属于绿聚能居标

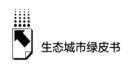

准的建筑，夏天不用制冷，冬季不用集中采暖，能耗极低，室内环境空气质量达到世界卫生组织的标准。

（1）住房结构保暖一体化技术

聚苯模块保温墙体应用技术是将聚苯模块与混凝土结构、钢结构、混合结构、木结构等有机结合，构成保温与结构一体化的建筑外墙。

企业积极引进哈尔滨"鸿盛"保温节能与结构一体化装配式低能耗EPS模块房屋建造技术，打破了中国节能建筑外墙外保温系统只限25年的行规，做到了保温层与建筑结构同寿命，为国家节省了高昂的房屋修缮费用。EPS模块与建筑结构的有机结合，填补了我国工业建筑低能耗围护结构建造技术的空白，是建筑节能领域的一场创新式革命。被国内外资深专家评价为"填补国内空白，达到国际领先水平，是建筑节能领域的一场创新式革命。"已通过专利技术实施许可，在国内14个省、自治区、直辖市和俄罗斯远东地区建立了EPS模块及相关配套产品的产业化基地，实现了科技惠民的终极目标。

①技术参数：导热系数［W／（m·K）］≥0.037≤0.033；

冬季室外温度：0℃；室内温度可达19.9℃。

②技术性能：空腔聚苯模块是按建筑模数、节能标准、建筑构造、结构体系和施工工艺的需求，通过专用设备和模具一次成型制造，其熔结性均匀、压缩强度高、技术指标稳定、几何尺寸准确；该技术易施工性强，房屋建造如同摆积木；实现了装配式房屋建造技术标准化、建筑部品生产工厂化、施工现场装配化、工程质量精细化和室内环境舒适化；空腔聚苯模块与现浇混凝土结构或再生混凝土结构有机结合，使房屋各项经济技术指标与传统房屋建造技术相比，建造成本、建造速度、使用面积、保温隔热性和气密性都大幅度提升，节能省地、保护资源。

③适用范围：特别适用于农村无取暖设施建筑；有助于禁止燃煤地区的生态环保，实现无碳排放。

（2）室内负氧离子技术

上海斯米克负离子健康板、负氧离子健康泥、负氧离子健康涂料均采用仿生原理，模拟森林树叶尖端放电效应，在自然条件下持续释放出等同于天然的负氧离子，可以在室内成功营造出置身于大自然般的负离子"森林浴"，起到净化空气的作用，另外还有净醛、抗菌等作用，誉有"空气长生素"之称，真正实现了人类把森林"带回家"的愿望。

①技术参数：

超大剂量释放负氧离子可达 $c4253/cm^3$，室内空气负氧离子可达 $c1000 \sim 12000/cm^3$；如 2020 年 12 月 28 日下午，甘肃省榆中县浪街民俗村黄河驿窑洞康养民宿内安装的智能监测系统，可以在显示器上看到室外的温度为 0℃、室内为 19.9℃，室内湿度、负氧离子的释放量达 $c8535/cm^3$（而室外近乎为零），以及甲醛和总挥发有机物的监测数据等，从而实现了"绿聚能居"。

依据《室内环境生态负离子浓度等级团体标准 T/GIEHA 021－2019》，一类、二类功能区生态负离子浓度 $c300 \geqslant 500/cm^3$ 即是空气质量不清新；达到 $c1200 \geqslant 2000/cm^3$ 即是空气质量良好；达到 $c3000 \geqslant 5000$ 个$/cm^3$ 即是空气质量清新。可见示范性建筑内空气非常清新，有利于居住。

②技术性能：具有健康养生、净化空气、杀菌防霉、调湿防潮、耐水防火等功能。斯米克负离子健康板能大量持久释放负氧离子，使室内形成"森林浴"环境，持续净化空气，有利于健康宜居；负离子对有机挥发气态污染物有还原降解作用，对颗粒物有净化作用，对微生物、污染物均有减菌作用；斯米克负离子健康板可以有效调节室内温度及小气候；斯米克负离子健康板防火性能可达 A1 级不燃材料。

③适用范围：城乡民用建筑、医院、办公类、学校类及医疗养老类建筑等；特别是西部干旱地区、空气中负氧离子含量偏低地区。

（3）零能耗低排放技术

①技术参数：

建筑室内环境参数和能效指标符合《近零能耗技术标准》规定的建筑，其建筑能耗水平应较国家标准《公共建筑节能设计标准 GB 50189－2015》和行业标准《严寒和寒冷地区居住建筑节能设计标准 JGJ 26－

2010》《夏热冬冷地区居住建筑节能设计标准 JGJ 134 – 2016》《夏热冬暖地区居住建筑节能设计标准 JGJ 75 – 2012》降低 60% ~ 75%。建筑综合节能率≥60%，可再生能源利用率≥10%，夏热冬冷地区建筑本体节能率≥30%。

②技术性能：节能、高效、环保、低排放；无须供暖设施及燃煤，确保建筑冬季不采暖或局部辅助采暖即可保持室内生活温度，节能环保。

通过被动式建筑设计最大幅度降低建筑供暖、空调、照明需求，通过主动技术措施最大幅度提高能源设备与系统效率，充分利用可再生能源，以最少的能源消耗提供舒适的室内环境；提高了建筑装配式低能耗围护结构的保温隔热性能和气密性，加快了施工速度，降低了工程成本；做到了建筑低能耗围护结构建造技术标准化、保温与结构一体化、建筑部品生产工厂化、施工现场装配化、工程质量精细化、室内环境舒适化，有效保证了工程质量；低能耗围护结构良好的保温隔热性能和气密性能可以有效节约能源、降低采暖成本，确保建筑冬季不采暖或局部辅助采暖；结构抗震能力、抗冲击性能大幅提高，可实现 8 度抗震；其耐久性和防火安全性能可靠，做到了复合墙体与建筑结构同寿命。

③适用范围：建筑本体节能率高，特别适用于西部夏热冬冷地区夏季防暑和冬季防冻，确保建筑冬季不采暖或局部辅助采暖。能够较好解决西部农村燃煤取暖问题；同时适用于冷藏库及农业温室的围护结构及民用居住建筑等。

（4）中洁洁净新风系统技术。

该系统采用室外新风与室内回风混合的通风模式，可源源不断地为室内补充新鲜空气，提高了室内空气的流通速度及送风温度。本系统可通过设备中的环境检测装置，检测室内外的空气质量，控制新风风量，过滤 PM2.5 效率可达 99%，有效降低室内二氧化碳浓度，有效排出室内污浊空气及有害物质。可有效过滤空气中绝大多数的有害物质，净化过程中不使用静电除尘、不产生臭氧等二次污染。此外，还有地道风技术、光伏技术等。

严寒地区农村节能抗震保温住房建造技术集成与生产示范项目位于甘肃

省定西市经济开发区循环经济产业园，黄河驿·梦园窑洞康养民宿项目位于兰州市榆中县浪街村。该窑洞民宿在规划之初就采用《绿聚能居康养建筑技术标准》和《健康超低能耗建筑技术标准》进行设计和建造，充分利用西部黄土高原地理环境，以更好地节约土地资源为初衷进行规划设计。该窑洞在保留黄土高原历史建筑特色基础上，采用现代科技负氧离子技术和新风系统来改善室内空气质量，使窑洞内在冬季正常天气情况下不采暖而达到适宜人居住的温度环境。2020 年 9 月 12 日全国乡村旅游与民宿工作现场会在兰州榆中县召开，文化和旅游部党组书记胡和平、时任省长唐仁健带领参会代表考察了黄河驿·梦园窑洞康养民宿现场，并给予了充分的肯定与高度评价。

党的十九届五中全会指出："提升企业技术创新能力。强化企业创新主体地位，促进各类创新要素向企业集聚。推进产学研深度融合，支持企业牵头组建创新联合体，承担国家重大科技项目。发挥企业家在技术创新中的重要作用，鼓励企业加大研发投入，对企业投入基础研究实行税收优惠。发挥大企业引领支撑作用，支持创新型中小微企业成长为创新重要发源地，加强共性技术平台建设，推动产业链上中下游、大中小企业融通创新。"在推广实施过程中，需要依法简化农村人居环境整治建设项目审批程序和招投标程序，完善农村人居环境标准体系，鼓励有资质、有技术、有新材料的企业投身乡村振兴、人居环境建设事业。

三 实现健康宜居型城市建设的对策建议

（一）人性化的城市设计

健康宜居型城市建设中的"人性化"设计是指城市在规划、设计、建设和管理过程中充分考虑和满足人的意愿和需求，是建设健康宜居型城市的重要指导思想之一。任何一个城市都不只是街道、楼房、广场和公园等物质要素的简单堆砌，而是一个与人类息息相关的客观实体。因此城市在

建设发展过程中，始终存在一个问题，就是城市居民的各种需求和城市如何满足居民的需求，居民的需求既有物质的也有精神的，而且这些需求无论何时何地都有许多相似之处，且贯穿于城市发展的始终。要使城市"健康宜居"，满足居民对城市的各种需求，就要了解城市居民的真正需求，关心居民的日常生活，将"人性化""以人为本"的理念落实到城市规划、设计、建设和管理的工程中，在各种细节上体现"满足城市居民的需求、服务城市居民的生活、维护城市居民的利益"，建设真正的健康宜居型城市。

具体来说，首先在理论层面，应该研究人的尺度、人的行为特点和行为规律，包括交往的空间尺度、运动的空间尺度、休息的空间尺度以及步行的空间距离和时间等，明白内在的规律；了解普通居民的生活需求和社会需求，有针对性地进行调查和分析研究，掌握居民的生活习惯和日常行为方式。其次在设计层面，尽量做到合理、周到，满足城市居民的日常生活需求，符合其生活行为特点和规律，同时要重视和满足城市居民心理和精神方面的需求，通过规划设计强化安全感、私密感和领域感，体现"以人为本"的宗旨。

（二）系统化的城市营建

系统化的城市营建是指健康宜居型城市在规划、设计和管理的时候，应遵循"系统化""整体化"的理念和设计方法，强调城市空间结构的整体协调，不仅包括城市物质空间环境的协调，还包括人与自然，城市与自然，以及社会、经济和环境的协调。在追求优美环境的同时，兼顾社会、经济和环境三者的整体效益；在追求经济发展的同时，注重生态环境的保护和城市居民生活质量的提高。健康宜居型城市的营建应在整体协调的新秩序下营建宜人、高雅、舒适的人居环境。

在城市的营建过程中，因为城市的范围和规模之大，不能沿用单体建筑和群组建筑的设计方法和理念；城市的营建是一个长期的过程，需要建立一个清晰合理的建设框架、系统化的规划设计，用以把控城市营建的全过程。

城市是在不断发展变化的,健康宜居型城市的建设框架应具有可持续性,且是一个开放的系统,即建设框架能够修正,能够随着城市的发展而不断充实、完善和提高。此外,城市是一个多功能的综合体,需要对各功能空间进行系统化的规划设计,由这些规划合理、组织有序的子系统有机叠加组合形成健康宜居的城市环境。

(三)特色鲜明的城市景观

作为健康宜居型城市,其环境不但要满足城市居民的日常需求,适宜生活和工作,而且要环境优美、富有特色,形成特色鲜明的城市景观。代表和反映城市形象、特点的景观要素通常包括以下几个方面的内容:一是城市中具有特色的标志性自然景观,如山体、河流、湖泊、湿地等;二是地标性建筑物或构筑物如超高层建筑、高塔、电视塔,宗教性建筑如教堂、庙宇等,历史性建筑物如城墙、宫殿、城堡等,公共建筑物如博物馆、展览馆、各种纪念馆等,交通设施如车站、桥梁等;三是独具特色的城市公共空间,如广场、公园、步行街等;此外,还包括有影响的知名企业、产品品牌等。综上所述,城市景观是城市自然景观、城市人文景观和城市的性质、功能等的外在表现,反映出城市本质属性,如历史文化名城反映出城市历史格局、文化传统;首都和省会反映出城市政治中心的庄严;经济中心城市反映出经济的繁荣等。所以,城市特色景观的塑造需注意以下几点:首先是通过调查分析,明确城市的历史、现状和发展方向,确定城市的功能和定位;其次是对城市的景观构成要素进行归纳、分析,提炼和挖掘城市自身的优势和特点,研究城市的代表性景观要素,体现地方特色;再次是对城市现有的特色景观进行严格保护,充分利用,并融合在城市景观的设计规划中;最后是建设好地标性建筑物、构筑物和具有特色的城市公共空间,并将其与自然景观有机结合。

(四)立体化的空间发展

随着城市化进程的加速、城市人口的急剧增加,以及建筑材料和建造技

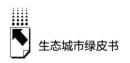
术的快速发展，城市发展模式由原来的"水平""横向"发展模式转变为"竖向""立体化"的发展模式，这种立体化的空间发展模式是经济的高速发展、建筑的需求量迅速增加，而土地资源稀缺所导致的。城市空间立体化开发过程中，要结合地形地貌，利用城市的自然形态，从立体、多层面的视角进行设计，提高土地的使用效率和强度，用较少的投资，有效解决城市建设用地不足、公共空间和绿化空间缺乏、人车交通矛盾等问题。此外，在立体化开发过程中，要注意系统性，以立体交通系统的立体化设计为例，道路两侧的人行步道、过街天桥、公交站点、地铁入口，以及各类商场的入口等要整体考虑，进行系统化的设计，让城市居民在一定的范围内，能够快捷舒适地到达目的地，以求人性化和通达性的最大化。

（五）多元化的公共空间

公共空间是指在城市中经过开发建设，提供活动设施，并面向所有居民免费开放的场所，它在健康宜居型城市环境营建中有着非常重要的作用，主要类型有广场、林荫道、散步道、公共健身运动场所和商业街等。城市公共空间是居民生活不可或缺的物质环境，是人与人之间交往的重要场所，是城市居民日常娱乐、休闲和交流的空间，也是体现城市特色和风貌的重要空间。

健康宜居型城市公共空间的建设需要继承城市的历史传统，反映生活、文化、习俗的文物古迹都是古人遗留下来的无价之宝，我们应尊重、保护和继承。所以我们要认真研究城市现有的空间格局和景观风貌，并了解过去的城市规划、建筑设计的理念和构思，在尊重现有城市建设成果的基础上，对城市的公共空间进行设计、开发，反对"推倒重来、夷为平地"式的大拆大建，不管是公园还是广场、室内空间还是室外场地，任何一个公共空间的建设，必须考虑与现有建筑物、构筑物的协调关系。

G.7
综合创新型生态城市评价报告

曾 刚 滕堂伟 朱贻文 叶 雷 高晏昱*

摘 要： "创新、协调、绿色、开放、共享"新发展理念，是新时代综合创新型生态城市建设的战略使命。本报告基于综合创新型城市的本质属性，构建了包括14个绿色生态类核心指标与5个创新创业类特色指标在内的综合创新型生态城市指标体系，借助2019年社会经济统计数据，通过综合指数、系统聚类等方法，对中国284个地级及以上城市的综合创新型生态城市发展水平进行了排序和分类，并与往年评价结果进行了对比分析。根据聚类分析结果，百强城市可分为综合创新型、生态经济型、生态社会型三类，其中北京、深圳、上海、广州、厦门、珠海、武汉、杭州、东莞、成都等城市名列综合创新型城市前列，起到了引领和示范作用。生态社会型城市良好的社会认同与社会氛围是其未来发展的重要支持与保障，生态经济型城市应当充分利用自身经济条件的相对优势，引导城市经济结构向高质量发展。

---

* 曾刚，博士，华东师范大学城市发展研究院院长，教育部人文社科重点研究基地中国现代城市研究中心主任，上海高校智库上海城市发展协同创新中心主任，上海市社会科学创新基地长三角区域一体化研究中心主任，上海市人民政府决策咨询研究基地曾刚工作室首席专家，华东师范大学终身教授、二级教授、A类特聘教授，主要研究方向为生态文明与区域发展模式、企业网络与产业集群、区域创新与技术扩散等；滕堂伟，博士，华东师范大学城市与区域科学学院副院长，教授，主要研究方向为生态文明与区域经济；朱贻文，博士，华东师范大学城市发展研究院副教授，主要研究方向为创新网络、产业集群与区域发展；叶雷，博士，华东师范大学，主要研究方向为创新网络与区域发展；高晏昱，硕士，华东师范大学，主要研究方向为创新经济。

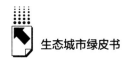

关键词： 综合创新型城市　　高质量发展　　生态城市

一　引言

（一）综合创新型生态城市的本质属性

践行"人民城市人民建、人民城市为人民"重要理念，率先实现"创新、协调、绿色、开放、共享"新发展理念，是新时代综合创新型生态城市建设的战略使命。综合创新型生态城市，是贯彻以人民为中心的发展思想的典范。以人民为中心，首先体现在城市建设过程中，一定要合理安排生产、生活、生态空间，确保必要的公共空间，让城市成为市民宜业宜居的乐园。

1. 综合创新型城市是人才高地，尤其是研发人员的集聚中心

人才工作是综合创新型生态城市建设工作的重中之重。以人民为中心，体现在综合创新型生态城市建设过程中，城市对人才资源尤其是研发人员的吸引力不断增强，使得研发人员队伍在规模和能级上不断提升，成为研发人员尤其是高端人才的会聚中心。创新是发展的第一动力，人才是高质量发展的第一资源。研发人员处于人才金字塔的顶部，是综合创新型生态城市建设的核心战略力量。综合创新型生态城市，以高水平的城市品质、便捷的生活服务、优良宜居的生态质量、鼓励创新宽容失败的创新氛围、畅通高效的通达连接等城市禀赋，吸引国内外研发人员，激励研发人员从事高水平创新活动，为本市乃至区域与国家高质量发展提供强劲的创新策源。

近几年来，综合创新型生态城市人才工作力度显著加大，不断创新和完善人才政策体系，面向创新人才的支持政策已经成为综合创新型生态城市创新政策的标准配置，如建立灵活的人才引进政策、培养技术创新支持人才、试行企业科技人员个人所得税返还、鼓励科技企业设立知识产权股、深化外籍人才出入境管理改革等。综合创新型生态城市间的竞争重点从招商引资开

始向"抢人大赛"转变。哪个城市对人才尤其是对研发人员具备吸引力，哪个城市在综合创新型生态城市的建设上就占据战略主动权。

2. 综合创新型生态城市是知识生产高地，尤其是教育与科研中心

综合创新型生态城市是各类人才会聚中心的同时，自身也是各类人才、知识的生产高地，高水平大学在其中肩负着重要使命。高水平大学不仅赋能综合创新型生态城市的城市营销和城市形象建设，对城市的人才培养、科学研究、创新创业、内外联系枢纽功能等也发挥着核心支撑作用。

高校在综合创新型生态城市建设过程中，就是一个超级孵化器；综合创新型生态城市，在很大程度上表现为"高校＋"发展模式。人才和知识基础的多样化与城市的创新绩效、城市的产业多元化发展具有高度相关性，而高校是这种多样化的有力保障。综合性大学在校学生数量普遍在数万人以上，生源来自全国各地乃至世界多个国家和地区，在校学生本身就是习俗与传统、价值观念与行为方式等多样化的存在，校园由此也就成为不同思维方式、认知模式、价值观念的密集交流碰撞场所，成为一种多样化的知识生产空间。高校毕业生通常有相当大的比重选择在本地择业就业，高校由此也就成为城市多样化人才的源头活水。与此同时，创新的本质在于知识的组合，高校完备的学科体系设置和高水平的科研队伍，保证了综合创新所需的多样化的知识基础，便于学科交叉、知识集成和激进式创新。学源、业源等人际通道将高校及其所在的城市置于国内外复杂的知识交流合作网络中，为高校与城市获取国内外的相关信息、知识提供了便利的平台。

综合创新型生态城市是创新创业的理想之所。高校向创新型大学转型，在促进政产学研用一体化、深度从事技术转移和科技服务的同时，自身也成为城市创新创业生态系统的关键主体之一，高校师生也因此成为创业的重要主体。

3. 综合创新型生态城市是科技创新驱动发展示范区，尤其是创新的策源地

绿色创新是综合创新型生态城市建设的主旋律，科技创新与产业创新有机结合是综合创新型生态城市发展的强劲动力。应用研究领域的科技创新大

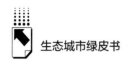

多以专利的方式得以体现，综合创新型生态城市是专利生产的主要中心。专利体现着知识产权，为生产生活实践提供直接的创新解决方案，促进企业的技术进步和产业的升级，为企业和产业提供持久强大的竞争优势。此外，专利转让、授权等能为专利持有人带来直接的创新收益，真正体现出创新的高投入、高收益特点。综合创新型生态城市也由此成为技术交易的关键枢纽，通过技术交易市场的有效运转，不仅为自身内部的相关主体提供所需要的技术开发、技术转让、技术咨询、技术服务等创新服务，同时也向其他城市提供源源不断的强大技术服务发挥，创新辐射带动引领功能。一个城市对外提供的技术服务能力越强，市场辐射的距离越远，其作为综合创新型生态城市的能级就越高，在综合创新型生态城市体系网络中的中心性就越强，进而从动态上强化自身优化创新要素配置的能力和创新竞争的优势。从这个意义上看，综合创新型生态城市就是科技创新的重要策源地、技术交易市场的枢纽和关键节点城市。

4. 综合创新型生态城市是产业创新的温床，尤其是新兴产业的集聚地

创新链和产业链的重构与耦合，制造部门（环节）与研发部门（环节）在地理空间上的临近布局，是新时代综合创新型生态城市建设所必须高度重视的新趋势。综合创新型生态城市不仅是科技创新的策源地，而且是科技创新成果转化、产品与产业创新的温床，是技术和产品快速迭代背景下新兴产业的兴起地和集聚地。产业创新除了要具备高效率的科技创新作为源头活水之外，更要求城市拥有优良的创业生态系统，拥有高昂的企业家精神。因此，不断有大批量的初创企业诞生、成长，形成大中小不同规模企业竞合发展的产业组织生态，成为新时代综合创新型生态城市的又一个重要特质。

（二）综合创新型生态城市指标体系

根据综合创新型生态城市指标体系构建的理论依据，在保留丛书 14个基础指标的前提下，本报告又选取了研发人员数量、高等院校（含本、专科）数量、创业板上市公司数量、规模以上工业企业平均利润率和百万人口专利授权数 5 个特色指标，以反映城市的创新能力与创新绩效。

为了使各种创新要素的选取更为平衡，指标较 2017 年进行了微调，2018 年的指标体系将国家级科技企业孵化器数量替换为高等院校（含本、专科）数量，现将这一更新指标的选取背景与意义、指标内涵、总体现状阐述如下。

高等院校（含本、专科）数量。高等院校数量指某城市所拥有的包括本科与专科在内的普通高等院校的总数量。其中，普通高等学校指的是按照国家规定的设置标准和审批程序批准举办的，通过全国普通高等教育招生考试，招收高中毕业生为主要培养对象，实施高等学历教育的全日制大学、独立设置的学院、独立学院和高等专科学校、高等职业学校及其他机构。大学、独立设置的学院主要实施本科层次以上的教育，独立学院主要实施本科层次的教育。高等专科学校、高等职业学校实施专科层次的教育，其他机构则承担国家普通招生计划任务，包括普通高等学校分校、大专班和批准筹建的普通高等学校等。

高等院校不仅直接为城市培养源源不断的高素质劳动力，是创新人才的摇篮；而且日益成为城市关键的知识生产者和转化者，并日益发挥着"孵化器"和"加速器"的新职能。截至 2019 年，全国高等学校共有 2956 所。其中，普通高等学校有 2688 所（含独立学院 257 所），成人高等学校有 268 所。与 2017 年 5 月 31 日数据相比，我国高等学校数增加了 42 所，呈现普通高等学校数量增加、成人高校数量缩小的趋势。其中普通高等学校增加 57 所（独立学院减少 8 所），成人高等学校减少 15 所。考虑到该指标数据与 2019 年版指标体系相比具有更强的可比性，2020 年以高等院校（含本、专科）数量指标替换了"国家级孵化器数量"。

二　研究方法

（一）综合创新型生态城市指标体系建立

2018 年综合创新型生态城市指标体系由 14 个核心指标和 5 个扩展指标

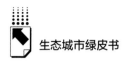

组成（见表1）。其中，14个核心指标与本书保持一致，5个扩展指标包括研发人员数量、高等院校数量、创业板上市公司数量、规模以上工业企业平均利润率、百万人口专利授权数，从创新能力、创业绩效对城市的发展状况及潜力予以科学评价。

表1　中国综合创新型生态城市评价指标体系及权重

一级指标	二级指标	二级指标对一级指标的权重	三级指标序号	三级指标	三级指标对二级指标的权重
综合创新型生态城市发展指数	生态环境	1/5	1	建成区绿化覆盖率(%)	1/5
			2	空气质量优良天数(天)	1/5
			3	河湖水质［人均用水量(吨)］	1/5
			4	单位GDP工业二氧化硫排放量(千克/万元)	1/5
			5	生活垃圾无害化处理率(%)	1/5
	生态经济	1/5	6	单位GDP综合能耗(吨标准煤/万元)	1/5
			7	一般工业固体废弃物综合利用率(%)	1/5
			8	R&D经费占GDP比重(%)	1/5
			9	信息化基础设施［互联网宽带接入用户数(万户)/全市年末总人口(万人)］	1/5
			10	人均GDP(元)	1/5
	生态社会	1/5	11	人口密度(人/公里^2)	1/4
			12	生态环保知识、法规普及率，基础设施完好率(%)［水利、环境和公共设施管理业全市从业人员数(万人)/城市年末总人口(万人)］	1/4
			13	公众对城市生态环境满意率(%)［民用车辆数(辆)/城市道路长度(公里)］	1/4
			14	政府投入与建设效果［城市维护建设资金支出(万元)/城市GDP(万元)］	1/4
	创新能力	1/5	15	研发人员数量(万人)	1/3
			16	高等院校(含本、专科)数量(个)	1/3
			17	创业板上市公司数量(个)	1/3
	创新绩效	1/5	18	规模以上工业企业平均利润率(%)	1/2
			19	百万人口专利授权数(项)	1/2

在对指标进行计算前，首先区分该指标是属于正指标还是逆指标。对于属于正指标的数据，将其最大值设定为 100 分；对于属于逆指标的数据，将其最小值设定为 100 分。其余城市的得分按与得分最高城市的比例，计算出该项指标的最终得分。正、逆指标得分取值范围均为 0～100，若出现负值统一进行归零处理。

本报告将从生态环境、生态经济、生态社会、创新能力及创新绩效 5 个主题展开分析，最终落实到 19 个具体指标，通过对综合创新型生态城市的发展状况进行计算和比较，分别得到 284 个城市相应的 19 个三级指标、5 个二级指标得分，并计算得到最后的整体得分。

（二）综合创新型生态城市指数测算

根据综合创新型生态城市评价指标体系，从生态环境、生态经济、生态社会、创新能力和创新绩效五大主题出发，对中国 284 个地级市的相关指标进行测算。在计算方法上，本报告与本书整体保持一致，即首先对具体指标数据进行极差标准化，再赋以事先确定的指标权重，逐层对指标进行加权求和。考虑到统计数据的可得性与完整性，统一采用各个城市 2018 年底的截面数据，数据来源于《中国城市统计年鉴 2019》、《中国区域经济统计年鉴 2019》、《中国城市建设统计年鉴 2019》、2019 年教育部高校名单公示信息、2019 年各省市发布的《国民经济和社会发展统计公报》，及相关政府部门网站的数据信息。

（三）聚类分析及空间格局分析

一是采用系统聚类法，将 284 个地级市按生态环境、生态经济、生态社会、创新能力和创新绩效五个方面进行聚类分析。以此得到不同的城市类型，结合不同类型城市在各大主题上的得分特点，指出其发展的优势和短板，并给出针对性建议。二是根据不同聚类综合创新型生态城市的不同发展状况。比较各个区域的综合发展水平，观察区域中典型代表性城市的得分变化，并阐释空间分布格局的内在原因与机理。

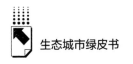
三　评价结果

（一）综合创新型生态城市排名

根据往年的计算步骤，采用各个城市的统计指标数据，计算得出284个城市的总分。通过对总分进行排序，我们将排名在前100的城市名单列出（见表2）。

表2　2018年综合创新型生态城市100强

排名	城市	排名	城市	排名	城市	排名	城市	排名	城市
1	北京	21	佛山	41	常州	61	延安	81	亳州
2	深圳	22	海口	42	怀化	62	平凉	82	惠州
3	上海	23	庆阳	43	鄂尔多斯	63	沧州	83	威海
4	广州	24	合肥	44	长春	64	嘉峪关	84	廊坊
5	厦门	25	西安	45	贵阳	65	扬州	85	茂名
6	珠海	26	福州	46	宜春	66	湖州	86	娄底
7	武汉	27	克拉玛依	47	嘉兴	67	大连	87	黑河
8	杭州	28	无锡	48	抚州	68	吉安	88	鹰潭
9	东莞	29	定西	49	肇庆	69	舟山	89	湛江
10	成都	30	周口	50	济南	70	张家界	90	西宁
11	三亚	31	绥化	51	漳州	71	辽源	91	鸡西
12	郑州	32	兰州	52	绍兴	72	河源	92	常德
13	苏州	33	金华	53	丽水	73	石家庄	93	太原
14	南昌	34	青岛	54	泉州	74	昆明	94	柳州
15	南京	35	南宁	55	天水	75	沈阳	95	宣城
16	长沙	36	哈尔滨	56	汕头	76	固原	96	益阳
17	中山	37	赣州	57	镇江	77	台州	97	黄山
18	宁波	38	温州	58	吕梁	78	六安	98	邵阳
19	呼和浩特	39	南通	59	重庆	79	榆林	99	梅州
20	天津	40	乌鲁木齐	60	商丘	80	陇南	100	烟台

与2017年的排名相比，2018年排名前4位的城市保持不变，依次为北京、深圳、上海、广州。厦门与珠海仍为第5位、第6位，但排名发生了互

换。排名第 7～10 位的分别是武汉、杭州、东莞、成都，这 4 个城市在
2018 年的排名分别为第 9、第 8、第 12 和第 11，虽与 2017 年相比略有变
化，但整体稳定。总体来看，在综合创新型生态城市排行榜上排名前 100 的
城市，主要包括几大直辖市，例如北京、上海等；各省份的省会城市，例如
广州、苏州等；沿海开放型城市，例如深圳、厦门等。从具体得分来看，排
名靠前的北京（56.08 分）、深圳（54.34 分）等城市得分较高，达到 100
名中较为靠后城市得分（梅州 27.70 分、烟台 27.69 分）的两倍左右，但两
者之间的差距相比 2019 年有所降低。同时，登上前 100 名榜单的城市，尤
其是其中较为靠前的城市主要分布在东部沿海地区，西部地区城市的数量较
少，说明我国综合创新型生态城市的地域差异仍然显著。

通过将 2018 年城市排名与之前进行对比，发现排名总体上较为稳定，
但也有个别城市的波动较为明显。比较突出的有以下几个城市。

呼和浩特 2018 年排名第 19（2017 年排名第 32），进步较为显著。具体
来看，呼和浩特在信息化基础设施、人均 GDP、基础设施完好率等指标上
都在全国处于领先地位，是其排名靠前的主要原因；福州 2018 年排名第 26
（2017 年排名第 55），基本都处于比较靠前的位置。具体来看，福州在空气
质量优良天数、信息化基础设施、人均 GDP 等指标上都在全国处于靠前地
位。青岛 2018 年排名第 34（2017 年排名第 17），排名有一定程度的下降。
具体来看，青岛在河湖水质、R&D 经费占 GDP 比重等指标上都处在全国
靠后位置，这也影响了青岛的排名情况。在 100 强榜单的中段，常州 2018
年排名第 41（2017 年排名第 18），出现了一定程度的下降。具体来看，空
气质量优良天数、河湖水质、R&D 经费占 GDP 比重是影响常州整体水平
的重要因素。宜春 2018 年排名第 46（2017 年排名第 67），进步较为显著。
具体来看，宜春在固体废物综合利用率、空气质量优良天数等指标上表现
较好。而在 100 强榜单的后段，沧州 2018 年排名第 63（2017 年排名第
107），同比进步非常显著。具体来看，沧州的公众对城市生态环境满意
率、固体废物综合利用率在全国排名领先，是其 2018 年排名提升的主要
因素。

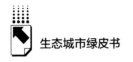

（二）综合创新型生态城市聚类分析结果

总分排名全面地反映了我国综合创新型生态城市的发展水平，同时，为了对各种城市的类型进行更为细致和精确的划分，研究以指标体系中的5个主题（生态环境、生态经济、生态社会、创新能力及创新绩效）作为变量，以全国284个城市为样本，利用系统聚类法进行聚类分析，采用离差平方和算法得到综合创新型生态城市的聚类谱系图。根据聚类谱系图，按照各个城市在5个主题上得分的特征与区别，可以将这284个城市分为综合创新型、生态经济型和生态社会型三类（见图1）。

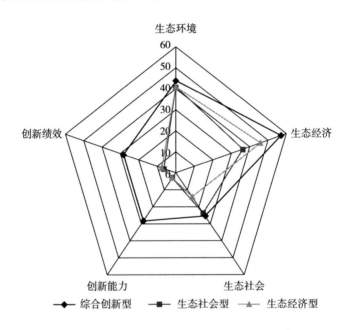

图1 2020年三种类型城市主题平均得分雷达

第一类城市，综合创新型（18个）：北京、深圳、上海、广州、珠海、武汉、杭州、东莞、成都、苏州、南京、长沙、中山、天津、佛山、西安、鄂尔多斯、榆林。

第一类城市在创新能力和创新绩效两大主题上在全国处于领先地位，且综合实力较高。从总分上看，18个第一类城市的平均分达到了39.08分，遥遥领先于其他两个类别的城市。从各个主题来看，第一类城市在创新能力上特别突出，平均分达到 28.48 分（第二类城市为 3.05 分、第三类城市为 3.54 分）；在创新绩效上也十分突出，平均分达到 28.01 分（第二类城市为 6.51 分、第三类城市为 7.56 分）。由此也可以看出，北京、深圳、上海、广州等城市在我国创新型城市的发展中位居前列，起到了引领和示范作用。

第二类城市，生态社会型（162 个）：厦门、三亚、郑州、呼和浩特、海口、庆阳、克拉玛依、定西、周口、绥化、兰州、南宁、哈尔滨、赣州、怀化、贵阳、宜春、抚州、天水、汕头、吕梁、重庆、商丘、延安、沧州、嘉峪关、张家界、辽源、河源、石家庄、昆明、沈阳、固原、六安、陇南、亳州、廊坊、茂名、娄底、黑河、湛江、西宁、鸡西、常德、太原、柳州、宣城、益阳、邵阳、梅州、宜宾、阜阳、安庆、邢台、乌海、洛阳、保山、云浮、丽江、永州、白城、临沧、湘潭、秦皇岛、潍坊、黄冈、大庆、拉萨、驻马店、唐山、盘锦、长治、保定、郴州、上饶、马鞍山、齐齐哈尔、鹤岗、新乡、开封、达州、松原、大同、张掖、六盘水、漯河、武威、岳阳、宝鸡、运城、濮阳、九江、安顺、晋中、崇左、牡丹江、昭通、曲靖、徐州、淮北、荆州、南充、通辽、商洛、玉溪、通化、渭南、淄博、三门峡、衡水、德阳、汉中、焦作、攀枝花、吴忠、来宾、七台河、阳泉、鹤壁、银川、包头、佳木斯、白银、铜川、晋城、葫芦岛、襄阳、平顶山、乌兰察布、张家口、四平、忻州、揭阳、安阳、巴彦淖尔、孝感、雅安、宜昌、双鸭山、咸阳、邯郸、朔州、中卫、铁岭、朝阳、石嘴山、酒泉、金昌、赤峰、呼伦贝尔、聊城、鞍山、承德、荆门、吉林、百色、阜新、本溪、辽阳、白山、抚顺、伊春。

从整体上看，第二类城市的生态社会领域发展相对较好，领先于第三类城市；但在创新能力与创新绩效上，与第一类城市差距非常明显。从总分上看，162 个第二类城市的平均分为 26.15 分，与第三类城市基本相同，但与第一类城市相差较大。从各个主题来看，第二类城市在生态社会上表现突出，平均分达到 23.61 分，与第一类城市的 25.05 分基本一致，遥遥领先于第三类城市的 14.12 分。但是，第三类城市的创新水平严重不足，创新能力

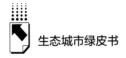
与创新绩效的主题得分分别只有 3.05 分和 6.51 分。因此，对于厦门、三亚、郑州、呼和浩特、海口等生态社会型城市而言，良好的社会认同与社会氛围是其未来发展的重要支持和保障。

第三类城市，生态经济型（104 个）：南昌、宁波、合肥、福州、无锡、金华、青岛、温州、南通、乌鲁木齐、常州、长春、嘉兴、肇庆、济南、漳州、绍兴、丽水、泉州、镇江、平凉、扬州、湖州、大连、吉安、舟山、台州、惠州、威海、鹰潭、黄山、烟台、江门、龙岩、广元、绵阳、莆田、景德镇、东营、滁州、三明、泰州、内江、巴中、许昌、芜湖、宁德、蚌埠、泸州、北海、萍乡、盐城、南平、桂林、汕尾、淮安、衢州、宿州、眉山、资阳、新余、连云港、株洲、随州、清远、宿迁、防城港、安康、十堰、遵义、潮州、遂宁、玉林、钦州、南阳、日照、贺州、阳江、河池、铜陵、信阳、衡阳、咸宁、韶关、池州、菏泽、广安、济宁、淮南、鄂州、丹东、泰安、贵港、临沂、自贡、枣庄、营口、梧州、黄石、德州、乐山、锦州、莱芜、滨州。

从整体上看，第三类城市在生态经济领域比较突出，领先于第二类城市，但创新能力和创新绩效的总体水平也亟待加强。从总分上看，104 个第三类城市的平均分为 26.75 分，落后于第一类城市，与第二类城市基本持平。从各个主题来看，第三类城市在生态经济上比较突出，平均分达到 45.03 分，领先于第二类城市的 35.77 分。但是，第二类城市的创新水平严重不足，创新能力与创新绩效的得分分别为 3.54 分和 7.36 分，落后第一类城市较多。因此，对于南昌、宁波、合肥、福州、无锡等生态经济型城市而言，应当充分利用自身经济条件相对优势，引导城市经济结构向高质量发展。

专题篇
Special Topics

G.8
城市在疫情等重大突发公共
事件中的治理应对

曾　刚　易臻真　罗　峰*

摘　要：　伴随城市化的快速推进，我国城市突发公共事件频发，社会
风险激增。尤其是疫情等公共卫生事件更是对生态城市建设
和治理工作提出了新的挑战。系统梳理2020年我国城市应对
新冠肺炎疫情的经验及不足，有助于提升我国城市政府的治
理能力。在应对疫情等重大突发公共卫生事件时，城市政府
要进一步提高生物安全能级，在日常工作中不断提升横向协
同、纵向联动的治理能力，并有意识地增强舆论导向的有效

* 曾刚，博士，华东师范大学城市发展研究院院长，教育部人文社会科学重点研究基地中国现
代城市研究中心主任，上海高校智库上海城市发展协同创新中心主任，上海市社会科学创新
基地长三角区域一体研究中心主任，上海市人民政府决策咨询研究基地曾刚工作室首席专
家，华东师范大学终身教授、二级教授、A类特聘教授，主要研究方向为生态文明与区域发
展模式、企业网络与产业集群、区域创新与技术扩散等；易臻真，博士，华东师范大学城市
发展研究院副教授，主要研究方向为城市治理、社会政策、劳动关系；罗峰，博士，华东师
范大学城市发展研究院助理研究员，主要研究方向为城市社会学。

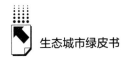

性，同时注重对社会资源与力量的充分调动与整合。

关键词： 城市风险　公共卫生安全　疫情防控　城市治理

改革开放以来，我国用 40 年时间完成了西方发达国家一二百年的城市化进程。国家统计局数据显示，截至 2019 年，我国城市数量已达到 672 座。① 全国大陆城镇常住人口 84843 万人，占总人口比重（常住人口城镇化率）为 60.60%。② 其中，上海、北京、天津常住人口城镇化率均超过 80%，上海以 88.1% 位居全国第一。在当前城市化快速发展的大背景下，人口快速向城市集聚，大型、特大型城市的数量不断增加，城市群、都市圈正在加速发展。人口大量流动、产业高度集聚、高层建筑和重要设施极度密集、轨道交通承载量超负荷以及极端天气引发的自然灾害、技术创新中的不确定性等因素使得城市安全成为全球共同面临的问题。加之城市风险研究水平、安全防控措施能力等诸多方面的发展，明显滞后于城市经济社会发展水平，二者之间不匹配、不平衡，导致了一些重大突发公共事件发生，造成了生命财产的重大损失。

依据 2006 年 1 月国务院颁布的《国家突发公共事件总体应急预案》，根据突发公共事件的发生过程、性质和机理，将突发公共事件主要分为自然灾害、事故灾难、公共卫生事件及社会安全事件四类。③ 但近年来伴随科技的迅猛发展，城市的传统和非传统风险叠加，使其相较于农村地区，重大突发公共事件日趋纷繁复杂。尤其是由于城市经济活动和人员流动日趋活跃，对外交往和贸易日趋频繁，流感、霍乱、新冠等传染病疫情及食品污染、食

① 国家统计局：《城镇化水平不断提升　城市发展阔步前进——新中国成立 70 周年经济社会发展成就系列报告之十七》，国家统计局网站，2019 年 8 月 15 日，http：//www.stats.gov.cn/tjsj/zxfb/201908/t20190815_ 1691416.html。

② 《国家统计局：2019 年中国城镇化率突破 60%　户籍城镇化率 44.38%》，中国经济网，2020 年 2 月 28 日，http：//www.ce.cn/xwzx/gnsz/gdxw/202002/28/t20200228_ 34360903.shtml。

③ 《国家突发公共事件总体应急预案》，中华人民共和国中央人民政府网站，2006 年 1 月 8 日，http：//www.gov.cn/yjgl/2006 – 01/08/content_ 21048.htm。

物中毒等突发公共卫生事件近年来有显著增加的趋势，给社会的稳定和公众的生命健康带来了十分不利的影响。2020 年突如其来的新冠肺炎疫情，让我国的城市公共卫生安全再次经受了考验。尽快梳理我国城市在此次应对中的经验和不足，能使我们的城市系统更加健康和完善。

一　中国城市疫情防控的经验与不足

2020 年 9 月 8 日，全国抗击新冠肺炎疫情表彰大会在北京隆重举行。在过去 8 个多月时间里，中国人民历经了史无前例的伟大抗疫行动，在全球其他国家依旧处在新冠肺炎疫情肆虐困境中的情况下，中国人民的生产生活秩序逐渐恢复，可以说，我国已经取得了疫情防控的重大战略成果。抗疫成果的获得，不仅离不开中国共产党的正确领导和广大人民的无畏付出，也离不开无数个城市在疫情这一突发公共卫生事件中的不懈治理工作。因此，回顾这段历程中中国城市疫情防控的成功经验和主要短板，有助于更好地以疫情为契机，进一步推进我国治理能力现代化建设的步伐。

（一）中国城市疫情防控的成功经验

第一，中国共产党领导下的全局疫情防控动员体制。自疫情发生以来，全国人民在党中央和国务院的统一部署下，迅速激发出全社会性的动员力量。各级政府、全国人民迅速形成了"上下贯通、军地协调、全民动员、区域协作"的疫情防控格局，各类抗疫力量在统一调配下驰援湖北，"对口支援"机制再次启动。各地各部门各司其职、协调联动，紧急行动、全力奋战，有关企业加班加点生产医疗用品，疫情防控物资全国统一调度等，这些都彰显出国家体制的优越性。

第二，基层社会治理格局成效初显。2017 年以来，党的十九大提出打造共建共治共享的社会治理格局，社会治理重心向基层下移。[1] 疫情发生以

---

① 刘佳：《"国家—社会"共同在场：突发公共卫生事件中的全民动员和治理成长》，《武汉大学学报》（哲学社会科学版）2020 年第 3 期。

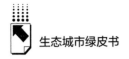

后，依托基层社会建设的格局，各地防控力量向城乡社区下沉，通过构筑严密的"人民防线"，有效抑制了疫情的蔓延态势。以基层广大党员、干部、社区工作者、网格员、志愿者为主体开展网格化治理，进行地毯式排查，加上社区组织与民间力量的作用，编织出一张渗透到城市社区和农村社区的疫情防控网，在疫情防控战中发挥了重要作用。

第三，各类现代化技术的广泛应用。在此次疫情防控过程中，互联网、大数据技术在疫情预防、溯源、治疗、追踪，以及城市管理、物流、信息发布、问题解答，乃至病毒基因测序等方面都发挥了重要作用。互联网、大数据技术的应用，一方面，有效提高了信息的透明度，压缩了谣言等虚假信息的传播空间；另一方面，在疫情防控信息的"快速采集、实时分析、精准上报"方面具有无可比拟的优势，既能保证信息管理的畅通、高效，又能减少重复性的工作和错误信息。另外，运用线上方式保障物资采购、远程办公、远程教学，并做好政务、医疗、教育等行业疫情服务，[①] 不仅有效保障了民生，更体现出国家治理能力现代化水平的提升。

（二）中国城市疫情防控的主要短板

重大疫情下的基层治理作为一种治理场域，既有常态社会治理的普遍特征，也有突发情况下社会治理的特殊性。[②] 当然，我国疫情防控在取得举世瞩目成就的同时也存在某些方面的不足，尤其是在城市政府治理的层面。具体而言，这些不足可以归纳为以下几个方面。

第一，城市常态治理与疫情应急治理的衔接不够顺畅。

首先，以疫情为代表的各类突发公共事件是被排除在城市常态治理的工作目标之外的。究其原因，社会公众对政府日常行政措施关注较为密切，而对政府部门应急反应和应急管理能力关注较少，因此政府工作也更多地将重心放在了常态治理之上，这就导致了城市政府对于重大突发公共事件的应急

---

① 朱力：《在疫情防控中提升社会治理能力》，《人民论坛》2020 年第 Z1 期。
② 李晓燕：《重大疫情下的基层治理——基于多层治理视角》，《华东理工大学学报》（社会科学版）2020 年第 1 期。

管理工作相对滞后，因而不能有效满足实际需求。① 具体表现为各级政府部门的工作体制不能有效应对疫情等突发公共事件。

例如，从市级层面看，各大城市应急管理部门基本上做到集中一个部门行使应急管理权。由于应急管理局是在原安全生产监督管理局的基础上改组而成的，目前的职能以生产安全类事件应急管理为主，应对多种公共卫生安全等突发公共事件的经验不足。这就意味着当前的常态化的治理体制对隐藏在众多行业领域内的安全风险的常态化、系统化预防和监控不够。而从区级层面看，由于中国实行的是条块结合的体制管理模式，因此市级层面机构众多的局面也延伸到区一级。虽然区根据要求也建立了与市级相对应的区应急管理局，但由于是新组建的政府机构，其应急体系建设水平参差不齐。另外由于人员编制、工作经验等因素，人员素质不一、基层应急工作内容复杂多样，难以达到应对新冠肺炎疫情一类的公共卫生事件的"预防为主"的应急管理要求，基层安全风险防控难度大。②

其次，部分基层政府还存在应急处置征用权的滥用问题。滥用应急处置征用权截留防疫物资的作为，显然与合力防控疫情的要求相去甚远，不但与全国一盘棋的抗疫大局背道而驰，而且其传递给社会的信息尤为负面，徒增恐慌情绪之外，更有损政府形象。因此，在治理目标与治理层级上实现常态治理与应急治理的有效衔接，是摆在我国城市政府面前的一个全新的要求。

第二，城市各级公务员应急治理能力仍有不足。

作为城市政府的有机组成部分，具体应对治理工作的开展，离不开各级公务员的有力参与。尽管既有研究显示，在我国人事部印发的《国家公务员通用能力标准框架（试行）》文件的指导下，当前我国的公务员整体上应

① 吴熙平：《城市突发事件应急管理体制存在的问题及对策研究》，硕士学位论文，湘潭大学，2013。
② 周晓津、尹绣程：《超大城市突发重大公共事件应急管理改革思路和对策建议——当前我国超大城市发展态势、面临的问题及加强现代化治理的建议》，《广州日报》2020年3月26日，https：//baijiahao.baidu.com/s？id=1662266362776138368&wfr=spider&for=pc。

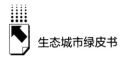

对突发公共事件的能力较强，但是能力水平还有很大的提升空间，并且有必要通过培训等途径实现能力的提升。① 然而，在面对重大突发公共事件之时，当前我国各级公务员的应急能力并未能通过实践的检验，也因此受到了社会公众的质疑。

正如戴维·波普诺所言："官僚组织能在它们的雇员中产生过分谨慎的态度，同时还会产生一种不愿打破现状的强烈愿望。"② 在面临突发疫情这种重大事件时，科层制中城市各级公务员的主观/客观上的应急治理能力不足的缺陷就会更加凸显。从突发公共事件的生命周期来看，其监测、预防、处置和善后等过程的具体工作，都需要各级公务员来完成。特别是其中的基层公务员，作为应对疫情的一线人员，其应对突发公共事件的能力至关重要。本次疫情期间，澎湃新闻在2020年1月29日发布的一份公众调查报告显示，受访者对武汉市和湖北省当地政府的防疫表现打分不及格，特别是对个别领导干部的表现不满。评分最低的是湖北省政府和武汉市政府，分别只有5.92分和5.61分（满分为10分）；一线医护人员和医疗卫生系统评分最高，分别为9.52分和8.74分（满分为10分）；中央政府的评分也较高，为8.63分（满分为10分）。③ 民众对地方政府的评分如此之低，从侧面说明了地方政府公务员们应急管理能力不足的问题。

第三，城市社区面对突发疫情的乏力感。

首先，面对疫情，城市社区普通居民的治理主体意识较弱。一方面，居民参与度不高易造成责任感缺失，导致产生侥幸心理、躲避心理，甚至产生与社区工作者之间的信任危机，增加了城市社区在疫情防控治理过程中的内部耗损和成本；另一方面，在上述心理的主导下，社区居民往往弥漫起"等、靠、要"的心理态势，并随之产生了相应的行为取向，这无疑进一步

---

① 周倩：《基层公务员应对突发事件能力分析与提升研究》，硕士学位论文，河北师范大学，2020。

② 〔美〕戴维·波普诺：《社会学》，刘云德、王戈译，辽宁人民出版社，1988，第145页。

③ 马亮：《在重大突发事件中提升应急管理能力》，人民论坛网，2020年2月17日，http://www.rmlt.com.cn/2020/0217/569255.shtml。

加大了社区防控治理突发公共事件的负担，也易导致社区居民产生对突发公共事件防治的消极心态和无力感。①

其次，社区组织人员结构及权力难以平衡。一方面，当前我国城市社区管理最为突出的问题是社区组织人员的职责分工不明确。城市社区管理组织主要分为居委会和物业公司两部分。居委会作为政府管辖下的社区基层管理组织，对自身的职能和处境认知不到位。物业公司也承担着部分社区管理的职责，但其以营利为目的，一旦出现疫情一类的应急突发公共事件，很难高效地发挥其职能。另一方面，城市社区组织人员结构不尽合理，影响了社区公共安全网络协同治理的成效。例如，城市社区组织人员年龄偏大、专职人员数量较少、组织人员专业性和知识储备不足，在很大程度上削弱了城市社区的疫情防控效果。② 因此，进一步动员社区资源力量，参与到以新冠肺炎疫情防控为代表的各类社区事务的治理过程中来，将成为后续城市工作的重点之一。

二 中国城市疫情防控存在短板的原因分析

在现代社会中，伴随着经济高速发展、人口规模日趋扩大，城市也变得越来越脆弱，突发公共事件已日益成为威胁城市安全的主要因素。它们既可以作为威胁城市安全的独立个体，也可以通过与别的因素相互作用形成"蝴蝶效应"，进而对城市造成更大的影响。因此，城市政府在应对新冠肺炎疫情等突发公共事件之时，也会面临越发沉重的责任，当前，我国城市在疫情防控方面存在短板的原因主要可以归纳为以下几点。

（一）高速城市化背景下的风险社会

自诞生以来，城市作为现代人口、财富的高度聚集地，社会系统发达且

---

① 艾光利：《社区应对突发事件的防控治理研究》，《哈尔滨市委党校学报》2020年第4期。
② 王艳：《城市社区公共安全网络的应急协同治理策略研究》，《长春师范大学学报》2020年第7期。

异常复杂，可以说，城市是人类活动矛盾最集中、最尖锐的场所。[①] 因此，城市也一直处于与各种类型灾害事件的斗争之中，并在这个过程中不断提升城市政府的规划与治理能力。例如，17 世纪的鼠疫和大火推动了伦敦的城市空间改造，19 世纪的霍乱疫情则促使伦敦建成了世界上第一套现代城市下水道系统等。[②] 当前，中国城镇人口数量占总人口数量的 60% 左右，大多数人生活在城市，新型城镇化进程将进一步扩大城市人口规模。我国历经了人类历史上规模最大、增长速度最快的城市化进程，城市化在带来人口、财富、产业集中的同时也引起了一系列的负面效应，诸如人口拥挤、交通堵塞、住房紧张、犯罪率提高等。随着我国城市化进程的加快，突发公共事件在城市中发生得愈加频繁，种种迹象显示，我国城市将进入突发公共事件高发期[③]，且会造成越发严重的后果。

正如贝克所认为的，风险和不确定性属于反思现代性的范畴。城市化是现代文明的重要成果，同时会带来城市阶层的分化、环境的恶化等风险问题。例如，2002 年 SARS 事件、2007 年无锡蓝藻事件、2008 年初南方部分地区的雨雪冰冻灾害、2009 年以来全国各类城市自然灾害，尤其是 2020 年初至今的新冠肺炎疫情进一步宣告了 20 世纪 90 年代以来，剧烈的社会变革进一步加剧了全球化风险，这些挑战中蕴含的矛盾早已不是传统城市社会中的"纯粹问题"，而是在高度复杂和不确定性条件下生成的"复杂问题"。[④]而正是这些突发公共事件，一再用现实而深刻的教训表明，传统治理模式已然无法满足现实应急治理的要求，因此，进行治理改革和创新，加强城市突发公共事件应急治理极具重要性和急迫性。

---

① 张京祥、赵丹、陈浩：《增长主义的终结与中国城市规划的转型》，《城市规划》2013 年第 1 期。
② 杨俊宴等：《高密度城市的多尺度空间防疫体系建构思考》，《城市规划》2020 年第 3 期。
③ 吴熙平：《城市突发事件应急管理体制存在的问题及对策研究》，硕士学位论文，湘潭大学，2013。
④ 金太军、鹿斌：《社会治理创新：结构视角》，《中国行政管理》2019 年第 12 期。

（二）城市政府治理能力建设的相对滞后

首先，当前我国城市政府的治理目标不够明晰。城市是一个复合有机体，每个部分都是城市治理的缩影，因此良好的治理目标必须有效覆盖城市居民经济社会生活的所有面向。但是由于长期以来我国一直施行自上而下的城市治理，较为容易产生以目标为导向、"对上不对下"和"一刀切"的问题。例如，过分关注国民生产总值等经济目标，容易忽略公共卫生等民生问题。[①]这也就导致了政府的治理目标对突发公共事件所涉及的民生问题存在某种有意无意的忽视，进而间接导致了问题的累积，从而导致在面临新冠肺炎疫情一类的突发公共事件之时的猝不及防。

其次，基层公务员的应急能力不足也是不容忽视的问题。正如前文所言，突发公共事件的应对治理工作对各级公务员提出了更高的能力要求，但是既有研究从突发公共事件生命周期的角度指出了当前基层公务员的应急行为及应急能力存在的问题。一是事前分析预测能力不足。识别分析能力不足、预警预测能力不足以及控制驾驭能力不足。二是事中快速应对能力不够。决策缺乏科学性，贯彻执行能力不够以及沟通协调能力不够。三是善后处理能力不强。调查评估能力不强、恢复重建能力不强以及总结学习能力不强。[②]正是基层公务员的应急能力不足问题，导致其在突发公共事件的应急管理中，不能抓住不同阶段的工作重心、完成突发公共事件的应对治理任务，从而在面对疫情之时，出现了大量专业知识匮乏、因循守旧以及执行政策扭曲、过度的现象。

最后，也是最重要的原因在于我国的危机管理体制仍然存在一些不足。一方面，我国对于城市突发公共事件的应急管理以垂直管理为主，不同部门有不同的职责分工，但部门间的沟通协作性较弱。比如，在对于新冠肺炎疫

---

① 邓毛颖：《危机与转机：突发公共卫生事件下的城市应对思考——以广州为例》，《华南理工大学学报》（社会科学版）2020年第3期。

② 陈月：《我国基层公务员应对突发公共事件能力提升研究》，硕士学位论文，长春工业大学，2018。

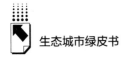

情等突发公共事件的处理上，物资供应、交通、卫生等部门都有各自在应急处理上的职责，但对于如何统一各不同部门的职责，做到职责交叉和全面协同没有明确的规定。因此，在疫情发生之后，不同层级政府以及不同部门相互间的推诿，导致应急管理降低效率。而在应急管理的全过程中，目前的应急管理办公室尚无法完成统一专业的指挥协调工作，而仅仅是在现实中发挥了值班室的作用，无法发挥出应急调控和运转枢纽的协调作用。①

（三）城市政府社会动员能力有待进一步提升

尽管我国经历了几十年的经济高速发展，并且积累了大量的物质财富与政府工作经验，但是在面对新冠肺炎疫情一类，在短时间内对于社会资源有着极大需求的突发公共事件之时，也难免出现力有不逮的情况。因此必须充分、广泛地发动强大的社会力量形成抗疫的合力。特别是在市场经济条件下，很多城市的社会组织及个体已拥有较好的物质条件和较强的精神动力，愿意也有条件参与到应急治理之中来。

学者海伦·苏利指出，社区治理有三大核心主题，即"社区领导力、促进公共服务的供给与管理、培育社会资本"。② 现实中，发达国家城市以其理念为指导，发展了很多以提升社区自救能力为目的的项目，灾害发生后广大社会力量也能够迅速自主有序参与。当前，在疫情防控过程中，中国城市更多的是依靠行政动员优势，社会自发有序参与程度仍然较低。③ 在社会力量的动员之中，最有必要加以发动的则是城市社区的力量。一方面，城市社区是预防和应对疫情等突发公共事件的前沿阵地，社区应急能力建设是国家应急管理体系的重要组成部分。加强社区应急能力建设意义重大，直接关

---

① 吴志敏：《城市突发公共事件风险治理机制的构建研究》，《财政监督》2017 年第 11 期。
② Helen Sullivan, "Modernization, Democratization and Community Governance," *Local Government Studies* 27（2001）：2.
③ 周晓津、尹绣程：《超大城市突发重大公共事件应急管理改革思路和对策建议——当前我国超大城市发展态势、面临的问题及加强现代化治理的建议》，《广州日报》2020 年 3 月 26日，https：//baijiahao. baidu. com/s？id = 1662266362776138368&wfr = spider&for = pc。

系到城市社会公共安全和国家治理体系和治理能力的现代化。① 另一方面，在合力应对突发公共事件的过程中，也有助于进一步加强社区民众的自我管理和教育，通过社区赋能增强自治能力，在城市治理手段层面，切实提升基层社区的治理能力，从而形成可供依靠、有组织、高效率的社会治理力量，进一步提升常态管理的效率，更为充分地发挥社区组织功能，建构起以人民城市为导向的治理体系。②

具体而言，城市政府社会力量动员能力不足的原因主要在于以下几个方面。首先，社会大众的治理主体意识培育不足。其次，公众参与应急管理的社会化组织程度较低也是另一个重要原因。当前，公共安全意识和自救互救能力总体薄弱，尤其是基层应急能力薄弱，一方面，社区工作人员力量不足，可支配公共资源少，应急管理能力和专业知识有限；另一方面，从权力关系结构看，自上而下的层级压力导致基层政府在应对突发公共事件时更多采取保守方式，使突发公共事件在早期得不到及时应对，进而发生扩展和演变。③ 因此，从制度层面进一步重塑和构建社会组织力量也显得尤为必要。

三 提升城市应对突发公共事件能力的对策建议

风险治理已经成为我国未来城市治理的重中之重。正如习近平总书记在中央政治局常委会会议研究应对新型冠状病毒肺炎疫情工作时的讲话中强调的那样，疫情是对中国治理体系和治理能力的一次大考。与发达国家及地区相比，我国的城市公共卫生安全治理体系和应对系统均不够完备。在生态城市建设进程中，健康的城市公共卫生安全治理体系的构建就显得更为关键和

---

① 陈垚：《社区应急能力国内研究述评与展望》，《社会科学动态》2020 年第 7 期。
② 邓毛颖：《危机与转机：突发公共卫生事件下的城市应对思考——以广州为例》，《华南理工大学学报》（社会科学版）2020 年第 3 期。
③ 李雪琴：《基层社区在突发事件防范与应对中的角色定位及能力建设研究》，《理论月刊》2020 年第 7 期。

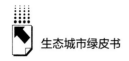

重要。除了健全相应的法治体系、加快城市公共卫生安全突发应急治理的法制建设、提升风险防范意识，还需在以下四个方面着重完善。

（一）提升生态城市的生物安全能级

在 2020 年初中央全面深化改革委员会第十二次会议上，习近平总书记指出，生物安全问题已经成为全世界、全人类面临的重大生存和发展威胁之一，必须从保护人民健康、保障总体国家安全、维护国家长治久安的高度，把生物安全纳入国家安全体系。[①] 当前各级政府除了要全面加强和完善公共卫生领域相关法律法规建设、提出认真评估《传染病防治法》《野生动物保护法》等法律法规的修订完善工作之外，更应在城市的防疫检疫及引导居民野保意识两方面做足功课。

各大城市海关要加强防疫检疫工作，借助高科技手段，强化口岸监管，在防止外来物种侵害的同时助力走私稽查。更为重要的是，借鉴德国等西方发达国家正面清单在食品生产、贸易中具有的重要规制作用，建议各地政府细化和及时修订野生动物交易正面清单，保证城市食品的安全性与来源的可靠性。并加强对正面清单所列可交易野生物种的检验检疫。建议增设野生动物交易过程中的检疫环节，在现有林业局和草原局监管野生动物的基础上，对动物防疫部门与食品药品监督管理部门放开对野生动物的检疫权限、加大检疫力度。细化监管规则，对于较难实现全阶段人工繁殖或捕获成本远低于养殖成本的清单内所列野生物种，实行更为严格的监管。

与此同时，城市野生动物是城市生态环境质量、市民文明程度的检验者和重要标志。它们是自然赋予人类的最宝贵的资源和财富之一，是自然生态系统和经济生态系统的重要组成部分。但此次疫情的暴发，让人们不禁谈"野"色变。为了实现生态城市建设目标，建议我国各地城市，尤其是上海等生态文明建设中的引领、示范之城，对标普法及体系建设的工作要求，在

---

① 《提高国家生物安全治理能力（新知新觉）》，"人民网"百家号，2020 年 4 月 7 日，https://baijiahao.baidu.com/s? id = 1663285175482990865&wfr = spider&for = pc。

增强城市居民法治意识的同时，不断拓宽市民获取野生动物保护知识渠道，重视系统提升市民野生动物保护知识的水平以及与野生动物和谐共生的能力。

（二）提高城市政府横向协同、纵向联动的治理能力

城市突发公共卫生事件具有突发性、复杂性、传染性、并发性等特征，在其应对治理中更需要跨系统、跨行业、跨部门的专业合作与统筹协调。政府应该建立突发公共事件应急反应机制，进一步明确各部门在公共卫生安全方面的职责，将部门协调行动制度化，以保障各部门和领导能在第一时间对危机做出判断，迅速反应，政令畅通，各部门协调配合，临事不乱。城市政府各个部门负责的往往是城市发展中的一部分内容。从行政管理上看，分段管理没有问题，但城市是整体运转的，部门与部门之间职责的重叠部分或者空白地带最容易成为隐患点。各个职能部门应了解清楚自己管辖范围内可能存在哪些安全隐患，在此基础上建立统一的协调机制。

尽快建立跨系统的公共卫生保障体系。中国已建成全球最大的传染病疫情和突发公共卫生事件网络直报系统，拥有病原体快速鉴定、五大症候群监测、网络实验室体系以及554个监测点、400多家网络实验室，疫情信息从基层发现到国家疾控中心接报，时间不超过4个小时，设施水平世界一流。然而，中国疾控体系不是行政部门，而是事业单位，没有权力发布疫情信息。有必要借鉴欧盟疾控管理经验，将疾控划归地方政府卫生管理部门，实现管理和技术的一体化融合，制定并实施以都市圈为单位的最低公共卫生标准，推行统一的公共卫生行动纲领，实施"一揽子"卫生保险政策，为科学决策、疫情发布、方案制定提供可靠支撑。不妨在长三角地区先行先试，建议重视沪苏浙皖三省一市卫生保健体系和健康保险体系的协调，建立统一的长三角欧盟卫生保健体系，推动防疫与公共卫生、事业单位与政府管理部门之间的融合，完善分工负责机制，落实基层责任，各司其职，避免遇事推诿、"甩锅"，以免贻误防控重大公共卫生事件的时机。

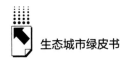

（三）增强城市治理中舆论导向的有效性

有效的社会治理，需要相关利益方都有恰当的表达渠道和方式，以互联网为代表的社会舆论就是普通大众表达自身利益诉求，进而参与社会治理的重要途径。在当前的信息技术环境下，任何一个地方出现在"吃瓜群众"看来"毁三观"的施政行为，都有可能迅速成为互联网舆论热点，任由此类现象蔓延，将对其他地方甚至我国的治理体系与治理能力现代化进程造成形象损害。以"硬核封路"的社会舆论为例，初期网民对于"硬核封路"的讨论较为热烈，纷纷表达"非常时期，非常手段，真的非常让人敬佩""点赞！快来抄作业"等观点。但是就在其被逐渐奉为圭臬之时，舆论风向悄然急转。"硬核封路"在阻断病毒传播渠道的同时，却也给群众正常生活带来了困扰。多位网民表示，"硬核封路"严重影响了城乡居民的正常生活，并由此引发了相关合法性的激烈辩论。

因此，社会舆论的导向是衡量治理成效的一个标准，健康的导向能够成为提升治理成效的助力举措。在应对疫情等容易造成恐慌的突发公共卫生事件中，建立集监督管控与开放包容于一体的综合性健康舆论导向体系就显得尤为必要了。具体而言，首先，要在明确以社会主义核心价值观作为整体引导的同时，营造良好的舆论氛围，对立足于社会现实的不同声音保持适度宽容和正确引导；其次，要进一步强化舆论场动态监督体系的作用，对突发舆情实现及时有效的收集、应对与处置，从而切实发挥社会舆论的导向作用，同时利用好舆论这一有效的社会治理武器。

（四）充分调动并发挥社会力量达成城市共治

相较于国际经验，我国城市政府在应对突发公共卫生事件时，往往容易忽视社区、社会组织以及市民等社会力量。

其一，应积极培育社会中的风险文化，用社会共治思维进行风险应对。浓郁的风险文化是城市宝贵的精神财富，也是城市软实力的重要组成部分。现代城市风险治理在强调打造科学的风险治理模式的同时，特别重视培育和形成人人参与、人人尽责的"风险文化"。利用一切教育资源和传媒手段，通过制度化的教育与训练，在各类组织、市民中加强风险意识教育，开展应对风险的技能培训及模拟演练，帮助市民理性地认识风险、应对风险，使市民能把风险意识渗入工作、生活中的每个细节，积极主动寻找风险点、回避风险的防范点，自觉开展风险排查和隐患清理；并且能及时举报风险，配合政府部门排查风险，防范和化解风险。

其二，好的机制可以有效调动整合资源，提升工作效率。若机制不健全，危机来临时往往会手足无措。事实上，仅靠政府无法完全满足风险管理需求，还需要引入市场化管理手段。应对城市中的突发公共卫生事件，不能由政府唱"独角戏"。尤其是在生态文明建设的当下，在城市经济社会发展过程中，以往忽视了对生态环境的保护。在城市治理过程中，政府不能大包大揽，尤其是在突发公共卫生事件中，居民的防范意识和应对配合都非常重要，可以有效避免更大的危机出现。同时，唯有建立更有效的激励机制，才能充分激发民间治理力量，挖掘调动各方社会资源。

G.9

新冠肺炎疫情初期甘肃省城乡居民心理与行为特征及社区防控与治理情况调查报告

范鹏　莫兴邦　张亚来　韩杰荣　崔珑　莫蓉　路华*

摘　要： 为了更好地满足城乡居民心理援助需求及社区疫情防控与治理需要，充分发挥社会团体的专业力量，切实履行各级部门的社会责任，本报告重点对甘肃省新冠肺炎疫情初期民众面对疫情的心理与行为特征和心理援助需求及社区疫情防控与治理等两个大的方面进行了深入细致的调查研究。采用调查问卷方式进行，问卷主要包括五部分内容。通过考察社区工作人员、社会组织、志愿者及广大民众在疫情初期的心理与行为特征，以及社区疫情防控与治理措施的落实情况、工作态度及民众对政府举措的满意度、意见与建议，为今后更好地提升社区疫情防控与治理能力、更好地统筹疫情防控与经济社会秩序恢复提出建设性建议。

关键词： 新冠肺炎疫情　城乡居民　心理与行为特征　社区防控与治理　甘肃省

---

* 范鹏，甘肃省人大常委会教科文卫工工委会主任，兰州大学博士生导师、教授，主要研究方向为中国政治哲学、宗教学；莫兴邦，心理学博士，《团结报》驻甘肃记者站记者，中科院心理所全国心理援助联盟儿童保护工作组成员，甘肃省社会组织总会副会长，甘肃省心理咨询师学会会长，主要研究方向为社会心理健康教育；张亚来，共青团甘肃省委志愿者指导中心主任；韩杰荣，甘肃青梭公益发展中心理事长；崔珑，甘肃省心理咨询师学会副秘书长；莫蓉，教育学博士，兰州城市学院教育学院副教授，主要研究方向为教育心理学；路华，心理学博士，甘肃省心理咨询师学会副秘书长。

一　疫情初期民众心理与行为特征调查

新冠肺炎疫情发生以来，党中央高度重视，习近平总书记指出，要坚持把人民群众生命安全和身体健康放在第一位，特别要求加强人文关怀、心理危机干预和心理疏导，按照坚定信心、同舟共济、科学防治、精准施策的总要求，全面开展疫情防控工作。在党中央集中统一领导下，中央应对疫情工作领导小组及时研究部署工作，国务院联防联控机制加大政策协调等的力度。甘肃省委、省政府根据党中央决策，全面部署和动员，启动了突发公共卫生事件一级响应机制，采取了有力措施。为了深入贯彻落实习近平总书记重要指示精神和党中央、国务院决策部署，有序参与防控工作。充分发扬"奉献、友爱、互助、进步"的志愿精神，积极参与志愿服务。共青团甘肃省委和省青年志愿者协会成立了甘肃省青年防疫志愿者服务总队和直属防控应急服务队，分为秩序维护、专业医护、物资协调、社区防控、心理援助五支分队，根据防疫工作发展态势随时投入工作。

面临疫情的严重形势和纷繁复杂的疫情信息，一般民众会产生诸如焦虑、担忧、恐惧、悲观等一系列不良心理应激反应，不同程度地影响着人们的身心健康和工作生活。为切实了解新冠肺炎疫情初期甘肃民众的心理与行为特征，有效开展有针对性的科学研究和调研分析，更好地支持当前和今后的疫情防控及心理疏导援助工作，甘肃省青年防疫志愿者服务总队心理援助志愿者大队积极响应中央和省委号召，发挥团队成员的学科优势，从民众的心理特征、行为方式、心理建设与疫情防治等角度出发，编制《疫情初期居民心理健康调查问卷》，于2020年2月8日8时至2月15日12时公开发布，后组织从事心理学研究和心理健康教育的专家学者进行研究分析，形成调查报告并提出社会心理服务体系建设等相关建议。

（一）调查目的

本调查报告重点对甘肃省民众在疫情初期的心理与行为特征进行调查分

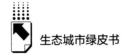
析，旨在了解疫情初期民众的心理特征与行为方式，更好地支持当前和今后的疫情防控及心理援助工作，对常见的心理应激反应进行科学分析，并给出各种应急状态下心理问题应对的方法及心理危机干预措施，针对不同人群提供具体可行的心理调适方法，以减少疫情对大众心理的干扰和可能造成的心理影响，从而帮助和指导大众消除不稳定情绪，从身体和心理两个层面给予关怀关爱，为相关政府部门培养民众自尊自信、理性平和、积极向上的心理状态，营造和谐社会提供对策建议。

（二）调查内容

本次调查主要采用的调查工具为课题组根据调查目的编制的《疫情初期居民心理健康调查问卷》，主要包括三部分内容：基本信息（被调查者年龄、性别、受教育程度、职业及所在地等）、心理与行为特征（认知、情绪、行为方面的感受及预期）和心理援助需求。

（三）调查对象

通过个人、团体和社会组织的大力宣传，以微信问卷形式向广大人民群众发出邀请并开展调查。截至 2 月 15 日 12 时，累计参与调查人数 1426 人，回收有效答卷数量 1426 份，回收比例 100%。

本次调查群体就性别分布而言，男性占 44.39%，女性占 55.61%；就年龄分布而言，18～25 岁、26～35 岁、36～45 岁、46～55 岁、56 岁及以上人数的占比分别为 56.87%、12.90%、18.30%、10.52% 和 1.40%；就学历分布而言，初中以下的人占 1.89%，初中学历的人占 2.31%，高中学历的人占 19.00%，大学专科学历的人占 38.01%，大学本科学历的人占34.50%，硕士研究生学历的人占 3.51%，博士研究生学历的人占 0.77%；就职业分布而言，学生占 51.61%，教师占 12.69%，警察占 1.61%，私企/民企员工占 5.19%，医护人员占 5.12%，国企员工占 4.42%，公务员占2.45%，其他占 16.91%。

（四）调查结果分析

1. 疫情初期民众心理与行为特征的总体状况

（1）疫情认知和信息获取

①民众对疫情的关注度较高

调查发现，40.81%的被调查者会选择频繁发布疫情资讯，44.67%的被调查者会频繁观看疫情相关视频，46.35%的被调查者选择不停地刷各种新闻资讯，52.66%的被调查者会将自己看到的信息转发给亲友（见图1）。数据说明，被调查者比较关心疫情的发展，会不断地观看疫情相关新闻并且想要和他人分享。

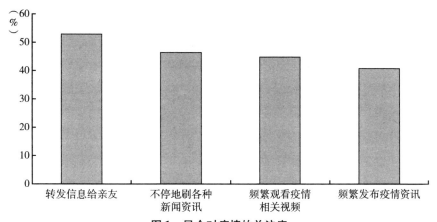

图1 民众对疫情的关注度

②主流媒体和自媒体成为信息获取的主要来源

调查发现，在关于获取疫情相关信息主要来源的选项中，93.97%的被调查者选择"中央媒体"（《人民日报》、新华社、央视新闻等），59.96%的被调查者选择"地方媒体"，这一方面说明民众对中央媒体的信任度最高，体现了中央媒体信息来源的可靠性和真实性，另一方面也暴露出了地方媒体信息在民众心目中信任度有待进一步提高。调查还发现，50.7%的被调查者选择自己的QQ/微信群或朋友圈，这说明，除了主流媒体外，自媒体是民众获取疫情信息的重要来源（见图2）。

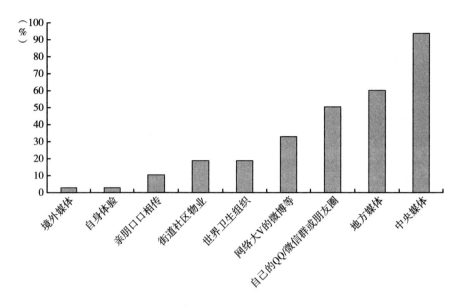

图2　疫情信息的获取渠道

③民众对疫情信息的态度趋于理性

调查发现，在所有调查对象中，有近六成（59.19%）不会转发别人发来的有关疫情的新闻信息，有近一半（47.34%）不会主动将自己看到的信息转发给亲友。由此看来，与疫情刚刚发生时大量信息被传播和转发的特点相比，甘肃普通民众对疫情的态度趋于理性，对疫情有关信息的传播也更为谨慎。

（2）疫情影响下的民众情绪

①民众的整体情绪状况良好，少部分民众出现愤慨、紧张等负面情绪

调查发现，大多数被调查者调查前一周内未表现出紧张、低沉、不安、悲观等负面情绪，这说明甘肃省民众的整体情绪状况良好，积极情绪占主导地位。但同时也发现，部分被调查者出现了愤慨、紧张、低沉、不安、崩溃、悲观等负面情绪，其中，43.76%的被调查者因为疫情负面新闻而感到极为愤慨，30.23%的被调查者表现出紧张情绪，12.07%的被调查者会无缘无故感到低沉，10.44%的被调查者觉得不安，3.08%的被调查者有过殴打和伤害别人的崩溃情绪，0.42%的被调查者表现出悲观（见图3）。可以看

出，疫情情况的发展、确诊病例的增加以及网络媒体、电视新闻对疫情的报道对民众的情绪造成了一定的影响，甚至影响了个人的身心健康，值得重视。

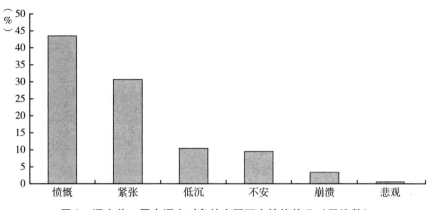

图3 调查前一周内调查对象的主要不良情绪状况（平均数）

②政府效能和专家意见是民众获得积极情绪的重要来源

我们调查了与疫情有关的让受访者获得积极情绪的来源，结果发现，在"如何带来积极情绪（愉悦、欣慰、有希望感等）"的选项中，64.03%的被调查者选择"医护人员、军队进驻武汉"；57.71%的被调查者选择"专家表示疫情拐点即将出现"；56.17%的被调查者选择"疫情发生后出现治愈病例"；47.90%的被调查者选择"政府相关部门尽职尽责"（见图4）。由此看来，对医护人员、军队进驻武汉的信心及专家科学的信息披露、抗击疫情过程中政府的积极作为是民众获得积极情绪的重要来源。

（3）疫情防护行为和应对方式

①民众健康防护行为保持较好

从调查中可以看出，95.44%的被调查者能够基本做到在公共场合戴口罩；93.97%的被调查者能够基本做到勤洗手、勤消毒；95.02%的被调查者能够基本做到减少外出、不聚会。在身边人的健康防护行为方面，90.81%的被调查者认为身边的人能够基本做到在公共场合戴口罩；87.66%的被调查者认为身边的人能够基本做到勤洗手、勤消毒；88.85%的被调查者认为身边的人能够基本做到减少外出、不聚会（见图5）。从中可以看出，民众

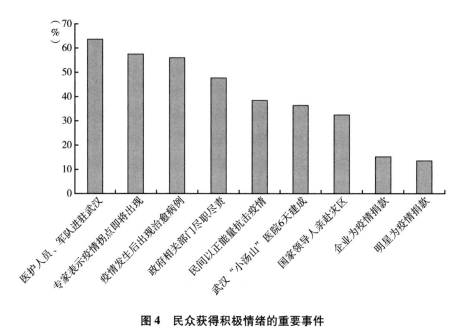

图4 民众获得积极情绪的重要事件

对于防疫的日常行为比较重视，这对于今后民众关注健康、保持良好的卫生习惯有积极的作用，但仍需要进一步提高民众对疫情的重视程度。

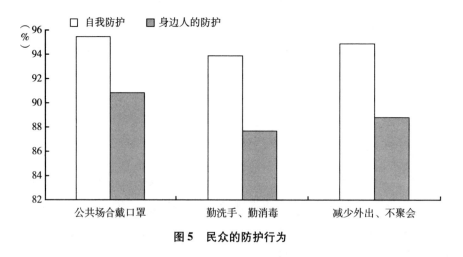

图5 民众的防护行为

②疫情应对方式贫乏，缺乏指导，一半民众消极应对

我们对被调查者的不同应对行为根据其平均数得分进行因素分析，最后

得到 3 个因子，分别命名为过度关注、转移注意力和帮助他人。过度关注是较为消极的应对方式，如忍不住总拿新型冠状病毒感染症状对照自己和家人的反应、不停地刷各种新闻资讯、频繁观看疫情相关视频、囤积口罩和消毒液等生活用品；转移注意力是较为中性的应对方式，如专心于感兴趣的事以忘却疫情、找人聊天以减少对疫情的恐慌、用编/转发/浏览段子的方法缓解冲突或不快；帮助他人是指投身于各种帮助他人的行动，这种方式是积极的应对方式。我们的调查发现，尽管有将近一半的被调查者会采取帮助他人等较为积极的方式来应对疫情，但也有近一半的被调查者对疫情表现出了过度关注，他们会频繁查看各种疫情资讯，囤积口罩、消毒液等生活用品，甚至对照自己的症状怀疑自己是否感染，而较少采用其他中性或更具建设性的应对方式（见图 6）。从中可以看出，民众对于突发的疫情不知所措，心理危机干预知识相对匮乏，缺乏专业性指导，以频繁地刷新闻来缓解焦虑。与此同时，虽然有很多被调查者选择帮助他人，但是对于具体措施如何实施，很多被调查者仍然很茫然，这也可以看出民众对突发事件的应急能力较弱。

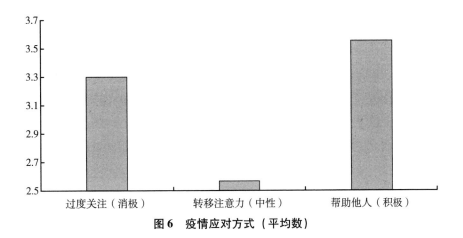

图 6　疫情应对方式（平均数）

③心理援助意识薄弱，方式隐蔽单一

从调查中可以看出，只有 107 人选择了需要心理援助，其中，选择网络咨询的有 76.64％；选择电话咨询的有 15.89％；选择面谈的有 7.48％。从中可以看出，大多数被调查者选择网络咨询，不愿意透露个人信息，体现出对于突发疫情的应对方式较匮乏，也体现出民众专业的心理学科知识缺乏，心理防疫任重而道远。还可以认识到，虽然很多人没有选择心理援助，但并不代表这些被调查者真的不需要，或者说心理状况良好，这点也是心理工作者需要重视的。

2. 心理建设的群体差异

（1）民众获得疫情信息的渠道表现出一定的群体差异

调查发现，不同年龄群体获得疫情信息的渠道有较大的差异，年轻人获得有关疫情信息的渠道更为多元，除了中央和地方媒体等官方媒体外，他们比较愿意通过网络大V的微博等网络媒体获得信息，年长者则更愿意通过自己的QQ/微信群或朋友圈等方式获得信息（见图7）。我们还发现，相对于年轻人，老年人更愿意分享有关疫情的信息给其他人。

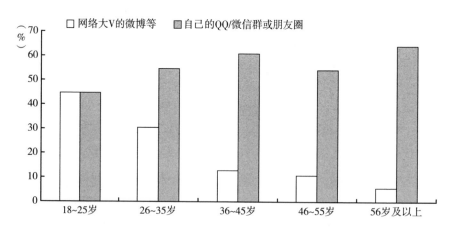

图7　疫情信息来源的年龄比较

我们也对样本量最大的4类职业群体进行了统计，结果发现，他们在信息的获得渠道上也表现出了一定的差异性，学生比其他职业群体更可能通过网络大V的微博等网络媒体获得信息，教师则比其他职业群体更可能通过自己的QQ/微信群或朋友圈获得信息，医护人员和学生从世界卫生组织获得疫情信息的人数比例远高于其他职业群体（见图8）。

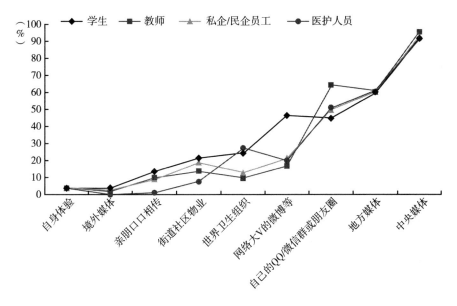

图8 疫情信息来源的职业比较

（2）整体而言，不同群体的社会情绪表现出较高程度的一致性，不具有明显的特异性

我们的调查发现，不同职业群体在6种主要的社会情绪上表现出了较为一致的特点，无论是医护人员、教师、学生还是私企/民企员工，他们都对疫情相关负面信息极度愤慨，也较平时更为紧张、低沉和不安等（见图9）。

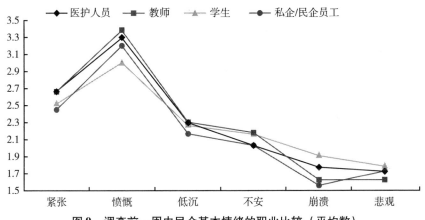

图9 调查前一周内民众基本情绪的职业比较（平均数）

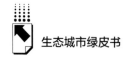

对不同年龄段调查对象社会情绪的比较发现，整体而言，46岁及以上年龄段的调查对象更少表现出紧张、低沉、不安、崩溃及悲观等情绪，26岁以下调查对象针对负面信息表现出的愤慨情绪较其他年龄段更少。但整体而言，各年龄段之间的差异不大（见图10）。

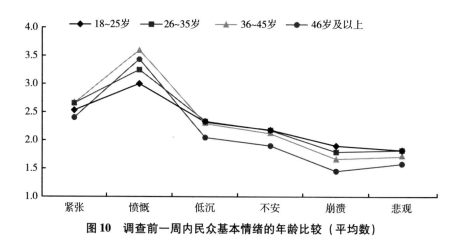

图10　调查前一周内民众基本情绪的年龄比较（平均数）

在其他人口学变量上，我们也未发现不同性别、不同婚姻状况、是否参与疫情防治以及是否有湖北亲朋好友等不同群体的受访者在以上社会情绪方面表现出显著差异性。这说明，疫情初期甘肃省民众表现出的社会情绪不具有特异性。

（3）不同群体在疫情应对方式上表现出较大的差异性

调查发现，不同年龄段的调查对象在疫情应对方式上有较大的差异性，年龄越小，越倾向于采取更为消极的应对方式，相对于年长者，年轻人更可能对疫情过度关注，如频繁观看疫情相关视频，不停地刷各种新闻资讯，经常转发疫情相关信息（见图11）。

从不同职业群体的应对方式来看，医护人员和私企/民企员工更倾向于采取帮助他人等积极的应对方式，这可能与他们本身的职业特点有关，而学生群体的消极应对方式相对而言更常见，教师群体相对而言则更多采用专心于感兴趣的事等转移注意力的方法来应对疫情（见图12）。

同时，我们也比较了自述更需要心理援助和不需要心理援助的被调查者在

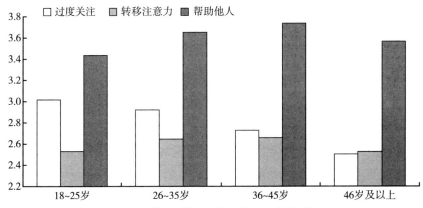

图11 疫情应对方式的年龄比较（平均数）

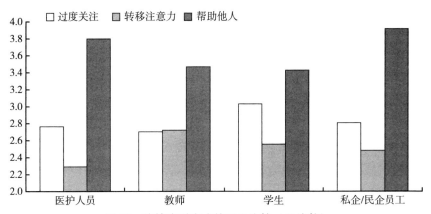

图12 疫情应对方式的职业比较（平均数）

疫情应对方式上的差别。结果发现，一方面，那些更需要心理援助的被调查者其疫情应对方式更为消极，他们会更多地寻求与疫情有关的各种信息以获得社会支持，也更多地采用找人聊天或专心于感兴趣的事以减少对疫情的恐慌；另一方面，助人者也显示出需要获得更多的心理援助和支持（见图13）。

（五）对策建议

1. 加大省内官方信息发布平台的建设和宣传力度，加强舆情信息发布的及时性、公开性

调查发现，甘肃省民众对省内官方信息发布平台的关注度不高，建议加

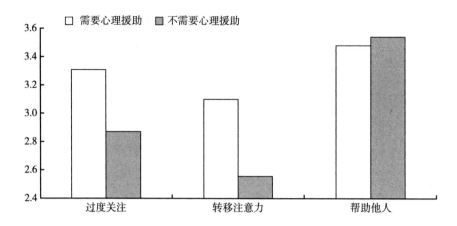

图13　是否需要心理援助群体应对方式的比较（平均数）

大省内平台的宣传力度，让本省民众可以及时获取省内疫情病例发展情况、救治出院情况、确诊病例活动轨迹、科学有效的预防措施以及交通、民生方面的管治办法等，打造全省一致的、权威的官方信息发布平台，积极提升政府公信力。

2. 建立心理援助应急服务队，提供心理危机干预服务

调查显示，疫情发生后少部分被调查者存在消极情绪，一小部分消极情绪较重，过度悲伤并有伤人冲动。因此，建议在甘肃省科协成立甘肃省疫情心理危机干预中心，组建由在甘院士牵头的疫情防控高级别专家组，尽快建立心理援助应急服务队，聘请本省专家团队为疫情防控提供心理支援及危机干预服务。通过招募、培训、组织广大心理咨询师、社会工作者、精神科医师、心理学教师等志愿者为广大民众进行心理疏导。援助队伍须采取科学有效的专业培训和督导，以提升心理危机干预人员对疫情疾病心理救援的能力。从社会群体心理、个体心理行为及应急管理等角度制定相应的支持性策略，避免防控策略引发社会情绪失稳、群体心态失衡、个别人行为失控，导致更多继发性社会问题。通过传递正能量、传播报道乐观向上的案例、转发幽默段子等隐性干预方式，增强人际信任与关怀，在潜意识层面引导人们树立信心、转移注意力、减少不良情绪反应，从而

达到隐性心理干预和治疗的目的。

3. 加快社区心理健康服务体系建设

本次调查反映出民众心理健康辅导需求，在疫情防控要求下，社区心理健康服务体系显得尤为重要。通过专业的心理学知识以及科学的心理学设备对社区居民的心理问题进一步诊断及治疗，一方面可及时到位地缓解居民疫情心理压力、释放消极情绪、调整身心状态，另一方面社区居民可以通过咨询服务了解自身心理健康状况，有效预防心理问题发生。

4. 加强对大学生及青少年群体心理建设的指导

调查发现，18～25 岁的青少年、大学生疫情应对方式较为消极，过度关注疫情信息，影响正常的学习生活。建议开展学生群体疫情影响下的认知、情绪和应对方式的研究和分析，特别是面向大学生群体，制定有针对性的线上线下分类指导方案，采取开设心理服务援助热线、一对一提供心理关怀和危机干预等合理有效的方式，引导他们理性看待疫情和表达情绪，指导他们运用建设性的应对方式和行为，构建青少年积极有效的心理建设社会网络和社会支持系统。

5. 切实增加教师心理资本，发挥教师职业价值

针对此次疫情，不同职业人群采取的应对方式不尽相同，教师职业人群在应对中主要采取转移注意力等方式，较少积极发挥教师职业价值参与疫情防控，建议通过科普讲座、教师心理基础培训及开设辅导热线等方式普及心理健康知识，增加教师心理资本，加强教师自我关爱，掌握学生应激反应情绪认知及调节技巧，发挥教师在社会疫情防控中的力量。建立对教师队伍心理健康知识的培训机制，加大对教师线上授课服务的支持力度，尤其是适度嵌入心理健康、心理咨询等内容，鼓励教师参加由中国科学院心理研究所组织、甘肃省心理咨询师学会承办的心理咨询师基础培训，通过专业技能提升积极发挥教师引导青少年心理健康的潜力和能力。

6. 建立心理服务转化机制，创造心理转化的条件，引导消极心理向积极心理合理转化

疫情发生后许多人呈现出消极情绪具有一定的必然性，民众的情绪随着

疫情的发展也呈现出一定的波动，认清情绪的辩证法非常必要。长时间的负面的情绪对身心健康和事业发展都有消极影响，但短期的挫折感可促使人们反思与冷静，变得深沉与稳重。建议以社会心理服务建设为目的，通过对教师、干部、社区人员和企业职工线上线下的心理专业培训，充分利用疫情给予的挫折教育素材，以智慧引领心理，创造消极情绪转化的条件，帮助认清负面情绪的真相，把负面情绪的心理势能转化为积极面对困难、努力干好本职工作的心理动能。

7. 以培育社会主义核心价值观为目标，弘扬中华优秀传统文化，加强爱国主义教育，增强人类命运共同体意识

调查表明，此次疫情对人们的认识有很大冲击，除认识到我国医疗体系和公共卫生管理体系方面的不足之外，更多的是激发了人类命运共同体意识，"一荣俱荣，一损俱损"从抽象的观念转化为具体的现实，关心他人就是关心自己，适度爱护自己就是对他人、对社会、对国家的贡献。建议进一步引导理性的爱国主义教育，培养广义的健康观，把个人的健康与他人和国家的健康结合起来，弘扬传统文化中家国一体、爱己及人的美德，在心理健康教育中加入社会主义核心价值观培育，提升个人、社会、国家和人类权利与义务相统一的认识水平，真正把人类命运共同体意识与对省情国情的认识、爱岗敬业结合起来。

8. 建设社会心理服务的基础性工程，适度营造准备复工的舆论氛围，创造复工的现实性条件，争取做到抗疫止损、休息不休业

调查对象中教师和学生占有相当比例，这两类人群几乎不牵涉工资收入等问题，包括行政事业单位、大中型企业人员，疫情对他们的心理影响有限。调查显示，中小企业人员在疫情初期情绪波动较大，心理总体上还是受到物质条件发展的影响，如果疫情短时期内无法结束，一部分收入严重受到威胁的人群心理将受到重大影响。建议甘肃省在积极抗疫的同时，根据全国和本省具体形势，适时营造复工复业的舆论氛围，创造复工复业的条件，尤其是推动可以实现居家办公、学习的行业，做到抗疫与工作两不误、休息不休业，为社会心理服务提供丰富的物质条件。只有保持经济社会发展的良性

运转，才能早日消除疫情对民众心理健康的消极影响。

9. 建立全省权威的社会心理服务学会（协会）联合体，统筹对重大公共事件中心理健康问题的干预

每一次重大公共事件都深刻影响着民众的心理健康和行为，结合汶川地震、舟曲泥石流和此次疫情，可以看出重大公共事件对民众心理的消极影响具有一致性。如果没有权威的心理干预机构或专业的社会组织介入，这种消极的心理影响将很难在短期内自动消除，可能影响个人的心理健康，带来不可预料的社会行为。建议成立由甘肃省科协牵头、各相关社会组织参与的甘肃省社会心理服务学会（协会）联合体，在发生重大公共事件时，具有一定的紧急响应功能，配合省委、省政府的工作，主动干预可能即将发生的民众心理问题。

10. 建立民众人文关怀、心理危机干预的长效机制

按照甘肃省委、省政府"阳光甘肃·全民健心"行动文件精神，遵循党政行政领导、部门分工负责、家庭成员支持、全民积极参与的工作机制，面向全省长期开展以优化公民的心理素质、维护心理健康为目的，以全方位优化社会心理环境、全面开展心理健康服务、建构完善的社会心理支持与服务体系、全体公民主动参与为途径的实践活动，有利于公民健康、幸福，有益于国家的安定团结、民族的繁荣昌盛、社会的和谐稳定、民众的安居乐业，是命运共同体与中华文明的奠基工程。"阳光甘肃·全民健心"系统工程是提高公民素养的一项长期的基础性工程，对弘扬民族精神和时代精神、实现中国梦具有十分重要的意义。

11. 创新甘肃省社会心理服务体系建设，助推社会治理体系和治理能力现代化，形成社会共治共享格局

根据习近平总书记关于完善重大疫情防控体制机制、健全国家公共卫生应急管理体系的要求，创新甘肃省社会心理服务体系建设，初步形成自上而下的、明确的、专责的行政体系和责任主体，整合甘肃省各高校、科研院所和实践领域专家队伍，提高甘肃省社会心理服务专业化水平，让专业的人做专业的事。组织心理学、社会学、管理学等学科的专家团队开展

甘肃省社会心理服务体系、社会治理心理学等方面的跨学科研究，重点加强公共危机背景下的舆情心理，社会治理中多元主体的群体决策过程，大数据背景下甘肃省民众社会心态、幸福感、道德风尚以及核心价值观等方面的系统研究，充分发挥中庸、孝道等传统文化在社会心理服务体系建设中的作用。培育社会心理服务企业，发挥政府、社会组织和企业在甘肃省社会心理服务体系建设中的协同作用，加强社会心理服务体系建设的供给侧结构性改革，助推甘肃省社会治理体系和治理能力现代化，形成社会共治共享格局。

二 疫情初期社区防控与治理情况调查

习近平总书记武汉之行时强调，城乡社区防控和患者救治，是疫情防控的两个关键，"防"和"救"同样重要。他指出，"打赢疫情防控阻击战，重点在'防'"[①]"抗击疫情有两个阵地，一个是医院救死扶伤阵地，一个是社区防控阵地"[②]，习总书记再次强调了社区的关键作用。从危机中汲取经验和教训，习总书记从长远和根本的角度提出这样的命题——"要着力完善城市治理体系和城乡基层治理体系，树立'全周期管理'意识，努力探索超大城市现代化治理新路子。"[③]

遵循坚定信心、同舟共济、科学防治、精准施策疫情防控的总要求。社区是疫情联防联控、群防群治的前沿阵地，也是外防输入、内防扩散最有效的第一道防线。为准确了解社区疫情防控的基本状况及作用发挥情况，志愿者服务总队对全省社区工作人员、社会组织、志愿者及广大民众开展社区疫情防控工作能力及满意度调查。该问卷于 2020 年 2 月 29 日 12 时公开发布，

---

① 《光明日报：打赢疫情防控阻击战重点在"防"》，求是网，2020 年 3 月 30 日，http：//www. qstheory. cn/2020 – 03/30/c_ 1125788133. htm。

② 《新华网评：守好抗击疫情两个阵地》，"人民网"百家号，2020 年 3 月 12 日，https：//baijiahao. baidu. com/s？id = 1660951319848065367&wfr = spider&for = pc。

③ 《树立"全周期管理"意识 着力完善城市治理体系》，光明网，2020 年 5 月 20 日，https：//theory. gmw. cn/2020 – 05/20/content_ 33843682. htm。

截至 2020 年 3 月 5 日 18 时，累计参与调查 5511 人，回收问卷 5511 份，有效回收率 100%。

（一）调查目的

本次问卷调查面向甘肃全省社区工作人员、社会组织、志愿者及广大民众，征集调查新冠肺炎疫情初期社区疫情防控措施的落实情况、工作态度及民众对政府举措的满意度、意见与建议，为今后更好地开展社区疫情防控与治理工作提供有效的对策建议。

（二）调查内容

本次调查主要采用《社区疫情防控工作调查问卷》方式进行，问卷主要包括五部分内容：一是被调查者的基本人口信息，包括性别、年龄、职业、学历、婚姻、政治面貌、居住地及健康情况等；二是被调查者疫情初期的心理与行为状况，包括疫情初期的心理感受、疫情信息来源、疫情初期生活起居行为特点等；三是社区防疫工作的实施情况，包括社区开展的防疫措施、为社区居民提供的人文关怀等；四是社区疫情防控与治理工作中存在的困难与问题；五是民众对社区防疫及社区治理工作的满意度、意见与建议。

（三）调查对象

从被调查者地域来看，本次调查的 5511 人中，4772 人所在地为甘肃省内，占比 86.59%；739 人所在地为甘肃省外，占比 13.41%。4772 人中1771 人为甘肃兰州，占比 37.11%；武威 769 人，占比 16.11%；张掖 309人，占比 6.48%；定西 268 人，占比 5.62%；平凉 236 人，占比 4.95%；天水 224 人，占比 4.69%；其余地市 1195 人，占比 25.04%（见图 14）。

就性别分布而言，男性 2034 人，占比 36.91%；女性 3477 人，占比63.09%（见图 15）。

就年龄分布而言，18～25 岁、26～35 岁、36～45 岁、46～55 岁、56

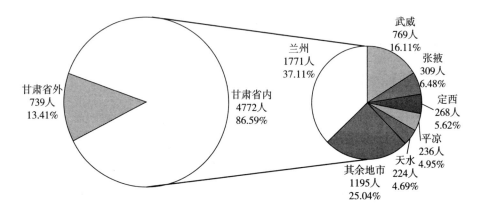

图14 被调查者地域分布

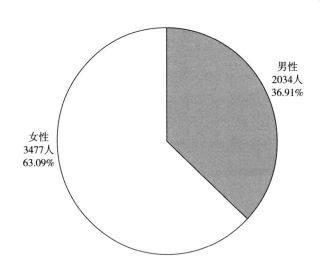

图15 被调查者性别分布

岁及以上人数的占比分别为67.16%、12.19%、9.82%、8.60%、2.23%（见图16）。

就职业分布而言，在校学生占61.6%、社会工作者占8.9%、教师占6.4%、企业职员占6.1%、公务员及军人占5.0%、社区工作人员占2.8%、医护工作者占1.6%、其他职业者占7.6%（见图17）。

就学历分布而言，初中及以下占5.1%，高中（中专）、大专占

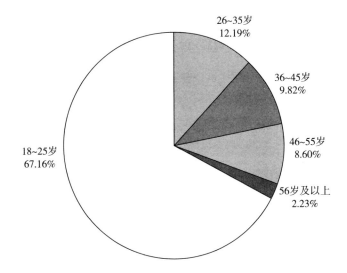

图16 被调查者年龄分布

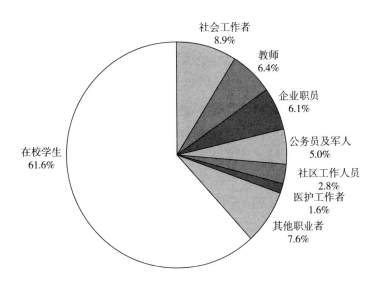

图17 被调查者职业分布

29.4%，本科及以上占65.5%（见图18）。

就婚姻状况分布而言，未婚人数占73.13%、已婚人数占25.22%、离婚人数占1.40%、丧偶人数占0.25%（见图19）。

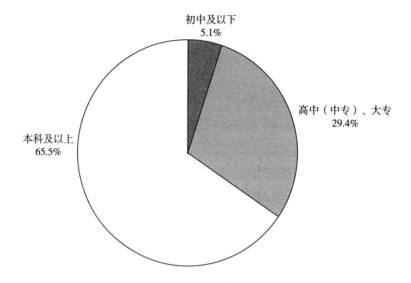

图18　被调查者学历分布

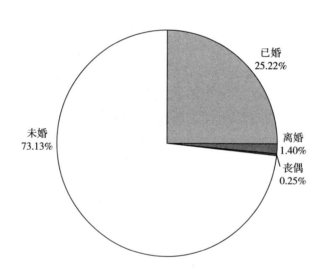

图19　被调查者婚姻状况分布

就政治面貌分布而言，共产党员占15.04%、共青团员占63.26%、民主党派占1.25%、群众占20.45%（见图20）。

就居住地分布而言，城镇人口占57.54%、农村人口占42.46%（见图21）。

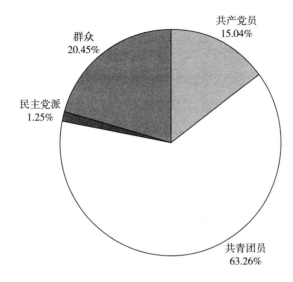

图20　被调查者政治面貌分布

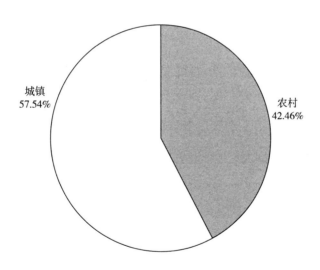

图21　被调查者居住地分布

　　就调查对象所在的城乡社区感染病例情况而言，有感染病例的占2.78%、无感染病例的占93.74%、不了解的占3.48%（见图22）。

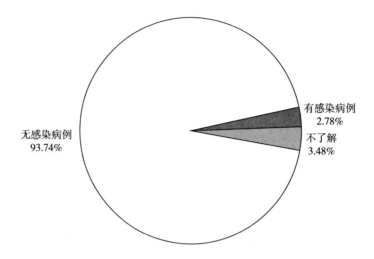

图22 被调查者所在社区感染病例情况分布

（四）调查结果分析

1. 疫情态势发展对民众心理与行为特征的影响

第一，疫情形势向好，民心趋稳。

此次调研数据显示，有58.86%的人表现乐观，对控制疫情信心十足；有36.00%的人表现平静，相信自己只要做好相关防护就没有问题；有2.43%的人积极参与了一线防疫工作；仅2.16%的人有担心、焦虑和恐慌的心理状态（见表1）。

表1 民众对疫情的心理表现

单位：人，%

选项	小计	比例
乐观,有政府、专家的参与,一定可以控制住疫情	3244	58.86
平静,只要按照专家的建议做好相关的防护措施,自己就会正常	1984	36.00
积极,可以实现自己的价值,在一线参与防疫	134	2.43
担心、焦虑和恐慌,疫情蔓延,担心波及自己和家人	119	2.16
愤怒,正常的工作、生活节奏被打乱,甚至还要加班加点	25	0.45
悲伤和无助,自己或者身边人被隔离观察,甚至是在医院治疗	5	0.09

第二，新媒体仍是民众信息获取的主要来源，但居民对社区发布的信息越来越关注，说明社区信息的权威性在增强。

在关于获取疫情相关信息主要来源的多种选项中，QQ/微信群或朋友圈、微博、抖音、快手等新媒体传播渠道被90.96%的被调查者选择；看电视、听广播、读报纸等传统方式被82.40%的被调查者选择；通过街道社区物业获得相关信息被52.20%的被调查者选择；仅24.28%的被调查者选择亲朋口口相传的方式（见表2）。

表2 疫情信息的获取渠道

单位：人，%

选项	小计	比例
QQ/微信群或朋友圈、微博、抖音、快手等新媒体传播渠道	5013	90.96
看电视、听广播、读报纸等传统方式	4541	82.40
街道社区物业	2877	52.20
亲朋口口相传	1338	24.28
其他	701	12.72

第三，随着政府各项抗疫政策的积极落实与信息的公开透明，全民以各种行动积极开展抗疫。

统计结果显示，14.44%的人作为工作人员直接参与防疫工作；77.26%的人响应政府号召居家防护；43.48%的民众参加志愿者组织，协助过防疫工作；24.21%的人居家办公；34.17%的人借此机会学习、储备知识；33.79%的人丰富日常生活，做自己喜欢的事情；25.02%的人选择在家陪孩子、父母；31.54%的人在家频繁关注疫情新闻资讯，与亲朋好友聊天以减轻焦虑；6.97%的人无事可做，消极应对（见表3）。

表3 疫情初期民众应对的主要行为方式

单位：人，%

选项	小计	比例
响应政府号召，居家做贡献，无事不出门、有事出门必戴口罩	4258	77.26
作为志愿者，协助、参与防疫工作	2396	43.48
借此机会好好充电，通过书本、网络等渠道储备知识	1883	34.17

选项	小计	比例
每日在家锻炼身体、学习唱歌和厨艺、写诗歌等,做自己喜欢做的事情	1862	33.79
在家频繁关注疫情新闻资讯,与亲朋好友聊天以减轻焦虑	1738	31.54
在家陪孩子、父母	1379	25.02
居家办公,线上参与防疫工作	1334	24.21
作为工作人员直接参与防疫工作	796	14.44
无事可做,整天就是吃、睡、聊天等	384	6.97

2. 社区疫情防控能力调查

第一,甘肃省社区群众的奉献意识较强,大多数人愿意直接或间接支持政府所倡导的防疫措施。

结果显示,参与社区防疫工作的人员中,社区工作人员(网格员)占比73.76%,志愿者占比60.15%,社区居民与小区物业也积极参与了防疫工作(见表4)。甘肃省社区群众的奉献意识较强,大多数人愿意直接或间接支持政府所倡导的防疫措施,充分说明甘肃省在抗击疫情中打了一场人民战争,社会主义核心价值观已经逐渐浸入群众生活中。

表4 社区参与防疫人员结构

单位:人,%

选项	小计	比例
社区工作人员(网格员)	4065	73.76
志愿者	3315	60.15
社区居民	2655	48.18
物业工作人员、业主委员会成员	2198	39.88
社会组织工作人员(社工、心理咨询师等)	1800	32.66
辖区企事业单位、公司、商户	917	16.64
不清楚	408	7.40

第二,明信息、建信任、树信心,城乡社区多方式开展疫情防控宣传,有效做好舆情引导。

社区多手段、多渠道开展防疫宣传，没有开展防疫宣传的仅占3.38%，民众感知度较高（见表5）。

表5　社区防疫宣传情况

单位：人，%

选项	小计	比例
悬挂条幅标语	3924	71.20
广播宣传防疫知识	3906	70.88
利用短信、微信等手段发布健康提示和就医指南	3612	65.54
张贴预防新型冠状病毒感染的各类宣传资料	3008	54.58
发放防疫宣传单、倡议书、居民调查问卷等	2728	49.50
没有开展防疫宣传	186	3.38
不清楚	120	2.18

第三，内防扩散，社区扎实推进各项社区内疫情防控措施，在战"疫"的"最后一公里"，社区党组织扛起了重大责任。

疫情初期，99.04%的社区采取了不同程度的疫情防控措施，其中82.42%的社区在街巷、小区口设卡24小时轮流值班，为居民发放出入证，开展出入人员登记排查及测体温；80.82%的社区打电话，入户摸排，对外来人员进行信息登记、上报；50.34%的社区要求外出人员出具健康证明；48.09%的社区通过线上、线下的方式对居民进行防疫政策的讲解和知识的普及、宣传；36.27%的社区通过招募志愿者，积极参与防疫工作，开展登记排查、测体温、消杀等工作；31.66%的社区对"三不管"楼院、公共场所、疫情点进行清洁、消杀和通风；28.31%的社区给本社区内隔离的外来人员每天打电话回访，测体温、开展心理疏导、满足生活需求；28.13%的社区督促、检查复工复产单位职工的基本防护和消杀等工作；24.79%的社区联合相关执法部门，关闭辖区内人员密集型场所，限制人员聚集；22.32%的社区动员、联合社会组织工作人员（社工、心理咨询师等）开展防疫工作；22.16%的社区对于发热病人，对接社区卫生服务中心就诊，严重者，联系车辆，送至集中观测点或者指定就诊医院；21.68%的社区封锁

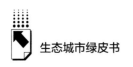

疫区，限制人员进出并对其家庭及所在单元全面消毒；21.67%的社区及时公布辖区内疫情相关信息（如确诊人员、疑似人员名单等）；17.17%的社区对确诊病例的密切接触者开展排查并实施居家隔离和身体健康监测；等等（见表6）。

表6　内防扩散防疫措施落实情况

单位：人，%

选项	小计	比例
在街巷、小区口设卡24小时轮流值班，为居民发放出入证，开展出入人员登记排查及测体温	4542	82.42
打电话，入户摸排，对外来人员进行信息登记、上报	4454	80.82
社区外出人员出具健康证明	2774	50.34
通过线上、线下的方式对居民进行防疫政策的讲解和知识的普及、宣传	2650	48.09
招募志愿者，积极参与防疫工作，开展登记排查、测体温、消杀等工作	1999	36.27
对"三不管"楼院、公共场所、疫情点进行清洁、消杀和通风	1745	31.66
给社区内隔离的外来人员每天打电话回访，测体温、开展心理疏导、满足生活需求	1560	28.31
督促、检查复工复产单位职工的基本防护和消杀等工作	1550	28.13
联合相关执法部门，关闭辖区内人员密集型场所，限制人员聚集	1366	24.79
动员、联合社会组织工作人员（社工、心理咨询师等）开展防疫工作	1230	22.32
对于发热病人，对接社区卫生服务中心就诊，严重者，联系车辆，送至集中观测点或者指定就诊医院	1221	22.16
封锁疫区，限制人员进出并对其家庭及所在单元全面消毒	1195	21.68
及时公布辖区内疫情相关信息（如确诊人员、疑似人员名单等）	1194	21.67
为社区内的困难和空巢老年人、残疾人等弱势人群提供基本的防护物资和生活用品	1178	21.38
满足被隔离人员的日常生活需求、上门清理生活垃圾等	1171	21.25
对确诊病例的密切接触者开展排查并实施居家隔离和身体健康监测	946	17.17
不清楚	138	2.50

第四，积极开展外防输入，管理辖区外来（返程）人员，但落实落细力度亟待加大。

调研结果显示，88.73%的社区设置进入关卡，对外来人员登记出入信息并劝返；81.40%的社区对返程人员进行信息登记，要求居家隔离，每日打电话或入户监测其身体状况；45.25%的社区限制快递员、外卖员等进入；39.34%的社区强制要求外出返甘人员居家隔离观察（见表7）。

表7　外防输入防疫措施落实情况

单位：人，%

选项	小计	比例
设置进入关卡，对外来人员登记出入信息并劝返	4890	88.73
对返程人员进行信息登记，要求居家隔离，每日打电话或入户监测其身体状况	4486	81.40
限制快递员、外卖员等进入	2494	45.25
强制要求外出返甘人员居家隔离观察	2168	39.34
没有采取任何措施	50	0.91
不清楚	141	2.56

第五，社区工作人员兼顾居民生活物资采购、帮扶特殊人群，彰显人文关怀，体现社会温暖。

调研发现，51.48%的社区为辖区内的特殊群体定时消毒；39.68%的社区为特殊群体提供口罩、体温计等物品；33.86%的社区代买药品物品、上门服务、心理关怀、联系就医等；18.05%的社区带头鼓励为特殊群体捐款；12.74%的社区为特殊群体发放临时救助金（见表8）。

表8　城乡社区提供帮扶的措施

单位：人，%

选项	小计	比例
为特殊群体定时消毒	2837	51.48
为特殊群体提供口罩、体温计等物品	2187	39.68
代买药品物品、上门服务、心理关怀、联系就医等	1866	33.86
带头鼓励为特殊群体捐款	995	18.05
为特殊群体发放临时救助金	702	12.74
不清楚	1593	28.91

注：特殊群体指困难老年人、残疾人、居家隔离人员等。

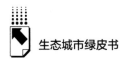

第六，心理关切需求呈现增长态势。面对疫情的变化，个别居民的焦虑情绪处在较危险的边缘，出现身心俱疲的现象，急需心理关怀。

调研发现，有42.97%的社区对居民通过打电话、发微信等疏导其焦虑的情绪；有33.91%的社区为辖区内居民开设心理援助热线；有29.18%的社区联合社工、心理咨询师开展心理援助工作（见表9）。

表9　城乡社区提供心理援助情况

单位：人，%

选项	小计	比例
对居民通过打电话、发微信等疏导其焦虑的情绪	2368	42.97
开设心理援助热线	1869	33.91
联合社工、心理咨询师开展心理援助工作	1608	29.18
社区居民没有这方面的需求，不需要社区提供服务	1116	20.25
社区工作人员无暇顾及这方面的需求	837	15.19
其他	1069	19.40

3. 民众对于城乡社区疫情防控工作的满意度及意见、建议

调查显示，甘肃省社区疫情防控是成功的，城乡社区居民的满意度都较高，充分证明了我国社会主义制度和国家治理体系的优越性，也说明甘肃省在增强"四个意识"、坚定"四个自信"、做到"两个维护"上工作效果显著。

第一，广大民众理解并支持社区采取的各项防疫措施，推动社区疫情防控工作顺利开展。

调查结果显示，98.46%的民众对社区采取的各项防疫措施表示理解并支持（见表10）。

表10　民众对社区采取防疫措施的态度

单位：人，%

选项	小计	比例
有必要，理解并支持	5426	98.46
没必要，但理解支持	45	0.82
没必要，不支持	16	0.29
其他	24	0.44

第二，广大民众对城乡社区疫情防控工作评价普遍较高，充分肯定了甘肃省社区疫情防控工作。

调查结果显示，42.22%的民众对城乡社区防疫工作非常满意；40.46%的民众对城乡社区防疫工作比较满意；7.49%的民众认为防疫措施落实力度不够，表面应付；4.19%的民众认为过度防疫，给居民生活带来不便；2.61%的民众认为存在漏报、瞒报情况，信息公布不及时、不准确；1.87%的民众认为防疫人员语言不文明、行为粗鲁、手段强硬；1.14%的民众认为防疫人员时常擅离工作岗位，未能尽职（见表11）。

表11　城乡社区防疫措施满意情况及意见

单位：人，%

选项	小计	比例
非常满意	2327	42.22
比较满意	2230	40.46
防疫措施落实力度不够,表面应付	413	7.49
过度防疫,给居民生活带来不便	231	4.19
存在漏报、瞒报情况,信息公布不及时、不准确	144	2.61
语言不文明、行为粗鲁、手段强硬	103	1.87
时常擅离工作岗位,未能尽职	63	1.14

第三，小部分民众对社区疫情防控工作不满并进行了举报或投诉，对社区依法依规开展防疫工作提出更高要求。

调研结果显示，92.88%的民众没有举报或投诉的需要；250位民众已对有关情况进行了举报或投诉，占总调查人数的4.54%；2.58%的民众不知道如何举报或投诉（见表12）。

表12　民众对防疫工作不满并举报或投诉情况

单位：人，%

选项	小计	比例
已对有关情况进行了举报或投诉	250	4.54
不知道如何举报或投诉	142	2.58
没有,觉得举报或投诉效果不佳	305	5.53
没有需要举报或投诉的情况	4814	87.35

第四，民众对政府处理举报或投诉结果比较满意。

在举报或投诉问题的 250 人中，91.6% 的民众对政府处理结果非常满意或比较满意；5.6% 的民众对处理结果表示一般满意；2.8% 的民众对处理结果不太满意或不满意（见表 13）。

表 13　举报或投诉意见处理结果满意度

单位：人，%

选项	小计	比例
非常满意	159	63.6
比较满意	70	28.0
一般满意	14	5.6
不太满意	5	2.0
不满意	2	0.8

第五，在党中央和省委、省政府的统一领导下，全省形成了全面动员、全面部署、全面加强疫情防控工作的局面，广大民众对于疫情防控工作充满信心，人民群众作为主体也正在彰显自己的伟大力量。

调查结果显示，97.15% 的民众对于甘肃省防疫工作非常有信心或比较有信心（见表 14）。

表 14　民众对抗疫胜利的信心

单位：人，%

选项	小计	比例
非常有信心	4399	79.82
比较有信心	955	17.33
一般有信心	135	2.45
不太有信心	10	0.18
没有信心	12	0.22

第六，在这一场疫情防控的人民战、总体战、阻击战中，每一个人都值得感谢和致敬。

结果显示，民众在这一场防疫战中，最想感谢的人位列前五的是：医护人员、驰援武汉的所有工作人员、志愿者、疾控工作人员、解放军及武警战士。参加抗疫和经历疫情的每一个人，包括被调查者自己都获得了50%以上的投票（见表15）。

表15　疫情中民众最想感谢的人

单位：人，%

选项	小计	比例
医护人员	5270	95.63
驰援武汉的所有工作人员	4661	84.58
志愿者	4455	80.84
疾控工作人员	4419	80.19
解放军及武警战士	4278	77.63
公安民警	4147	75.25
因公殉职的英雄	4133	75.00
捐赠物资的国际组织、友好人士	4023	73.00
社区工作人员（网格员）	3998	72.55
捐赠物资的国内企业家	3703	67.19
遵守规定、主动在家隔离的广大人民群众	3647	66.18
社会工作者	3177	57.65
新闻工作者	3158	57.30

　　4. 城乡社区疫情防控措施落实中存在的困难及问题

　　第一，政府为城乡社区疫情防控人员提供了相应的防护物资与精神关爱，但仍显不足。

　　调查结果显示，62.40%的人表示为社区防疫人员办公场所配置了酒精、消毒剂等防护用品；53.67%的人表示为社区防疫人员提供了口罩、手套或防护服；45.89%的人表示为社区防疫人员提供了必要的防护知识培训及相关教材；30.45%的人表示为社区防疫人员提供了定期的心理疏导及关怀，提升心理防护能力；23.37%的人表示为社区防疫人员提供了互联网技术以便于更好地工作；20.11%的人表示为社区防疫人员家属提供了必要的防护物资和生活用品；16.42%的人表示为社区防疫人员家属提供了生活关爱及安抚（见表16）。

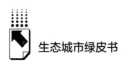

表16　政府对防疫人员的防护保障

单位：人，%

选项	小计	比例
为其办公场所配置了酒精、消毒剂等防护用品	3439	62.40
为其提供了口罩、手套或防护服	2958	53.67
为其提供了必要的防护知识培训及相关教材	2529	45.89
为其提供了定期的心理疏导及关怀，提升心理防护能力	1678	30.45
为其提供了互联网技术以便于更好地工作	1288	23.37
为其家属提供了必要的防护物资和生活用品	1108	20.11
为其家属提供了生活关爱及安抚	905	16.42
并未为城乡社区工作人员提供相关防护措施	344	6.24
不清楚	951	17.26

第二，城乡社区疫情防控存在人手不足和防疫物资缺乏两个较突出的问题。

调查结果显示，44.53%的人表示缺乏人手，需要更多志愿者协助；41.19%的人表示防疫物资不到位；30.72%的人表示没有高效的信息统计工具；26.38%的人表示居民不配合、不理解防疫检查登记工作；17.67%的人表示工作强度过大影响身体健康；16.91%的人表示缺乏有效的宣传工具以及时向辖区居民传达信息；16.89%的人表示无法照顾家人，缺少家人的关心问候；还有9.71%的人表示民众有殴打辱骂现象，对防疫人员造成身心伤害（见表17）。

表17　城乡社区防疫面临的困难

单位：人，%

选项	小计	比例
缺乏人手，需要更多志愿者协助	2454	44.53
防疫物资不到位	2270	41.19
没有高效的信息统计工具	1693	30.72
居民不配合、不理解防疫检查登记工作	1454	26.38

续表

选项	小计	比例
工作强度过大影响身体健康	974	17.67
缺乏有效的宣传工具以及时向辖区居民传达信息	932	16.91
无法照顾家人,缺少家人的关心问候	931	16.89
有殴打辱骂现象,对防疫人员造成身心伤害	535	9.71
上级督察、检查工作过多,在一定程度上占用社区工作人员的防疫时间	525	9.53

第三,社区疫情防控人员普遍超出正常工作时间,存在疲劳工作现象。

调查结果显示,63.18%的社区防疫人员每日工作时间超过8小时,其中38.63%的防疫人员每日工作8~12小时,24.55%的防疫人员每日工作12小时以上;仅19.96%的防疫人员每日工作8小时以内(见表18)。

表18 社区防疫人员的工作时间

单位:人,%

选项	小计	比例
8~12小时	2129	38.63
12小时以上	1353	24.55
8小时以内	1100	19.96
不清楚	929	16.86

第四,广大城乡社区疫情防控人员贯彻落实党中央决策部署,坚守岗位、日夜值守,英勇奋战在疫情防控一线,为遏制疫情扩散蔓延做出了重要贡献,各项关心关爱社区工作者的政策措施亟待落实。

结果显示,69.62%的社区防疫人员期望招募志愿者,协助其工作;61.95%的防疫人员期望提供充足的防护用品;58.57%的防疫人员期望多做正面宣传;54.06%的防疫人员期望引入社会组织,一起参与防疫工作;45.36%的防疫人员期望政府予以慰问鼓励;41.83%的防疫人员期望发放补助;28.20%的防疫人员期望增加休息时间(见表19)。

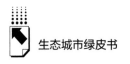

表19　城乡社区防疫人员诉求与期望

单位：人，%

选项	小计	比例
招募志愿者,协助其工作	3837	69.62
提供充足的防护用品	3414	61.95
多做正面宣传	3228	58.57
引入社会组织,一起参与防疫工作	2979	54.06
政府予以慰问鼓励	2500	45.36
发放补助	2305	41.83
增加休息时间	1554	28.20
其他	101	1.83

第五，还存在一些其他困难及问题。

目前基层社区在防疫工作中还存在法律意识不强、防疫手段单一、志愿者动员困难、居民情绪疏导方法缺乏以及特殊群体关怀不足等一系列问题。

（五）对策建议

1. 完善法律法规和政策标准体系，为社区赋权赋能，构建党建引领的城乡社区法制化、标准化、长效化的应急防疫机制

政府部门应尽快出台"甘肃省突发公共卫生事件应急条例"，依法修订《甘肃省突发公共卫生事件应急预案》，梳理明确社区在突发公共卫生事件应急中的职责任务，依法授权，切实提升社区突发公共卫生事件应急处置能力；组建在省委、省政府领导下的全省社区应急管理指挥中心，指挥突发公共卫生事件应急资源调度及各项措施的落实，不定期巡查社区安全风险，组织应急演练，及时堵塞安全漏洞；依法赋予社区突发公共卫生事件防疫场所征用、管理及补偿权限，推动更多机关党员干部下沉社区防疫，保障人力资源均衡供给，为联防联控、群防群控提供法律法规保障；加强城乡社区公共卫生应急管理知识与技能培训，解决城乡社区公共卫生应急管理知识与技能不足的问题；完善城乡社区公共卫生应急网格化管理的机制，建立突发公共

卫生事件防疫宣传、巡检、接诊、登记、消毒等专门小组，以楼栋、楼院作为突发公共卫生事件防疫的基础单元，织密疫情防线；构建突发公共卫生事件信息报告网络，以社区为基本单元做好信息收集上报与宣传引导等工作；树立"预防突发公共卫生事件风险也是发展、减少突发公共卫生事件损失就是增长"的理念，坚持常态防疫与非常态应急长效结合，将城乡社区公共卫生应急能力建设作为政府部门的一项长期工作。

2. 建立城乡社区疫情防控青年志愿者指挥体系，鼓励社会力量有序参与社区突发事件应急处理

在甘肃省新冠肺炎疫情防控中，青年志愿者队伍发挥了较大作用，这一模式一方面说明"90 后"或"00 后"的青年队伍个体素质较高，有较强的公共参与意识和社会奉献精神，但是从另一方面也可以看出一般性的志愿服务资源调度体现出散、乱、慢，不适应应对重大突发公共卫生事件的实际需要的缺陷，建议在团省委设立甘肃省城乡社区防疫青年志愿者指挥中心，整合交通、公安、应急、救灾、卫生、疾控等已有的指挥中心，组建联合体，服务于社区突发公共卫生事件应急响应，同时在具备条件的城乡社区设立志愿者服务站，鼓励支持社会力量有序参与突发公共卫生事件知识宣传、应急救援、患者救助、心理援助等工作，增强社会力量参与突发公共卫生事件的系统性、整体性和协同性。依据法律法规明确志愿者工作领导体系、组织措施、力量配置、物资保障、督查落实和效果评估，打造系统完备的志愿者工作流程，明确志愿者征招组织、任务梳理、重点培训、职责分工、安全防护等保障措施；加大融媒体推介宣传平台建设力度，重点对志愿者征招组织、援助领域、服务重点、方法措施、社会热点、典型案例等，开展全方位的权威发布。

3. 打造智慧社区标杆，以大数据、物联网等新兴技术驱动社区治理转型

针对本次疫情，实行社区封闭式管理，通过传统人工方式对出入社区人员与车辆进行核查及信息采集，落实实名登记、记录外出旅行史、测量体温，同时开展社区防疫，针对楼宇、街道及隔离人员的家庭进行消杀及宣传工作，这些都给社区管理与服务带来了巨大压力。随着疫情的发展，

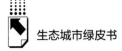
国家主管部门对社区网格化治理、综合智能信息化服务也提出了新的要求，精准、周密、高效地开展社区工作成为疫情防控及今后社区治理的重中之重，也为通信运营商承担社会责任创造了机遇。中国电信甘肃公司为此加大投入，快速响应，成立专门的运营机构，搭建智慧社区运营平台，充分借助互联网、物联网，发挥信息通信产业优势与大数据分析能力。一是面向公安和综治侧的安全管理，涵盖人员与车辆进出管理，人脸识别、视频监控及热成像等公共安全管控，有效加大社区层面的防疫力度；二是面向街道居委会以及物业侧的社区管理，主要对社区基础设施进行监控，确保关键基础设施的安全运行、提升基础设施的利用率，推动现在基础设施的智能化升级；三是面向物业和居民侧的便民服务，由社区管理向便民服务延伸，通过物业报修、社区物流服务、社区医疗、特殊家庭服务等，协助政府将社区治理落实到社区服务上，利用科技手段将社区从管理角色转移到服务角色中来。

4. 发挥多元化优势，充分利用社会组织在社区治理中的作用，建立以社区为平台、社会组织为载体、社工志愿者为专业支撑的"三社联动"治理体系

完善多元化社区治理结构。大力鼓励社会组织承担社区治理责任，让专业的人做专业的事，推动形成共驻共建、共同参与的社区治理结构。为应对此次疫情，甘肃省内驻扎在社区（尤其是以"三社联动"为试点项目的社区街道）的社会组织中的社工积极主动地与社区工作人员站在一起，深入社区、开展服务。不管是各种疫情信息的收集上报，还是心理疏导、物资运输，社工都带动志愿者立足现实，解决群众的实际困难，面对社区工作人员高强度的防控工作，社会组织发挥优势，社工带动志愿者有效地补充了社区的防疫力量，这既可解决实际困难又有坚守陪伴，是疫情初期最有效的参与。甘肃省有近 3 万家省、市、县社会组织，分布在各行各业，应发挥"社区、社会组织、社会工作者"的"三社联动"作用。建议以省青年志愿者协会、省心理咨询师学会、省社会组织总会为依托，建立社会组织社区服务与应急救援指挥中心，通过福利彩票、体育彩票公益金，以项目为依托，

完善社区心理健康、医养结合等服务体系，开展城乡社区关心关爱空巢老人、留守妇女、留守儿童、残疾人、智障人士等特殊群体的人文关怀和陪伴；在防区产生抢险救灾和应急救援需求时，协调、调度省内及外省来甘的非营利性社会组织开展应急救援工作。

5. 关心关爱城乡社区工作人员，保障生命安全，助推全民健心行动

落实中央应对疫情工作领导小组印发的《关于全面落实疫情防控一线城乡社区工作者关心关爱措施的通知》中的 8 项措施，关注城乡社区工作者的身体及心理健康，关心关爱社工家属。保障社工权益是加强社区建设、提升社区文明水平的重要内容，也是提升社区治理软实力的必然要求。建议为非心理学专业的社区工作者提供中国科学院心理研究所的心理咨询师基础培训认证服务，提高社区工作者自我关爱能力，掌握心理咨询技巧，为自己、为家人、为社区居民提供心理关爱，实现自助助人，有效激发社区工作者工作热情，增进社区和谐，在日常社区治理中鲜明彰显社会主流价值。建立民众人文关怀、心理危机干预的长效机制，推进"健康中国"工程，把人民生命安全和身体健康放在第一位。实现从以治病为中心转向以健康为中心的生命健康安全目标。强化预防、保健、诊断、治疗与康复五位一体的系统服务功能，努力做到全方位全周期保障人民健康，坚定不移贯彻预防为主方针，坚持防治结合、联防联控、群防群控，建立稳定的公共卫生事业与全民健身体育事业投入机制。实现城乡发展全面绿色转型，促进经济社会发展全面绿色转型，生产、生活方式全面绿色转型，建设人与自然和谐共生的现代化，建设更加有益于人的健康、有益于经济社会全面发展的现代化。为最广大人民群众提供生命健康安全服务保障，保障最广大人民群众的最大生命权、最大健康权、最大人权和最大发展权。

附　　录

Appendices

G.10

中国生态城市建设"双十"案例

曾　刚　胡森林　葛世帅　杨　阳　陈鹏鑫[*]

　　界定生态城市建设事件标准是中国生态城市建设"双十"案例评价与
筛选的前提。依据生态城市建设的内涵，2019 年"生态城市建设事件"选
择需满足以下三个准则：从"水土气生"四个方面来选择事件；具有过程
投入大、结果影响大、可受人为因素干预而在较短时间内实现改变等特征；
能够明确定位事件发生的时间和地点，要求能具体到一个或几个城市。"双
十"案例的筛选主要依据事件的媒体关注度、政府关注度、民众关注度及

＊ 曾刚，博士，华东师范大学城市发展研究院院长，教育部人文社会科学重点研究基地中国现
代城市研究中心主任，上海高校智库上海城市发展协同创新中心主任，上海市社会科学创新
基地长三角区域一体化研究中心主任，上海市人民政府决策咨询研究基地曾刚工作室首席专
家，华东师范大学终身教授、二级教授、A 类特聘教授，主要研究方向为生态文明与区域发
展模式、企业网络与产业集群、区域创新与技术扩散等；胡森林，华东师范大学博士研究
生，主要研究方向为城市与区域创新；葛世帅，华东师范大学博士研究生，主要研究方向为
城市与区域创新；杨阳，华东师范大学博士研究生，主要研究方向为创新、生态与区域发
展；陈鹏鑫，华东师范大学博士研究生，主要研究方向为创新网络与人才流动。

专家认可度四个维度的综合评价得分,具体实施步骤有以下几点。

第一,在主流媒体报刊通过关键词检索新闻报道,收集生态城市建设事件,构建基础数据库。所收集的新闻报道来源为《人民日报》《光明日报》《南方日报》《中国环境报》等,能够充分反映媒体关注度。具体检索关键词有以下两类:生态、环境、环保、污染、破坏,对这些关键词进行检索能够较为全面地收集到全年的生态城市环境事件,保证基础数据库的完整性;世界环境日、海绵城市、黑臭水体、大气污染、垃圾分类、无废城市、生态文明城市,对这些关键词进行检索能够较为全面地收集到不同城市对国家重大环保政策的响应结果。至此,构建了包含 465 个生态城市事件的基础数据库,并将对生态环境有益的事件命名为"亮点事件"、有害的事件命名为"恶性事件",以便筛选。第二,结合 2019 年国家出台的重大生态环境类政策的指导方向以及国家生态环境保护督察组主要关注通报的环境问题,找出"亮点事件"获得哪级政府(中央、省厅、本市)认可或"恶性事件"获得哪级政府督察,对筛选出的事件进行评分,反映政府关注度。第三,通过百度事件搜索 465 条生态事件新闻报道热度,依据搜索量进行打分,反映民众关注度。第四,参考前文评价报告中的城市综合排名,对数据库中的生态城市事件进行专家组审议打分,反映专家认可度。

基于上述步骤,依据四个维度对各事件的打分,得到不同指标的具体数值并进行标准化处理,依据权重(四个维度权重均设定为 0.25)加权求和并排序,最终确定了 2019 年"生态城市建设十大亮点事件"与"生态城市建设十大恶性事件"。

一 2019年生态城市建设十大亮点事件

事件一:《上海市生活垃圾管理条例》正式实施,上海步入垃圾分类强制时代

2019 年 7 月 1 日,《上海市生活垃圾管理条例》正式实施,这份条例被称

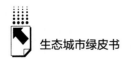

为"史上最严",继上海之后,北京、深圳等城市也相继出台强制垃圾分类相关条例。进行垃圾分类收集可以减少垃圾处理量和处理设备,降低处理成本,减少土地资源的消耗,减少对大气、土壤、地下水等的污染,很好地解决城市"垃圾围城"等生态环境问题,具有社会、经济、生态等多方面的效益。

2020 年 1 月 20 日,上海市市长应勇在上海市政府记者招待会上表示,2019 年上海垃圾分类工作取得重大进展,成效明显。居民区分类达标率从 15% 提高到 90%,单位分类达标率达到 90%,垃圾填埋比例从 41.4% 下降到 20%。上海市生活垃圾分类减量推进工作联席会议上公布的数据显示,2019 年上海实现分类垃圾"三增一减"目标,上海日均可回收物回收量 4049 吨、有害垃圾分出量 0.6 吨、湿垃圾分出量 7453 吨、干垃圾处置量 17731 吨。相比 2018 年,分别增加 431.8%、504.1%、88.8% 和减少 17.5%。另外,上海市全程分类体系已基本建成。2019 年底,上海已完成 2.1 万余个分类投放点改造和 4 万余个道路废物箱标识更新;已配置及涂装可回收物回收车 237 辆、有害垃圾车 87 辆、湿垃圾车 1461 辆、干垃圾车 3079 辆;建成回收服务点 1.5 万余个、中转站 201 个、集散场 10 个;干垃圾焚烧和湿垃圾资源化利用总能力已达到 24350 吨/日。

事件二:北京延庆成功举办世园会,生态建设成果显著

2019 年 4 月 29 日至 10 月 7 日,中国北京世界园艺博览会在北京延庆举行。中国国家主席习近平出席开幕式,并发表题为《共谋绿色生活,共建美丽家园》的重要讲话。共有全球 110 个国家和国际组织参展,举行了 100 余场"国家日"和"荣誉日"活动、3000 多场民族民间文化活动,吸引近千万人次参观,展出规模之大、参展方数量之多,刷新了 A1 类世园会历史纪录。同时,让延庆这座生态融城在全世界惊艳盛放,"美丽延庆,冰雪夏都"的城市品牌展示在全世界面前。

延庆通过筹备世园会,生态建设水平有质的提升。通过筹办举办世园会,延庆空气质量持续向好、水土治理成效显著、景观环境更加优美、城乡面貌焕然一新,"两山"理论在妫川大地形成生动实践。从清脏、治乱到景观提升，共整治脏乱环境问题 4000 余处，清理垃圾渣土 2.7 万余立方米，拆除私搭乱建 300 余处，打造景观节点近 30 处。先后在全区 360 个村庄开展 3 轮农村人居环境整治，城市环境和农村人居环境水平始终处于全市前列，延庆市政基础设施建设提速 20 年。全面加强水环境治理，清理河道堆积淤泥 63.11 万立方米，妫水河水质全面达标。高标准打造 10 条色彩斑斓的景观大道，找出 48 万平方米的景观缺漏，布置大型花坛 9 座、花钵 175 个，形成了"城在园中、园绕城区、城景交融"的美丽景观，实现了"在山水大花园中举办世园会"的目标。

事件三：深圳率先启动"无废城市"建设试点，探索可复制、可推广的生态城市建设示范模式

2019 年初，国务院办公厅印发《"无废城市"建设试点工作方案》。该方案提出，在全国范围内选择 10 个左右有条件、有基础、规模适当的城市，在全市域范围内开展"无废城市"建设试点。5 月 13 日，生态环境部在深圳市召开全国"无废城市"建设试点启动会。

深圳以"无废城市"建设试点为契机，进一步强化制度创新、推动绿色生产、倡导绿色生活、完善风险管控，加快实现固废减量化、资源化、无害化。深圳市生态环境局发布的《2019 年度深圳市环境状况公报》显示，在生活垃圾处理方面，2019 年，深圳推进生活垃圾分类投放、分类收集、分类运输、分类处置，日均回收利用量约 9500 吨，回收利用率达 33.3%。2019 年，3 座能源生态园相继投入使用，深圳市生活垃圾焚烧日均处置能力达到 1.8 万吨以上，基本实现全量焚烧。在危险废物处置方面，2019 年，深圳市危险废物综合处置能力为 63 万吨/年，收集能力为 13 万吨/年，覆盖国家危废名录 41 类。在深圳市政污泥治理方面，2019 年，深圳建成 17 座污泥深度脱水设施，日均处理能力达 5430 吨（以 80% 含水率计）。此外，水质净化厂污泥实现全量资源化利用和零填埋。在建筑废弃物方面，2019 年，深圳市装配式建筑占新建建筑面积比例达 25.1%。深圳市新增绿色建筑面积达 1680 万平方米，新增绿色建筑达标率达 100%。

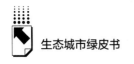

事件四：杭州成功举办世界环境日主场活动，推动关注大气污染防治

2019年6月5日，第48个世界环境日全球主场活动在浙江省杭州市举行。该年世界环境日主题为"Beat Air Pollution"（中国口号是：蓝天保卫战，我是行动者），关注当前国际社会面临的最严重的环境问题之一——大气污染防治。联合国环境规划署表示，中国20年来积累的治理大气污染的经验，为全球其他城市尤其是发展中国家城市提供了宝贵经验。

2019年，杭州市持续深化生态文明和美丽杭州建设，着力改善生态环境质量，不断提升人民群众生态环境获得感和满意度。化学需氧量、氨氮、二氧化硫、氮氧化物等主要污染物排放量均完成省下达的减排目标任务。市区空气优良天数达287天，细颗粒物（PM$_{2.5}$）质量浓度年均值达38微克每立方米，市区PM$_{2.5}$达标天数达344天，达标率95.0%；全市52个"十三五"市控以上断面，水环境功能区达标率98.1%，较2018年上升1.9个百分点，全市94.2%的地表水市控以上断面水质达到或优于Ⅲ类标准；西湖、千岛湖、钱塘江、苕溪、西溪湿地等重要生态环境功能区得到较好保护。2019年4月，中国工程院发布的《中国生态文明发展水平评估报告》显示，杭州市在全国地级及以上城市2017年中国生态文明指数评价中排名第二。

事件五：天津建设生态城水处理中心，实现城市污水全收集

天津生态城的"海绵城市"建设在国内启动较早。在2019年12月第六届绿色发展峰会上，天津生态城入选"2019绿色中国典范"名单，荣膺"2019绿色发展优秀城市"。中新天津生态城按照低影响开发和雨水利用总体原则，建立了"海绵城市"项目库，大面积铺设透水砖，设立雨水收集系统，建设人工湿地。

天津的生态城，从规划之初就系统设计了水资源循环利用体系和污水处理体系，实现污水处理率100%、污水收水管网开发地块全覆盖。2017年，静湖旁边的生态城水处理中心投用，进一步提升了水资源利用效率，居民日

常生活污水、园区工业废水和雨雪水等城市污水，都可过滤为可循环利用的再生水，实现污水再生利用。2019 年，中心污水日处理能力达到每天 10 万吨，远期规划达到 15 万吨，截至 2019 年，每天的污水处理量在 7 万吨左右，随着入住人口和企业的增加，污水处理量也在逐年递增。水处理中心除了接收生态城区域的废水，还接收周边原汉沽城区、泰达现代产业园区的污（废）水。水处理中心的再生水日处理规模为 2.1 万吨，远期规划达到 4.2 万吨，完全能够保障生态城绿化、道路喷洒、生态景观绿化及生活杂用水需求，实现了水资源循环利用，大幅降低了区域自来水使用量。

事件六：银川擦亮生态底色，助推黄河流域高质量发展

2019 年，银川市优良天数为 319 天，同比增加 61 天，达标率达 88.6%，秋冬季以来连续 90 天保持空气质量优良。在这之前，2017 年优良天数为 237 天，2018 年全市优良天数同比增加 21 天，空气质量改善程度在全国 169 个城市中排第 4 名。此外，2019 年银川滨河水系截污净化湿地扩整连通工程连通形成长约 50 公里、面积约 1.1 万亩的滨河水系，入黄排水水质基本稳定在 Ⅳ 类以上。全市湿地面积达到 5.1 万公顷，被联合国际湿地公约组织评为"全球首批湿地城市"。城镇污水处理工作位列全国 36 个重要城市前五、西北第一，9 条黑臭水体基本消除。伊品生物扰民车间拆除整改、佳通公司停产销号，群众多年反映强烈的环境问题得到基本解决。

银川市不断努力营造宜居、宜业的良好环境。近年来，银川对市域范围内的一些重点湖泊湿地进行植被恢复、鸟类栖息地修复、湖泊清淤疏浚等保护与恢复建设。同时，实施了扩湖整治、水系连通等湿地保护工程，完成规划总面积 1869.9 公顷，湖泊水系连通总长度 51.4 公里。以湿地资源利用为特征的绿色生态型产业兴起，成为银川市重要的经济增长点。不仅如此，银川先后获得国际湿地城市、中国人居环境范例奖、国家生态园林城市、国家卫生城市、全国第一批水生态文明建设试点城市等多项荣誉。在"绿水青山就是金山银山"和"黄河流域生态保护和高质量发展"理念指引下，银川守护碧水蓝天，推动产业升级，构建宜居城市，开启高质量发展新篇章，

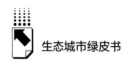

让人民群众有更多的获得感和幸福感，致力于建设"绿色、高端、和谐、宜居"美丽新银川。

事件七：雅安市水环境质量居全国城市之首

2019年5月7日，地级及以上城市国家地表水考核断面水环境质量排名首次公开发布，按照《"十三五"国家地表水环境质量监测网设置方案》，有2050个国家地表水考核断面，参与本次排名的城市范围为设置有国家地表水考核断面的所有地级及以上共333个城市，未来参与城市的层级将提升、范围将扩大，本次榜单雅安市青衣江水质位居全国第一。

雅安水好，实至名归。自2017年启动"河长制"工作以来，雅安搭建起市、县（区）、乡（镇）、村四级河长体系，全市265条河流、41座水库、42处渠道、15处饮用水水源，都有了"家长"。截至2019年5月底，在雅安，市、县（区）、乡（镇）、村四级共落实河长1789名，其中村级河长1022名。2018年以来，雅安以"河畅、水清、岸绿、景美"为目标，以"问题、目标、任务、责任"四张清单落实为抓手，聚焦加强水资源保护等河湖管理"六大任务"，完成38个县城地表水型集中式饮用水源地问题整改；排查出79处河湖乱占、乱采、乱堆、乱建"四乱"问题，查处河道非法采砂案件25起，对个人排污口进行排查整治，完成整改297个，拆除违法建筑9处，清理乱堆乱放347处，关闭"散乱污"工业企业114家。

事件八：西安市以"一抓到底"的决心推进生态文明建设

2019年1月9日，央视播出《一抓到底正风纪——秦岭违建整治始末》专题纪录片。节目全景式披露了备受社会关注的秦岭违建别墅事件的来龙去脉，将典型案件通报并拍成专题片在全国放映，其警示、告诫意义再明显不过。秦岭违建这个"大教训"警示我们，只有严厉追责，用制度利剑明晰生态保护红线，才能扫清生态文明建设执行落实环节的责任漏洞，确保绿水青山常在。

2018年以来，"秦岭违建别墅拆除"备受社会关注。秦岭被尊为华夏文明的龙脉,位于陕西省宝鸡市境内,作为中国南北地理分界线,更是涵养八百里秦川的一道天然屏障,素有"国家中央公园"之称,是重要的生态屏障,也是野生动植物的天然宝库,具有调节气候、保持水土、涵养水源、保护生物多样性等诸项功能。守护好秦岭生态安全,其意义不言而喻。然而一段时间以来,秦岭北麓不断出现违规违法建设的私人别墅,将"国家公园"变为"私家花园"。7月,中央、省、市三级打响秦岭保卫战,秦岭北麓西安段共有1194栋违建别墅被列为查处整治对象。一场雷厉风行的专项整治行动在秦岭北麓西安境内展开:违法建设别墅查清一栋拆一栋,然后复绿复耕。

事件九:汕头市完成逾3000家"散乱污"场所整治

汕头在学习先进城市经验的基础上开发了大数据监管系统,凭借该系统,汕头市"散乱污"场所整治工作取得初步成效,至2019年6月底已完成"散乱污"场所整治3246家,完成率72.52%,比省下达的任务要求高2.52个百分点,为汕头进一步推进产业结构调整、促进绿色发展、建设生态文明城市,打下了智能管理的基础。

2019年5月,汕头迎来新一轮的"散乱污"场所治理,将范围扩大至非工业领域,把违法存在于居民集中区的小企业、小作坊纳入整治范围。然而非工业领域场所存在规模小、转移快的特点,隐蔽性强,单纯靠人工手段排查非常困难。为此,汕头向先进城市学习经验,通过大数据、信息化实施监管,精准排查整治。凭借大数据监管系统显示的用电数据信息,工作人员就可对各区县、街镇用电等情况进行统计、分析和监测,将用电异常情况及时发送给基层排查人员进行核查处理。大数据改变了过去排查工作靠基层实地摸查再逐级上报的单一手段,自上而下将筛选出的疑似地点数据发送给基层便于实地排查,从而在一定程度上扫清了"散乱污"场所存在的死角。汕头对于"散乱污"工业企业的治理,除了采取"关停取缔一批、整合搬迁一批、升级改造一批"的措施,基层排查人员还可直接在手机上记录排查、整治过程。截至2019年7月,全市3.4万多个排查数据已经加载进入系统并发送给各区县,累计为720多家企业开出整改"妙方"。

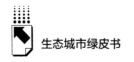

事件十：宣城市野外放归扬子鳄120条，为至今最大规模

2019年6月3日，人工养殖扬子鳄野外放归活动在安徽扬子鳄国家级自然保护区郎溪县高井庙野放区举行。本次活动是历次扬子鳄野外放归活动中规模最大的一次，共放归人工繁育的扬子鳄120条，其中雄性30条、雌性90条，都是从繁育中心和野化训练区选取的264条人工繁育的备选鳄中筛选出来的，有18条安装了卫星追踪器，用于放归后开展监测研究。

扬子鳄是我国特有的珍稀物种、国家一级保护野生动物，原广泛分布于长江中下游地区。由于自然环境变迁、人类活动干扰和湿地的减少，野生扬子鳄的分布范围逐渐缩减，种群数量锐减，濒临灭绝。经过多年努力，虽然已建立起稳定的人工繁育种群，但由于当前野生数量仅200条左右，扬子鳄仍处于极度濒危状态。为扩大扬子鳄野外种群数量，2002年经国家林业局批准，宣城市开始实施"扬子鳄保护与放归自然工程"。作为国家15个野生动植物重点拯救项目之一，从2003年起至2018年，保护区累计实施14次扬子鳄野外放归活动，外放鳄总数达108条。截至2018年底，累计产卵14窝、224枚，自然孵出幼鳄112条，扬子鳄"野放工程"取得阶段性成效。扬子鳄野外放归取得阶段性成效，为今后大规模开展扬子鳄放归和重引入活动积累了宝贵经验。

二 2019年生态城市建设十大恶性事件

事件一：漳州市漳浦县矿山非法开采，生态恢复治理不力

2019年7月25~29日，中央第二生态环境保护督察组在福建省漳州市漳浦县督察发现，漳州市漳浦县石材矿山非法开采问题突出，生态恢复治理严重滞后，区域污染严重，群众反映强烈。

截止到2019年，非法开采造成漳州市漳浦县大面积山体、植被破坏，下游蔡坑水库沦为"牛奶湖"。据原漳浦县国土资源局统计，漳州市漳浦县

存在违法开采矿山98个，已破坏总面积达9656亩，其中破坏商品林达到201亩，越界开采矿产品评估价值约8200万元。另外，在整改过程中，漳浦县有关部门还存在生态恢复治理不力、虚假整改问题突出等问题，2018～2019年治理面积仅122.25亩。漳浦县所有持证的采石材矿山均未落实恢复治理方案和土地复垦方案，矿区周边均存在大片"挂白"现象，"边开采边治理"要求形同虚设。漳浦县有关部门对辖区内非法开采企业的监管缺失是造成其生态环境严重破坏的主要原因之一。

事件二：临沂市兰山区大气污染治理急时滥作为，严重影响当地生产生活

2019年9月4日晚间，生态环境部通报了1起环境违法案例。中央生态环境保护督察组通报称，临沂市兰山区大气污染治理工作平时不作为，等到要考核问责时就急功近利搞"一刀切"，辖区部分街镇餐饮企业大面积停业，400余家板材企业被迫集中停产，25家货运停车场除1家兼顾公交车停放而正常运营外，其余全部停业整顿，严重影响当地人民群众生产生活。

临沂市大气污染治理工作不力，蓝天保卫战形势严峻。2019年上半年，全市空气质量综合指数达到6.84，在全国168个重点城市中排倒数第10名，在山东省排倒数第1名，综合指数同比恶化13.2%。为解决临沂市大气污染问题，临沂市于8月25日开展了蓝天保卫战攻坚行动动员大会，但在会后工作推进和压力传导过程中，兰山区及部分街镇为提高空气环境质量排名，通过打电话、网格员劝说、书面通知、停供蒸汽等措施，迫使大量企业集中停产停业，方法简单、急功近利，对当地生产生活造成恶劣的影响。大气污染问题非一朝一夕形成的，同样治理大气污染也需要一个过程。导致临沂市兰山区环保"一刀切"问题的原因是相关政府部门平时未能合格履行监管职责，急时滥作为。

事件三：益阳市石煤矿山污染严重，威胁洞庭湖及长江生态环境安全

2019年11月12日，中央第四生态环境保护督察组下沉益阳市，发现

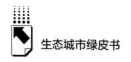

益阳市石煤矿山环境污染和生态环境问题十分突出，部分石煤开采企业长期偷排，绝大多数废弃石煤矿山得不到有效治理，威胁洞庭湖及长江生态环境安全，当地人民群众深受其害。

2019 年调查显示，益阳市在产或关闭的石煤矿山共 22 个，其中确定关闭 16 个，保留 6 个。在产石煤矿山环境违法问题突出，关停矿山生态修复治理敷衍应对。例如，益阳市宏安矿业有限公司露天开采石煤，长期偷排。该公司两处废水收集池中黄土渗出液总镉浓度分别达到 2.86mg/L 和 7.42mg/L，分别超过《煤炭工业污染物排放标准》（GB 20426 - 2006）排放限值 27.6 倍、73.2 倍。石煤破碎车间被填埋的废水收集池周边沟渠水总镉浓度达到 6.6mg/L，超过《地表水环境质量标准》（GB 3838 - 2002）Ⅲ类标准限值 1319 倍；车间附近溪流水总镉浓度 0.38mg/L，超过地表水Ⅲ类标准 75 倍。另外，该公司某露天矿坑中长期积存大量酸性锈红色矿坑涌水，积水面积超过 6000 平方米，水中总镉浓度 8.0mg/L、总锌浓度 65mg/L，分别超过煤炭工业排放标准 79 倍和 31.5 倍，对地下水及周边环境构成严重威胁。造成益阳市矿山环境严重污染问题，有以下原因：一是相关监管部门管理不到位，益阳市及各县（区、市）党委、政府部门等对企业涉嫌环境犯罪行为打击不力，对地质环境治理恢复工作监督不力；二是矿山企业盈利至上，缺乏环保意识，责任心不强。

事件四：海南省东方市矿山生态破坏严重，群众投诉不断

2019 年 8 月 26 日，生态环境部通报第二轮中央生态环保督察典型案例，海南省东方市矿山生态依然破坏严重。2019 年 7 月 25 日，中央第三生态环境保护督察组下沉东方市发现，东方市对两轮督察交办的信访案件整改不力，好德实业有限公司采石场长期野蛮开采，生态破坏严重。

2019 年，海南省东方市多个矿山已开采面形成高陡边坡，严重破坏矿区生态。2016 年 3 月，好德实业有限公司未经审批建设的两条机制砂生产线一直在非法生产，又于 2019 年 4 月未经审批新建稳定土搅拌站一座，并投入运行。直到 2019 年 7 月 24 日督察组下沉该市前一天，东方市有关部门

才指出该企业矿山地质环境问题较为突出，并紧急向企业下达停产停运通知，明显存在平时不作为、急时乱作为的问题。另外，东方市对环境修复避实就虚，恢复治理未按实施方案要求实行"梯级降坡减载"，而是仅在入场道路两侧和稳定土车间旁等显眼区域象征性地补种一些苗木。

事件五：牡丹江市毁林百亩削山挖湖建私人庄园，严重破坏生态环境

2019 年 3 月 19 日，中国之声报道了"黑龙江省牡丹江市张广才岭森林深处惊现违建：毁林百亩削山挖湖建私人庄园"一事。3 月 20 日，黑龙江省林业和草原局等 9 个省直部门组成的联合督查组到达牡丹江市开展督查工作，涉事业主接受调查。3 月 26 日深夜，黑龙江省牡丹江市专项调查组公布调查结果：牡丹江"曹园"违建问题初步查明，涉事企业黑龙江曹园文化投资有限公司存在违法采伐、违法占地、违法建设等行为。

涉事用地坐落于中国农业发展集团有限公司牡丹江军马场施业区，林地权属为国有，在全国林地保护利用规划中为三级保护林地，属于商品林，不属于自然保护区和国家重点公益林区。截至 2019 年，涉事企业黑龙江曹园文化投资有限公司在未取得合法手续的情况下，共违法采伐林木 1416 立方米，违法占用林地 19.05 公顷，违法建筑面积 9492 平方米，严重破坏了当地生态环境。

事件六：株洲市默许纵容绿心地区违建别墅，造成生态破坏

2019 年 5 月 5 日，由于默许纵容在绿心地区违建高档别墅，湖南省株洲市被中央第四生态环境保护督察组点名批评。绿心地区（又称"生态绿心地区"）是指长沙、株洲、湘潭三市之间的城际生态隔离、保护区域，总面积 522.87 平方公里。"绿心"相当于城市群"绿肺"，在景观美化、调节气候、缓解城市热岛效应等多个方面发挥着十分重要的作用。《湖南省长株潭城市群生态绿心地区保护条例》规定，生态绿心地区分为禁止开发区、限制开发区和控制建设区。

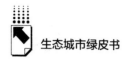

通报指出，株洲市向中央生态环保督察组 2 次报送不实信息，声称位于绿心地区的"北欧小镇"房地产项目已于 2017 年 5 月后全面停建，但 2019 年督察组发现，该项目在此后仍违规建设 24 栋高档别墅，当地对此没有坚决制止，没有查处到位。株洲市在绿心地区违规建设别墅问题上整改推进不力，存在"以调代改"的思想，没有及时制止房地产公司的顶风违建。2020 年 8 月 25 日，湖南省通报中央生态环境保护督察组，多名相关人员被查处。

事件七：福清市江阴港城经济区污水偷排，引起兴化湾部分海域水质恶化

2019 年 7 月 26 日，中央第二生态环境保护督察组对福建省福清市江阴港城经济区开展了督察，发现该经济区管委会水污染防治工作不力，园区企业废水偷排问题突出，大量生活污水未经处理直排入海，污水处理厂提标改造任务不落实，导致福清市兴化湾部分海域水质呈现恶化趋势。

污水主要来源是园区内企业废水、生活污水和污水处理厂超标排放的污水。2019 年 5 月生态环境部组织的现场检查发现，江阴港城经济区工业集中区附近河道水质污染严重，总氮浓度最高达 181mg/L，超出经济区污水处理厂排放标准 8 倍；河道入海闸口化学需氧量浓度达 338mg/L，超出地表水 V 类标准 7.4 倍。另外，港城经济区污水处理厂提标改造 6 年不落实，2019 年，实际处理量约 2 万吨/日，一直无脱氮处理工艺，执行排放标准偏低。污水处理厂每天约 2 万吨工业废水总氮长期超标排放，2019 年上半年排水总氮平均浓度高达 110mg/L，超标 4.5 倍。受以上污水影响，福清市兴化湾经济区西侧海域海水无机氮浓度高达 0.89mg/L，同比上升 74.5%，水质严重恶化为劣 IV 类。造成这一严重污染问题的原因在于福清市住建局、江阴港城经济区管委会等监管部门的监管缺失以及部分企业违法排污，缺乏社会责任心。

事件八：随州市随县小林镇疯狂采砂，水生态破坏现象屡禁不止

2019 年 8 月，湖北省随州市通报了湖北省随州市随县小林镇非法采砂事件。随州市随县小林镇位于淮河支流，是湖北省的重点省际边贸乡镇。近年来，该镇生态屡遭非法采砂者的破坏，严重影响了当地居民的居住环境，群众反映强烈。

非法采砂让随县小林镇千疮百孔。截止到 2019 年 8 月，随县小林镇非法开辟入河便道 37 处，造成 12.6 公里的河道遭到破坏。2019 年 8 月，相关部门对随县小林镇党委、政府相关部门和随县林业、国土、水利等 7 个部门 31 名责任人进行了严肃问责，其中 8 人受到党内严重警告处分。疯狂采砂屡禁不止的原因有二：一是当地砂石市场价格突飞猛涨，2018 年上半年当地砂石市场价格猛涨，河砂由每立方米 50 元暴涨到每立方米 160 元，从而导致该镇洗砂行业大量出现；二是县级相关部门在治砂工作中存在工作持续力度不够、联合执法力度不大的问题。

事件九：中卫市腾格里沙漠边缘再现大面积污染物，造成水土污染

2019 年 11 月 7 日，《澎湃新闻》报道了宁夏回族自治区中卫市"腾格里沙漠边缘再现大面积污染物"一事。生态环境部高度重视，于 2019 年 11 月 9 日派工作组连夜赶赴现场，指导、督促地方政府做好调查处置工作；11 月 13 日，生态环境部对中卫市环境污染问题公开挂牌督办。

据生态环境部工作组初步核查，现场已发现 12 万平方米（180 亩）区域范围内分布有 14 处点状、块状污染地块。截至 2019 年 11 月 25 日 18 时，现场累计已清挖污染物 129264 吨袋，14 个污染地块中已有 11 个初步清理完毕，完成总清挖量的 93.2%。2020 年 3 月 16 日，中卫市通报了美利林区沙漠污染问题整改情况，并对涉事企业 9 名责任人和监管部门 2 名责任人依规依纪依法追究了相关责任。

事件十：亳州市谯城区企业环境污染严重，政企串通应付督察

2019 年 5 月 11 日，亳州市谯城区企业环境污染问题成为中央第三生态环境保护督察组"回头看"通报的全国典型案例之一。督察组指出，安徽省亳州市谯城区存在企业环境污染问题严重、纵容企业违法生产、政企串通

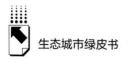

一气应付督察等三大问题。

　　根据反馈，督察人员在亳州当地随机抽查的 8 家人造金刚石生产企业，肆意排放废水、违法处置危险废物、违法排放废气现象均十分严重。例如，亳州市金顺超硬材料有限公司通过软管向厂外偷排含重金属废水，经现场采样监测，总镍浓度为 408mg/L，超标 407 倍；六价铬浓度为 2.38mg/L，超标 3.8 倍；总锰浓度为 10.7mg/L，超标 4.4 倍；pH 值为 0.56，呈强酸性。亳州市及谯城区两级环保部门弄虚作假，纵容企业违法生产。环保部门不仅未对群众投诉问题认真排查，且为应对督察，谯城区少数领导干部甚至与企业串通一气，通过微信群向企业通风报信，并直接指使、授意企业采取伪造危险废物处置合同、冲洗被污染的雨水沟、临时停产等方式敷衍应付，性质恶劣。

G.11
中国生态城市建设大事记
（2019年1～12月）

朱 玲*

2019年1月11日 生态环境部督导调研组赴汾渭平原现场指导调度汾渭平原污染并开展调研。

2019年1月11日 生态环境部在河北省唐山市展开了渤海地区入海排污口排查整治专项行动。确定了"查、测、溯、治"四项重点任务。

2019年1月14日 中芬气候变化与空气质量高级别研讨会在北京召开。芬兰总统绍利·尼尼斯托出席研讨会并作主旨发言。尼尼斯托表示，当前全球气候变化加速，不仅影响自然生态体系的平衡，也对全球和平发展稳定造成威胁。

2019年1月17日 河北省委、省政府正式印发《白洋淀生态环境治理和保护规划（2018—2035年）》。该规划作为雄安新区规划体系的重要组成部分，为白洋淀生态修复和环境保护提供了科学支撑，也将为雄安新区可持续发展奠定生态之基。

2019年1月18～19日 生态环境部在北京召开2019年全国生态环境保护工作会议。生态环境部部长李干杰强调，要以习近平新时代中国特色社会主义思想为指导，深入贯彻落实习近平生态文明思想和全国生态环境保护大会精神，聚焦打好污染防治攻坚战标志性战役，协同推进经济高质量发展和生态环境高水平保护，以优异成绩庆祝中华人民共和国成立70周年。

2019年1月21日 《国务院办公厅关于印发"无废城市"建设试点工

---

* 朱玲，兰州城市学院马克思主义学院教授，主要研究方向为哲学、伦理学。

作方案的通知》发布，探索建立量化指标体系，系统总结试点经验，形成可复制、可推广的建设模式。

2019 年 1 月 24 日　生态环境部、国家发展改革委联合印发《长江保护修复攻坚战行动计划》。该计划提出，到 2020 年底，长江流域水质优良（达到或优于Ⅲ类）的国控断面比例达到 85% 以上，丧失使用功能（劣于Ⅴ类）的国控断面比例低于 2%；长江经济带地级及以上城市建成区黑臭水体控制比例达到 90% 以上；地级及以上城市集中式饮用水水源水质达到或优于Ⅲ类比例高于 97%。

2019 年 1 月 31 日　甘肃省检察院和省水利厅联合下发了《持续深入推进"携手清四乱　保护母亲河"专项行动实施方案》，这意味着甘肃省河湖整治工作进入新阶段。

2019 年 2 月 15 日　生态环境部在重庆召开长江入河排污口排查整治专项行动暨试点工作启动会。会议主要目的是深入贯彻习近平生态文明思想和习近平总书记关于长江"共抓大保护、不搞大开发"的战略要求，落实党中央、国务院决策部署，打好长江保护修复攻坚战。

2019 年 2 月 20 日　生态环境部印发《关于做好 2019 年重点湖库蓝藻水华防控工作的通知》，分析重点湖库形势，就防控蓝藻水华暴发提出要求。

2019 年 3 月 5 日　十三届全国人大二次会议在北京召开。会议提出，在新时代坚持和发展中国特色社会主义基本方略中坚持人与自然和谐共生是其中一条基本方略，在新发展理念中绿色是其中一大理念，在三大攻坚战中污染防治是其中一大攻坚战。

2019 年 3 月 15 日　联合国环境大会中国代表团团长、生态环境部副部长赵英民与联合国环境署代理执行主任乔伊斯·姆苏亚（Joyce Msuya）共同宣布，中国将主办 2019 年世界环境日，聚焦"空气污染"主题。世界环境日主场活动设在浙江省省会杭州市。

2019 年 3 月 18 日　生态环境部发布《2018 年全国生态环境质量简况》。

2019 年 3 月 25 日　北京城市副中心数字生态城市建设成果"城市大

脑·生态环境"正式上线，可全天候自动识别工地未苫盖、渣土车未苫盖、道路遗撒等问题，并通过网络一口办理，统一分派。

2019年3月27日 生态环境部印发《2019年环境影响评价与排放管理工作要点》，明确了2019年环境影响评价与排放管理重点任务和工作要求。

2019年4月1日 受全国人大环资委委托，生态环境部召开了《环境噪声污染防治法》修改启动会。生态环境部强调，要充分认识噪声法修改的重要意义，在习近平生态文明思想指导下，以人民为中心，积极稳妥做好噪声法修改，为不断满足人民群众日益增长的"宁静"生活环境需要提供法律依据。

2019年4月18日 生态环境部审议并原则通过《中央生态环境保护督察纪律规定》、《2019—2020年推进雄安新区生态环境保护工作方案》、《生态环境部咨询机构改革方案》以及"绿盾2018"自然保护区监督检查专项行动总结报告。

2019年4月22日 主题为"公园城市·未来之城——公园城市理论研究与路径探索"的论坛在成都天府新区中国西部国际博览城召开。近300位来自国家相关部委、联合国及规划、建设、经济、社会、人文、生态、景观领域的国内外专家代表建言献策，为"公园城市"的未来探索更多可能性。

2019年4月23日 中国人民解放军海军成立70周年。习近平首提构建"海洋命运共同体"。他指出，我们人类居住的这个蓝色星球被海洋连接成了命运共同体，各国人民安危与共。

2019年4月25日 第二届"一带一路"国际合作高峰论坛"绿色之路"分论坛在北京举行。会议主题为"建设绿色'一带一路'，携手实现2030年可持续发展议程"。

2019年4月25日 澳门城市大学及社会科学文献出版社共同发布了《滨海城市蓝皮书：中国滨海城市发展报告（2018~2019）》。这是一部关于2018~2019年中国滨海城市发展状况、问题与特征，以及关注滨海城市未来发展趋势并提出对策建议的研究报告。

2019 年 4 月 28 日 中国北京世界园艺博览会在延庆开幕，举办世园会彰显了中国政府和中国人民对建设美丽中国的承诺和对推动全球生态文明建设做出的努力。国家主席习近平出席并发表题为《共谋绿色生活，共建美丽家园》的重要讲话。他强调："生态文明建设已经纳入中国国家发展总体布局，建设美丽中国已经成为中国人民心向往之的奋斗目标。中国生态文明建设进入了快车道，天更蓝、山更绿、水更清将不断展现在世人面前。"

2019 年 4 月 29 日 生态环境部宣布确定 11 个城市和 5 个特例城区作为"无废城市"建设试点。11 个城市分别为：广东省深圳市、内蒙古自治区包头市、安徽省铜陵市、山东省威海市、重庆市（主城区）、浙江省绍兴市、海南省三亚市、河南省许昌市、江苏省徐州市、辽宁省盘锦市、青海省西宁市。5 个特例城区为：河北雄安新区（新区代表）、北京经济技术开发区（开发区代表）、中新天津生态城（国际合作代表）、福建省光泽县（县级代表）、江西省瑞金市（县级市代表）。

2019 年 6 月 5 日 2019 年世界环境日全球主场活动在浙江省杭州市举行，国家主席习近平致贺信指出，人类只有一个地球，保护生态环境、推动可持续发展是各国的共同责任。

2019 年 6 月 11 日 "2019 徐州城市绿色发展国际论坛"在江苏省徐州市云龙湖畔召开，论坛以"城市韧性赋能新经济"为主题。这是徐州市人民政府与联合国人居署首次举办的高层次国际论坛，将对全球生态治理、城市转型发展、人居环境改善产生重要的推动作用。

2019 年 6 月 24 日 生态环境部启动河北唐山、天津（滨海新区）、辽宁大连、山东烟台等四市入海排污口现场排查工作。

2019 年 7 月 8 日 生态环境部会同水利部、农业农村部印发了《关于推进农村黑臭水体治理工作的指导意见》。

2019 年 7 月 18 日 国家生态环境保护专家委员会在北京成立。

2019 年 7 月 19 日 国家生态环境科技成果转化综合服务平台在北京正式启动上线运行。平台的启动将为推动生态环境科技成果转化、打好污染防治攻坚战、改善生态环境质量、推动经济高质量发展提供有力的科技支撑。

2019 年 7 月 25 日　中新天津生态城管委会发布，截至 2019 年 6 月，生态城先后启动了 68 个"海绵城市"试点项目建设。

2019 年 8 月 15 日　第五次金砖国家环境部长会议在巴西圣保罗召开，会议主题为"城市环境管理对提高城市生活质量的贡献"。会议审议通过了《第五次金砖国家环境部长会议联合声明》和部长决定等文件。

2019 年 8 月 19 日　第一届国家公园论坛在青海西宁开幕。习近平致信祝贺，强调为"携手创造世界生态文明美好未来，推动构建人类命运共同体"做出贡献。

2019 年 9 月 2 日　生态环境部审议并原则通过了《生态环境监测规划纲要（2020—2035 年）》《蓝天保卫战量化问责规定》。

2019 年 9 月 3 日　生态环境部部长李干杰与《生物多样性公约》执行秘书克里斯蒂娜·帕斯卡·帕梅尔共同发布《生物多样性公约》第十五次缔约方大会（COP15）主题——"生态文明：共建地球生命共同体"。这是联合国各环境公约缔约方大会首次以"生态文明"为主题，彰显了习近平生态文明思想的鲜明世界意义。

2019 年 9 月 3 日　国务院新闻办公室发表《中国的核安全》白皮书。《中国的核安全》白皮书是中国政府发表的首部综合性核安全白皮书，介绍了中国核安全事业发展历程、核安全基本原则和政策、监管理念和实践经验，阐明了中国加强核安全国际合作、推进构建核安全命运共同体的决心和行动。

2019 年 9 月 4 ~ 11 日　生态环境部按照《国务院办公厅关于印发"无废城市"建设试点工作方案的通知》要求，会同"无废城市"建设试点部际协调小组各成员单位，在北京召开系列会议，逐一对"11 + 5"个试点城市和地区"无废城市"建设试点实施方案进行评审。

2019 年 9 月 17 ~ 18 日　中国—东盟环境合作论坛（2019）在广西南宁举行。论坛围绕推动区域绿色增长展开研讨。

2019 年 9 月 18 日　黄河流域生态保护和高质量发展座谈会在河南召开。座谈会提出，黄河流域作为我国重要的生态屏障和重要的经济地带，是

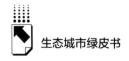

打赢脱贫攻坚战的重要区域。黄河流域生态保护和高质量发展，同京津冀协同发展、长江经济带发展、粤港澳大湾区建设、长三角一体化发展一样，是重大国家战略。

2019年9月22日 北京洪堡论坛于对外经济贸易大学举行。本次论坛的主题是"保证中国经济可持续发展的能力——来自商界、校友和学术机构的见解"。

2019年9月24日 北京洪堡论坛成都论坛——2019国际会议顺利召开。此次会议在中国西部唯一的国家级中德中小企业合作区召开。

2019年9月25日 生态环境部办公厅印发《关于确定上海市、四川省成都市、江苏省连云港市、湖北省十堰市武当山特区作为第二批国家生态环境与健康管理试点地区的复函》，正式批复上海等地区启动第二批国家生态环境与健康管理试点。

2019年9月26日 生态环境部发布了首批100个"最美水站"名单。

2019年9月26日 联合国"地球卫士奖"颁奖典礼在纽约举行。中国的"蚂蚁森林"项目获得"激励与行动"奖。这是继2017年塞罕坝林场建设者、2018年浙江"千村示范、万村整治"工程获奖后，中国环保项目连续三年获此荣誉。

2019年10月28～31日 中国共产党第十九届中央委员会第四次全体会议提出，坚持和完善生态文明制度体系，促进人与自然和谐共生。生态文明建设是关系中华民族永续发展的千年大计。必须践行绿水青山就是金山银山的理念，坚持节约资源和保护环境的基本国策，坚持节约优先、保护优先、自然恢复为主的方针，坚定走生产发展、生活富裕、生态良好的文明发展道路，建设美丽中国。要实行最严格的生态环境保护制度，全面建立资源高效利用制度，健全生态保护和修复制度，严明生态环境保护责任制度。

2019年10月29日 国家发展改革委印发关于《绿色生活创建行动总体方案》的通知。

2019年11月1日 中共中央办公厅、国务院办公厅印发了《关于在国土空间规划中统筹划定落实三条控制线的指导意见》。三条控制线指生态保护红线、永久基本农田、城镇开发边界三条控制线。

2019 年 11 月 1 日 "2019 滨水城市生态修复与城市品质提升高峰论坛"在重庆市举行。论坛嘉宾共议生态修复、城市更新、品质提升。

2019 年 11 月 5 ~ 10 日 第二届中国国际进口博览会在上海举行。181 个国家、地区、国际组织参加，3800 多家企业参展，进博会取得圆满成功。

2019 年 11 月 14 日 国家市场监督管理总局、中国国家标准化管理委员会发布《生活垃圾分类标志》。标准规定了生活垃圾分类标志类别构成、大类用图形符号、大类标志的设计、小类用图形符号、小类标志的设计以及生活垃圾分类标志的设置。

2019 年 11 月 15 日 国家发展改革委印发《生态综合补偿试点方案》，根据该试点方案，将在西藏，四川、云南、甘肃、青海四省的涉藏地区，福建、江西、贵州、海南四省，以及我国率先建立跨省流域补偿机制的安徽省，选择 50 个县（市、区）开展试点工作。

2019 年 11 月 15 日 森林城市建设座谈会在河南信阳召开。会议授予北京市延庆区等 28 个城市"国家森林城市"称号，至此我国国家森林城市达 194 个。

2019 年 11 月 16 日 生态环境部对第三批国家生态文明建设示范市县和"绿水青山就是金山银山"实践创新基地进行授牌命名。

2019 年 11 月 16 日 在湖北十堰举行的中国生态文明论坛十堰年会上，生态环境部对第三批国家生态文明建设示范市县（84 个）和"绿水青山就是金山银山"实践创新基地（23 个）进行授牌命名。至此，生态环境部已命名 175 个国家生态文明建设示范市县和 52 个"绿水青山就是金山银山"实践创新基地。

2019 年 11 月 20 ~ 22 日 首届世界 5G 大会在北京亦庄召开。大会以"5G 改变世界，5G 创造未来"为主题。北京市经济和信息化局在闭幕式上发布《北京市 5G 产业发展白皮书（2019 年）》。白皮书显示，北京将利用 3 ~ 5 年时间，初步建成规划运行一张图、万物互联一张网、智慧应用一套码的数字生态城市。推进"5G + 城市管理""5G + 智慧文旅""5G + 智慧安

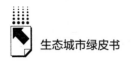

防"等示范应用。

2019 年 11 月 26 日　第十四届中国城镇水务发展国际研讨会与新技术设备博览会在苏州举行。

2019 年 12 月 1 日　《长江三角洲区域一体化发展规划纲要》发布。

2019 年 12 月 2 日　生态环境部印发《生活垃圾焚烧发电厂自动监测数据应用管理规定》。

2019 年 12 月 10 日　国网湖州供电公司在第二十五届联合国气候变化大会期间发布白皮书《中国湖州"生态＋电力"示范城市建设应对气候变化行动》。介绍了湖州市推进"生态＋电力"行动促进节能减排的案例。

2019 年 12 月 10～11 日　2019"无废城市"建设试点推进会在海南三亚举行。

2019 年 12 月 11 日　"2019 中国（天津滨海）国际生态城市论坛暨2019 数字经济创新峰会"召开。论坛探讨了可持续发展愿景、数字经济理念、智慧城市规划等话题，为新型生态城市建设带来了新理念、新思路。

2019 年 12 月 15 日　第二十五届联合国气候变化大会闭幕。大会未能就包括《巴黎协定》第 6 条实施细则在内的一些关键问题取得一致意见。美国于 2019 年 11 月 4 日正式启动退出《巴黎协定》程序，为全球应对气候变化增加了难度。

2019 年 12 月 19 日　中国社会科学院发布《中国生态城市建设发展报告（2019）》。该报告主编、中国社科院社会发展研究中心特约研究员刘举科表示："今年有一个亮点就是北上广深等特大城市进入健康发展序列。"

2019 年 12 月 29 日　长三角城市生态园林协作联席会议成立。会议发布了《推进长三角城市园林绿化高质量一体化发展行动纲要》，联席会议上，34 家成员单位共同签约，未来将围绕江南园林整体概念、"公园城市"、长三角生态绿色一体化发展示范区建设等，在联动机制、资源共享等方面进行合作。

G.12
参考文献

刘举科、孙伟平、胡文臻主编《生态城市绿皮书：中国生态城市建设发展报告（2019）》，社会科学文献出版社，2019。

〔美〕戴维·波普诺：《社会学》，刘云德、王戈译，辽宁人民出版社，1988。

刘佳坤等：《中国快速城镇化地区生态城市建设问题与经验——以厦门市为例》，《中国科学院大学学报》2020年第4期。

杜海龙、李迅、李冰：《绿色生态城市理论探索与系统模型构建》，《城市发展研究》2020年第10期。

郭险峰：《基于风险社会视野的城市治理创新：价值取向与路径体系》，《改革与战略》2020年第8期。

褚敏：《透视新冠肺炎疫情下的城市治理》，《上海城市管理》2020年第3期。

董慧：《空间、风险与超大城市治理现代化》，《中国矿业大学学报》（社会科学版）2021年第1期。

陈迪宇、张旭东：《疫情防控下的城市治理现代化》，《宏观经济管理》2020年第9期。

吴怡：《新冠肺炎疫情引发的城市治理思考——以浙江省为例》，《城乡建设》2020年第13期。

黄寰、张宇：《疫后城市治理离不开新技术赋能》，《国家治理》2020年第22期。

唐皇凤等：《后疫情时代城市治理笔谈》，《江苏大学学报》（社会科学版）2020年第4期。

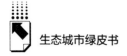
成德宁：《"科技创新＋制度创新"提高城市治理水平》，《国家治理》2020 年第 20 期。

孙育红、张春晓：《改革开放 40 年来我国绿色技术创新的回顾与思考》，《广东社会科学》2018 年第 5 期。

秦书生：《绿色文化与绿色技术创新》，《科技与管理》2006 年第 6 期。

葛翠翠：《绿色创新研究现状与展望》，《环渤海经济瞭望》2020 年第 8 期。

李留新：《绿色文化有力支撑绿色发展》，《人民论坛》2019 年第 16 期。

雪锋、周懿：《生态城市评价研究进展》，《标准科学》2018 年第 11 期。

邓忠泉：《试论我国九大经济区域划分》，《世界经济情况》2010 年第 9 期。

史宝娟、赵国杰：《城市循环经济系统评价指标体系与评价模型的构建研究》，《现代财经（天津财经大学学报）》2007 年第 5 期。

李健：《维也纳以"智慧城市"框架推动"绿色城市"建设的经验》，《环境保护》2016 年第 14 期。

刘佳：《"国家—社会"共同在场：突发公共卫生事件中的全民动员和治理成长》，《武汉大学学报》（哲学社会科学版）2020 年第 3 期。

朱力：《在疫情防控中提升社会治理能力》，《人民论坛》2020 年第 Z1 期。

李晓燕：《重大疫情下的基层治理——基于多层治理视角》，《华东理工大学学报》（社会科学版）2020 年第 1 期。

艾光利：《社区应对突发事件的防控治理研究》，《哈尔滨市委党校学报》2020 年第 4 期。

王艳：《城市社区公共安全网络的应急协同治理策略研究》，《长春师范大学学报》2020 年 7 期。

张京祥、赵丹、陈浩：《增长主义的终结与中国城市规划的转型》，《城市规划》2013 年第 1 期。

杨俊宴等：《高密度城市的多尺度空间防疫体系建构思考》，《城市规划》2020 年第 3 期。

金太军、鹿斌：《社会治理创新：结构视角》，《中国行政管理》2019 年第 12 期。

邓毛颖：《危机与转机：突发公共卫生事件下的城市应对思考——以广州为例》，《华南理工大学学报》（社会科学版）2020 年第 3 期。

吴志敏：《城市突发公共事件风险治理机制的构建研究》，《财政监督》2017 年第 11 期。

陈垚：《社区应急能力国内研究述评与展望》，《社会科学动态》2020 年第 7 期。

李雪琴：《基层社区在突发事件防范与应对中的角色定位及能力建设研究》，《理论月刊》2020 年第 7 期。

李朝晖：《法治　智治　共治：城市治理现代化的深圳探索与实践》，《深圳特区报》2020 年 9 月 22 日。

吕红星：《重大疫情防控给城市发展敲响了警钟》，《中国经济时报》2020 年 2 月 18 日。

李海龙：《以全周期管理推进城市治理现代化》，《学习时报》2020 年 9 月 21 日。

李波：《疫情防控对城市治理现代化的四个启示》，《中国社会报》2020 年 8 月 15 日。

文宗川：《生态城市的发展与评价研究》，博士学位论文，哈尔滨工程大学，2008。

彭娟娟：《济南市生态城市建设研究》，硕士学位论文，山东师范大学，2009。

徐雁：《上海生态型城市建设评价指标体系研究》，硕士学位论文，华东师范大学，2007。

李润洁：《长沙低碳生态城市建设评价体系研究》，硕士学位论文，中

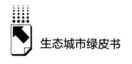
南林业科技大学，2011。

杨根辉：《南昌市生态城市评价指标体系的研究》，硕士学位论文，新疆农业大学，2007。

吴熙平：《城市突发事件应急管理体制存在的问题及对策研究》，硕士学位论文，湘潭大学，2013。

周倩：《基层公务员应对突发事件能力分析与提升研究》，硕士学位论文，河北师范大学，2020。

陈月：《我国基层公务员应对突发公共事件能力提升研究》，硕士学位论文，长春工业大学，2018。

《"上海魅力"打造高品质有温度宜居城市》，中国新闻网，2019年4月23日，http：//www. chinanews. com/gn/2019/04 - 23/8817977. shtml。

国家统计局：《城镇化水平不断提升　城市发展阔步前进——新中国成立70周年经济社会发展成就系列报告之十七》，国家统计局网站，2019年8月15日，http：//www. stats. gov. cn/tjsj/zxfb/201908/t20190815_ 1691416. html。

《国家统计局：2019年中国城镇化率突破60%　户籍城镇化率44. 38%》，中国经济网，2020年2月28日，http：//www. ce. cn/xwzx/gnsz/gdxw/202002/28/t20200228_ 34360903. shtml。

《国家突发公共事件总体应急预案》，中华人民共和国中央人民政府网站，2006年1月8日，http：//www. gov. cn/yjgl/2006 -01/08/content_ 21048. htm。

周晓津、尹绣程：《超大城市突发重大公共事件应急管理改革思路和对策建议——当前我国超大城市发展态势、面临的问题及加强现代化治理的建议》，《广州日报》2020年3月26日，https：//baijiahao. baidu. com/s？ id = 1662266362776138368&wfr = spider&for = pc。

马亮：《在重大突发事件中提升应急管理能力》，人民论坛网，2020年2月17日，http：//www. rmlt. com. cn/2020/0217/569255. shtml。

《中共中央　国务院印发〈生态文明体制改革总体方案〉》，中华人民共和国中央人民政府网站，2015年9月21日，http：//www. gov. cn/

guowuyuan/2015 – 09/21/content_ 2936327. htm。

中共中央、国务院：《国家新型城镇化规划（2014—2020 年）》，中华人民共和国中央人民政府网站，2014 年 3 月 16 日，http：//www. gov. cn/zhengce/2014 – 03/16/content_ 2640075. htm。

Ying，X. et al. ，"Combining AHP with GIS in Synthetic Evaluation of Eco-environment Quality—Case Study of Hunan Province，China，" *Ecological Modelling* 209（2007）.

Helen Sullivan，"Modernization，Democratization and Community Governance，" *Local Government Studies* 27（2001）.

后　记

《中国生态城市建设发展报告（2020～2021）》重点关注如何实现生态城市发展全面绿色转型，促进经济社会发展全面绿色转型，生产、生活方式全面绿色转型，建设人与自然和谐共生的现代化，建设更加有益于人的健康、有益于经济社会全面发展的现代化。

《中国生态城市建设发展报告（2020～2021）》的理论构架、目标定位、发展理念与思路、研究重点、考核评价标准等由主编确立。参加研创工作的主要编撰者有陆大道、李景源、刘举科、孙伟平、胡文臻、曾刚、喜文华、王兴隆、李具恒、赵廷刚、温大伟、谢建民、刘涛、张志斌、王金相、常国华、岳斌、钱国权、聂晓英、袁春霞、高松、高天鹏、王翠云、台喜生、李明涛、汪永臻、康玲芬、滕堂伟、朱贻文、叶雷、高旻昱、易臻真、罗峰、范鹏、莫兴邦、张亚来、韩杰荣、崔珑、莫蓉、路华、胡森林、葛世帅、杨阳、陈鹏鑫、朱玲、崔剑波、马凌飞等。本书大事记由朱玲负责完成。中英文统筹由汪永臻、马凌飞负责完成。最后由主编刘举科、孙伟平、胡文臻统稿定稿。

生态城市发展研究与《中国生态城市建设发展报告（2020～2021）》的研创、发行及成果推广工作得到皮书顾问委员会及诸多机构领导专家真诚无私的关心支持。在这里，我们要特别感谢中国社会科学院、甘肃省人民政府、兰州城市学院、上海大学以及华东师范大学相关领导所给予的亲切关怀和巨大支持，衷心感谢陆大道院士、李景源学部委员所贡献的智慧和给予的指导帮助，感谢配合我们开展社会调研与信息采集的城市和志愿者，感谢社会科学文献出版社王利民社长和政法传媒分社王绯社长以及责任编辑崔晓璇老师为本书出版所付出的辛勤劳动。

刘举科　孙伟平　胡文臻

二〇二〇年十月十六日

权威报告·连续出版·独家资源

皮书数据库
ANNUAL REPORT(YEARBOOK)
DATABASE

分析解读当下中国发展变迁的高端智库平台

所获荣誉

- 2020年，入选全国新闻出版深度融合发展创新案例
- 2019年，入选国家新闻出版署数字出版精品遴选推荐计划
- 2016年，入选"十三五"国家重点电子出版物出版规划骨干工程
- 2013年，荣获"中国出版政府奖·网络出版物奖"提名奖
- 连续多年荣获中国数字出版博览会"数字出版·优秀品牌"奖

皮书数据库　　"社科数托邦"
　　　　　　　微信公众号

成为会员

登录网址www.pishu.com.cn访问皮书数据库网站或下载皮书数据库APP，通过手机号码验证或邮箱验证即可成为皮书数据库会员。

会员福利

- 已注册用户购书后可免费获赠100元皮书数据库充值卡。刮开充值卡涂层获取充值密码，登录并进入"会员中心"—"在线充值"—"充值卡充值"，充值成功即可购买和查看数据库内容。
- 会员福利最终解释权归社会科学文献出版社所有。

数据库服务热线：400-008-6695
数据库服务QQ：2475522410
数据库服务邮箱：database@ssap.cn
图书销售热线：010-59367070/7028
图书服务QQ：1265056568
图书服务邮箱：duzhe@ssap.cn

社会科学文献出版社 皮书系列
SOCIAL SCIENCES ACADEMIC PRESS (CHINA)
卡号：426539965516
密码：

S 基本子库
SUB DATABASE

中国社会发展数据库（下设 12 个专题子库）

紧扣人口、政治、外交、法律、教育、医疗卫生、资源环境等 12 个社会发展领域的前沿和热点，全面整合专业著作、智库报告、学术资讯、调研数据等类型资源，帮助用户追踪中国社会发展动态、研究社会发展战略与政策、了解社会热点问题、分析社会发展趋势。

中国经济发展数据库（下设 12 专题子库）

内容涵盖宏观经济、产业经济、工业经济、农业经济、财政金融、房地产经济、城市经济、商业贸易等 12 个重点经济领域，为把握经济运行态势、洞察经济发展规律、研判经济发展趋势、进行经济调控决策提供参考和依据。

中国行业发展数据库（下设 17 个专题子库）

以中国国民经济行业分类为依据，覆盖金融业、旅游业、交通运输业、能源矿产业、制造业等 100 多个行业，跟踪分析国民经济相关行业市场运行状况和政策导向，汇集行业发展前沿资讯，为投资、从业及各种经济决策提供理论支撑和实践指导。

中国区域发展数据库（下设 4 个专题子库）

对中国特定区域内的经济、社会、文化等领域现状与发展情况进行深度分析和预测，涉及省级行政区、城市群、城市、农村等不同维度，研究层级至县及县以下行政区，为学者研究地方经济社会宏观态势、经验模式、发展案例提供支撑，为地方政府决策提供参考。

中国文化传媒数据库（下设 18 个专题子库）

内容覆盖文化产业、新闻传播、电影娱乐、文学艺术、群众文化、图书情报等 18 个重点研究领域，聚焦文化传媒领域发展前沿、热点话题、行业实践，服务用户的教学科研、文化投资、企业规划等需要。

世界经济与国际关系数据库（下设 6 个专题子库）

整合世界经济、国际政治、世界文化与科技、全球性问题、国际组织与国际法、区域研究 6 大领域研究成果，对世界经济形势、国际形势进行连续性深度分析，对年度热点问题进行专题解读，为研判全球发展趋势提供事实和数据支持。

法律声明

"皮书系列"（含蓝皮书、绿皮书、黄皮书）之品牌由社会科学文献出版社最早使用并持续至今，现已被中国图书行业所熟知。"皮书系列"的相关商标已在国家商标管理部门商标局注册，包括但不限于LOGO（ ▨ ）、皮书、Pishu、经济蓝皮书、社会蓝皮书等。"皮书系列"图书的注册商标专用权及封面设计、版式设计的著作权均为社会科学文献出版社所有。未经社会科学文献出版社书面授权许可，任何使用与"皮书系列"图书注册商标、封面设计、版式设计相同或者近似的文字、图形或其组合的行为均系侵权行为。

经作者授权，本书的专有出版权及信息网络传播权等为社会科学文献出版社享有。未经社会科学文献出版社书面授权许可，任何就本书内容的复制、发行或以数字形式进行网络传播的行为均系侵权行为。

社会科学文献出版社将通过法律途径追究上述侵权行为的法律责任，维护自身合法权益。

欢迎社会各界人士对侵犯社会科学文献出版社上述权利的侵权行为进行举报。电话：010-59367121，电子邮箱：fawubu@ssap.cn。

社会科学文献出版社